Techno:Phil – Aktuelle Herausforderungen der Technikphilosophie

Volume 11

AF821428

Reihe herausgegeben von

Birgit Beck, Technische Universität Berlin, Berlin, Deutschland

Bruno Gransche, Karlsruher Institut für Technologie, Karlsruhe, Deutschland

Jan-Hendrik Heinrichs, Forschungszentrum Jülich GmbH, Jülich, Deutschland

Toni Loh, Zentrum für Ethik und Verantwortung, Hochschule Bonn-Rhein-Sieg, Sankt Augustin, Deutschland

Diese Reihe befasst sich mit der philosophischen Analyse und Evaluation von Technik und von Formen der Technikbegeisterung oder -ablehnung. Sie nimmt einerseits konzeptionelle und ethische Herausforderungen in den Blick, die an die Technikphilosophie herangetragen werden. Andererseits werden kritische Impulse aus der Technikphilosophie an die Technologie- und Ingenieurswissenschaften sowie an die lebensweltliche Praxis zurückgegeben. So leistet diese Reihe einen substantiellen Beitrag zur inner- und außerakademischen Diskussion über zunehmend technisierte Gesellschafts- und Lebensformen.
Die Bände der Reihe erscheinen in deutscher oder englischer Sprache.

This book series focuses on the philosophical analysis and evaluation of technology and on forms of enthusiasm for or rejection of technology. On the one hand, it examines conceptual and ethical challenges that philosophy of technology has to face. On the other hand, critical impulses from philosophy of technology are returned to the technology and engineering sciences as well as to everyday practice. Thus, this book series makes a substantial contribution to the academic and transdisciplinary discussion about increasingly technologized forms of society and life.
The volumes of the book series are published in German and English.

Birgit Beck · Eva-Maria Konrad
(Hrsg.)

Imaginationen eines besseren Lebens?

Menschen, Technik und Tiere in der Literatur

1682
J.B. METZLER

Hrsg.
Birgit Beck
Institut für Philosophie, Literatur-,
Wissenschafts- und Technikgeschichte
Technische Universität Berlin
Berlin, Deutschland

Eva-Maria Konrad
Institut für deutsche Literatur
Humboldt-Universität zu Berlin
Berlin, Deutschland

ISSN 2524-5902 ISSN 2524-5910 (electronic)
Techno:Phil – Aktuelle Herausforderungen der Technikphilosophie
ISBN 978-3-662-72856-7 ISBN 978-3-662-72857-4 (eBook)
https://doi.org/10.1007/978-3-662-72857-4

Die Deutsche Nationalbibliothek verzeichnet diese Publikation in der Deutschen Nationalbibliografie; detaillierte bibliografische Daten sind im Internet über https://portal.dnb.de brufbar.

© Der/die Herausgeber bzw. der/die Autor(en), exklusiv lizenziert an Springer-Verlag GmbH, DE, ein Teil von Springer Nature 2026

Das Werk einschließlich aller seiner Teile ist urheberrechtlich geschützt. Jede Verwertung, die nicht ausdrücklich vom Urheberrechtsgesetz zugelassen ist, bedarf der vorherigen Zustimmung des Verlags. Das gilt insbesondere für Vervielfältigungen, Bearbeitungen, Übersetzungen, Mikroverfilmungen und die Einspeicherung und Verarbeitung in elektronischen Systemen.
Die Wiedergabe von allgemein beschreibenden Bezeichnungen, Marken, Unternehmensnamen etc. in diesem Werk bedeutet nicht, dass diese frei durch jede Person benutzt werden dürfen. Die Berechtigung zur Benutzung unterliegt, auch ohne gesonderten Hinweis hierzu, den Regeln des Markenrechts. Die Rechte des/der jeweiligen Zeicheninhaber*in sind zu beachten.
Der Verlag, die Autor*innen und die Herausgeber*innen gehen davon aus, dass die Angaben und Informationen in diesem Werk zum Zeitpunkt der Veröffentlichung vollständig und korrekt sind. Weder der Verlag noch die Autor*innen oder die Herausgeber*innen übernehmen, ausdrücklich oder implizit, Gewähr für den Inhalt des Werkes, etwaige Fehler oder Äußerungen. Der Verlag bleibt im Hinblick auf geografische Zuordnungen und Gebietsbezeichnungen in veröffentlichten Karten und Institutionsadressen neutral.

Planung/Lektorat: Franziska Remeika
J.B. Metzler ist ein Imprint der eingetragenen Gesellschaft Springer-Verlag GmbH, DE und ist ein Teil von Springer Nature.
Die Anschrift der Gesellschaft ist: Heidelberger Platz 3, 14197 Berlin, Germany

Wenn Sie dieses Produkt entsorgen, geben Sie das Papier bitte zum Recycling.

Inhaltsverzeichnis

Nachwuchssektion

Verzeichnis der Autorinnen und Autoren

Birgit Beck ist Professorin für Ethik und Technikphilosophie am Institut für Philosophie, Literatur-, Wissenschafts- und Technikgeschichte der Technischen Universität Berlin. Ihre Arbeitsschwerpunkte sind Allgemeine und Angewandte Ethik, Technikphilosophie und philosophische Anthropologie.

Stefan Descher ist Wissenschaftlicher Mitarbeiter für Neuere deutsche Literatur an den Universitäten Göttingen und Magdeburg. Seine Arbeits- und Forschungsschwerpunkte sind die Literatur des 18. und 20. Jahrhunderts sowie Literaturtheorie.

Fabian Finkendey promoviert im Fach Neuere Deutsche Literatur an der Georg-August-Universität Göttingen. Seine Forschungsschwerpunkte liegen in der Literaturtheorie sowie der analytischen Ästhetik.

Jan-Hendrik Heinrichs ist wissenschaftlicher Mitarbeiter am Institut für Neurowissenschaften und Medizin 7: Gehirn und Verhalten am Forschungszentrum Jülich GmbH und lehrt Philosophie an der RWTH Aachen. Seine Arbeits- und Forschungsschwerpunkte sind die Philosophie der Neurowissenschaften, die Angewandte Ethik und die Forschungsethik.

Janina Marlen Knorr studiert an der Humboldt-Universität zu Berlin im Master Europäische Literaturen. Ihre Studieninteressen sind Dramen der Antike, Female Gothic Fiction sowie Kinder- und Jugend literatur des 20. und 21. Jahrhunderts.

Eva-Maria Konrad ist Juniorprofessorin für Methoden der Literaturwissenschaft an der Humboldt-Universität zu Berlin. In ihrer Forschung beschäftigt sie sich insbesondere mit literaturtheoretischen Fragestellungen sowie mit der deutsch- und englischsprachigen Literatur des 19. bis 21. Jahrhunderts.

Tilmann Köppe lehrt Neuere deutsche Literaturwissenschaft am Seminar für Deutsche Philologie der Georg-August-Universität Göttingen. Seine Arbeits- und Forschungsschwerpunkte liegen im Bereich der Literaturtheorie und Ästhetik.

Tanja Angela Kunz ist wissenschaftliche Mitarbeiterin an der Universität Bielefeld. Zuvor lehrte und forschte sie an der Humboldt-Universität zu Berlin sowie an der Universität Greifswald. Ihre Arbeiten bewegen sich im Schnittfeld von Literaturwissenschaft, Philosophie und Kulturwissenschaft vom 18. bis 21. Jahrhundert.

Felix Latendorf arbeitet als Universitätsassistanz an der Alpen-Adria-Universität in Klagenfurt. Seine Forschungsinteressen sind die Lyrik, die sogenannte ‚rumäniendeutsche' Literatur, die Literary Animal Studies, kollektive Autor:innenschaftsdebatten und die Editionsphilologie.

Kevin Liggieri ist Assistenzprofessor für Historisch-Epistemologische Technikforschung, Gruppenleiter der Emmy-Noether-Forschungsgruppe „KoLT" (Ko-Konstruktionen von Lernen und Technik. Zum Wandel von „Lernsubjekten" im 20. Jahrhundert) am Institut für Geschichte der TU Darmstadt. Forschungsschwerpunkte sind historisch-epistemologische Technikforschung, die Verbindung von Lernen und Technik, historische und philosophische Analyse von Mensch-Maschine-Interaktionen sowie Technikanthropologie.

Marie-Luise Raters ist apl. Professorin für Ethik, Didaktik der Ethik, Ästhetik und Religionsphilosophie am Institut für Lebensgestaltung – Ethik – Religionskunde (LER) sowie am Institut für Philosophie an der Universität Potsdam. Ihre Forschungsinteressen umfassen praktische Philosophie (Moralisches Dilemma, Supererogation, Didaktik der Ethik), pragmatistische Religionsphilosophie und pragmatistische vs. idealistische Ästhetik.

Victoria Reiniger hat an der Humboldt-Universität zu Berlin den Masterstudiengang Europäische Literaturen abgeschlossen. Ihre Fachinteressen sind schwarzer Humor, Translation und Stanisław Lems Werke.

Sandra Scholl ist wissenschaftliche Mitarbeiterin am Deutschen Referenzzentrum für Ethik in den Biowissenschaften (DRZE) der Universität Bonn. Ihre Arbeits- und Forschungsschwerpunkte liegen in den Bereichen Philosophische Anthropologie, Enhancement, Bio- und Medizinethik sowie Forschungsethik.

Gottfried Schweiger ist Senior Scientist am Zentrum für Ethik und Armutsforschung der Universität Salzburg. Seine Arbeits- und Forschungsschwerpunkte liegen in der Ethik und politischen Philosophie auf Fragen der Armut, Kindheit und Migration.

Katharina Sternberg studiert an der Universität Bonn im Master Philosophie und Französisch. Ihre Studieninteressen sind insbesondere Subjektivitäts- und Selbstbewusstseinstheorien in historischer und systematischer Perspektive.

„Philosophie dürfte man eigentlich nur dichten“. Ethik und Literatur

Birgit Beck und Eva-Maria Konrad

1 Moralische Vorstellungskraft als ethische Methode

Ludwig Wittgenstein war der Ansicht: „Philosophie dürfte man eigentlich nur dichten“[1]. Gegen diese Einschätzung würden sich heutige Philosoph:innen, gerade auch Vertreter:innen der analytischen Ethik, wohl auf den ersten Blick vehement verwehren. In der wissenschaftlichen Ethik,[2] die auf den drei zusammenhängenden Ebenen der Metaethik, der normativen Allgemeinen Ethik und einer wachsenden Anzahl verschiedener Bereichsethiken betrieben wird, geht es in erster Linie um die systematische Rekonstruktion, Analyse und Kritik moralischer Überzeugungen, Regeln und Normen; der diskursive Austausch dreht sich um das jeweils bessere Argument. Die Aufgabe der Ethik – so ein verbreitetes Selbstverständnis – besteht unter anderem darin, „freischwebende Intuitionen“[3] aufzudecken, argumentativ zu

[1] Wittgenstein [1984] 2021, 483 (Hervorhebung des Originals entfernt).

[2] Bayertz 2011 unterscheidet zwischen Angewandter Ethik als akademische Disziplin und als transakademisches Unternehmen. Letzteres beinhaltet neben Public Outreach auch die Arbeit in Gremien und sogenannten „Ethik-Kommissionen“ (die nicht zwingend mit professionellen Ethiker:innen besetzt sein müssen).

[3] Borchers 2011, 167 (mit Verweis auf Rippe 2008).

B. Beck (✉)
Institut für Philosophie, Literatur-, Wissenschafts- und Technikgeschichte, FG Ethik und Technikphilosophie, Technische Universität Berlin, Berlin, Deutschland
E-Mail: birgit.beck@tu-berlin.de

E.-M. Konrad
Institut für deutsche Literatur, Humboldt-Universität zu Berlin, Berlin, Deutschland
E-Mail: eva-maria.konrad@hu-berlin.de

© Der/die Autor(en), exklusiv lizenziert an Springer-Verlag GmbH, DE, ein Teil von Springer Nature 2026

B. Beck und E.-M. Konrad, *Imaginationen eines besseren Lebens?*,
Techno:Phil – Aktuelle Herausforderungen der Technikphilosophie 11,
https://doi.org/10.1007/978-3-662-72857-4_1

untersuchen und schlechte Argumente zurückzuweisen. Mit Dichtung hat das auf den ersten Blick nicht viel zu tun, und wer auf einer philosophischen Fachtagung anstelle eines systematischen Vortrags ein Gedicht zum Besten gibt, wird sich vermutlich mit einer Bandbreite an Reaktionen konfrontiert sehen – aber wohl nur mit wenig positiven, von Verwunderung über Belustigung bis hin zu Unmut über die Verschwendung der kostbaren Zeit der Teilnehmer:innen.

Anders sieht es bezüglich unserer alltagsmoralischen Überzeugungen, Entscheidungen und Praktiken aus. Aus eigener Erfahrung wissen wir, dass auch das beste Argument manchmal nicht hilft, uns (und andere) dazu zu bewegen, dasjenige praktisch umzusetzen, was uns nach reiflicher Überlegung als moralisch richtig erscheint. Das mag – neben moralpsychologischen Erklärungen wie einem menschlichen Hang zur Akrasie und kognitiven Dissonanz – auch an der Art liegen, wie wir in der Regel Ethik betreiben. Die vernunftzentrierte Fokussierung auf Logik, Stringenz und argumentative Klarheit ist, sobald wir die vertrauten Gefilde der idealen Theorie verlassen, für die praktische Lebensgestaltung nicht immer zielführend. Wie Cora Diamond, deren tierethische Position von Herwig Grimm und Andreas Aigner als „*Wittgenstein Relationismus*"[4] bezeichnet wird, betont, beruht eine verbreitete „Ansicht darüber [...], wie philosophische Diskussionen in der Ethik geführt werden können und wie sie geführt werden sollen"[5], auf „einer Vorstellung von moralischem Denken, die nicht bloß falsch, sondern auch dazu angetan ist, die moralische Kraft vieler Formen von Literatur unerklärlich und unverständlich erscheinen zu lassen."[6]

Worin besteht die moralische Kraft der Literatur? Diamond zufolge kann sie uns helfen, unsere „moralische Imagination"[7] zu entwickeln und zu kultivieren. Diese kreative Fähigkeit ist, worauf Konstantin Deininger hinweist, als „moralische Aktivität instruktiv für Mensch-Mensch- und Mensch-Tier-Beziehungen"[8]. Und sie ist, möchten wir ergänzen, ebenso instruktiv für Mensch-Maschine-Beziehungen. Anstatt ausschließlich auf einer abstrakten Ebene von einem distanzierten, objektiven und „herzensneutrale[n]"[9] Standpunkt der Moral etwa über epistemische, strukturelle und intersektionale Ungerechtigkeit, über Menschenrechte, ökonomische Verhältnisse und Armut nachzudenken, kann man sich über die Beschäftigung mit literarischen Werken in Empathie üben und eigene Vorstellungen eines guten menschlichen Lebens weiterentwickeln, indem man sich in fiktive Lebenswelten und Schicksale gleichsam hineinbegibt und Anteil an diesen nimmt. Zusätzlich zur Suche nach universell gültigen, empirisch gestützten und normativ relevanten Kriterien für einen moralischen Status oder moralische Rechte von Tieren kann uns

[4] Grimm/Aigner 2016, 53 (Hervorhebung im Original).
[5] Diamond 2012, 57.
[6] Ebd.
[7] Deininger 2020, 82.
[8] Ebd., 93.
[9] Ebd.

die fiktional ausgestaltete Perspektive einer Maus etwas über dasjenige lehren, „das nicht in wissenschaftlichen Begriffen beschreibbar ist, das sich im Geheimnisvollen, das heißt: im Nicht-Reduktionistischen, zeigt, darin, was es heißt, ein Leben zu führen.“[10] Anstatt lediglich rechtliche und ethische Begründungen für einen E-Personenstatus für soziale Roboter vorzulegen oder die Bedingungen dafür zu analysieren, artifizielle Akteure als moralische Objekte und/oder Subjekte in den Kreis der moralischen Gemeinschaft zu integrieren, kann man auch der narrativen Darstellung der Persönlichkeitsentwicklung von Isaac Asimovs Andrew Martin[11] folgen oder am Beispiel von Kazuo Ishiguros Klara[12] etwas über den Wert sozialer Beziehungen, von Liebe und Freundschaften lernen sowie über die Aspekte reflektieren, die uns am Menschsein wichtig sind. Alle diese Möglichkeiten, durch das Eintauchen in literarische Texte und auch andere Arten ästhetischer Darstellung etwas moralisch und für das gute Leben Relevantes zu entdecken, diesem nachzuspüren und sich ggf. ein Beispiel für die eigene Lebensführung zu nehmen, können durchaus als ethische Betätigung angesehen werden, sogar in einem recht klassischen tugendethischen Sinn. Wie Martha Nussbaum bemerkt:

> To bring novels into moral philosophy is [...] to bring them into connection with our deepest practical searching, for ourselves and others, the searching in connection with which the influential philosophical conceptions of the ethical were originally developed, the searching we pursue as we compare these conceptions, both with one another and with our active sense of life. Or rather, it is to recognize that the novels are in this search already: to insist on and describe, the connections the novels have already for readers who love them and who read [...] for life.[13]

Damit soll – pace Diamond und Wittgenstein – nicht behauptet werden, die analytische Ethik als Wissenschaft sei überflüssig. Und auch die analytische Literaturwissenschaft wird die Orientierung an Systematizität und Argumentation nicht aufgeben. Im Gegenteil, gerade in Zeiten, in denen große Sprachmodelle zunehmend Einzug in die Wissenschaft, in Bildungssysteme und auch in die Lebenswelt vieler Menschen halten, ist es absolut essenziell, selbständige Kompetenzen zur Reflexion, systematischen und logisch validen argumentativen Durchdringung unterschiedlicher Positionen sowie begründeten Einnahme normativer und evaluativer Standpunkte zu bewahren und weiterzugeben. Dennoch sollte nicht übersehen werden, dass es auch noch andere Wege gibt als denjenigen des wissenschaftlichen Kerngeschäfts, um sich ethischen Fragestellungen zu nähern und unseren ‚moralischen Kompass‘ zu schulen.

Der vorliegende Band geht aus einer von den Herausgeberinnen an der Humboldt-Universität zu Berlin veranstalteten interdisziplinären Tagung mit dem Titel „‚Philosophie dürfte man eigentlich nur dichten‘ – Ethik und Literatur“

[10] Ebd., 94.
[11] Vgl. Asimov [1976] 1990.
[12] Vgl. Ishiguro 2021.
[13] Nussbaum [1990] 1992, 24.

hervor, die darauf abzielte, ethische Fragen und Diskurse in Philosophie und Literaturwissenschaft zusammenzubringen. Er vereint innovative Beiträge, die den Zusammenhang von Ethik, Ästhetik und Literatur aus philosophischer und literaturwissenschaftlicher Perspektive ausloten. Die einzelnen Analysen ermitteln die Rolle literarischer Werke für die Ethik-Ästhetik-Debatte, soziale Epistemologie, Politische Philosophie, Angewandte Ethik und philosophische Anthropologie. Die Beiträge werden dabei geleitet von metaethischen sowie technik- und tierethischen Fragestellungen. Eine Besonderheit des interdisziplinären Bandes besteht in einer studentischen Nachwuchssektion, welche die Originalartikel philosophischer und literaturwissenschaftlicher Forschender fruchtbar ergänzt.

Die Idee zu dieser Ergänzung entstand aus dem Umstand, dass die Tagung an ein gemeinsames interdisziplinäres Seminar anschloss, dessen Ziel es ebenfalls war, Philosophie und Literaturwissenschaft anhand der Lektüre, vergleichenden Analyse und Diskussion literarischer und philosophischer Texte in einen fruchtbaren Austausch über aktuelle ethische Fragestellungen und Problemfelder treten zu lassen, u. a. Maschinen- und Roboterethik, Human Enhancement, Tierethik, Gendergerechtigkeit sowie Public Health. Engagierte Teilnehmer:innen hatten die Möglichkeit, sich an der Planung und Organisation der anschließenden interdisziplinären Konferenz zu beteiligen und dort in einer Nachwuchssektion eigene Vorträge zu halten. Die überzeugendsten dieser ausgearbeiteten Beiträge haben den Weg in den vorliegenden Band gefunden.

Wir bedanken uns bei allen Tagungsteilnehmer:innen und den Autor:innen, die sich zusätzlich bereit erklärt haben, sich mit Beiträgen am Band zu beteiligen, und wünschen den Leser:innen eine inspirierende Lektüre, die sie hoffentlich dazu anregt, ihre moralische Vorstellungskraft zu erweitern und die sich daraus ergebenden Imaginationen eines guten und vielleicht sogar besseren (Zusammen-)Lebens von Menschen, Tieren und Maschinen auch lebensweltlich zu erproben.

2 Zu den Beiträgen

Stefan Descher diskutiert in seinem Beitrag „Ist *Lolita* gut, weil Humbert Humbert schlecht ist? Der Immoralismus im Kontext der Ethik-Ästhetik-Debatte“ kritisch den sogenannten Immoralismus, der postuliert, dass literarische Texte oder Kunstwerke gerade aufgrund moralischer Defizite ästhetisch gelungen sein können. Dabei verortet er den Immoralismus innerhalb der größeren Debatte zum Verhältnis von Ethik und Ästhetik und grenzt ihn von konkurrierenden Positionen ab. Anhand des Beispiels von Vladimir Nabokovs Roman *Lolita* nimmt er eine Rekonstruktion und kritische Bewertung zweier Argumente zur Verteidigung des Immoralismus vor und zeigt auf, weshalb der Immoralismus nicht überzeugend begründet werden kann.

Marie-Luise Raters untersucht in ihrem Beitrag „Was ist ein Recht auf Rechte? Zur ästhetischen Funktion des Paradoxes am Beispiel der Menschenrechtsphilosophie von Hannah Arendt“ ein philosophisches Problem, das sie als

‚Paradox des Paradoxes‘ bezeichnet. Dazu erläutert und analysiert sie vier verschiedene Arten von Paradoxa: das Schein-Paradox, das aporetische Paradox, das antinomische Paradox und das ästhetische Paradox. Das Paradox des Paradoxes tritt auf, wenn ein antinomisches Paradox als Lösung für ein philosophisches Problem vorgebracht wird. Raters untersucht, ob es sich bei Arendts Vorschlag eines Rechts auf Rechte um einen solchen Fall handelt, und kommt zu dem Schluss, dass dies nicht zutrifft, sondern das von Arendt postulierte Recht auf Rechte ein kunstvoll konstruiertes ästhetisches Paradox mit kreativer Imaginationsfunktion darstellt.

Gottfried Schweiger legt in seinem Beitrag „Armut und Liebe. Eine politisch-philosophische Lektüre von ‚Kasimir und Karoline‘“ die methodische Perspektive des ‚kleinen Denkens‘ im Anschluss an David Hulme an das Beispiel von Ödön von Horváths *Kasimir und Karoline* an, um die Verbindung von Armut und Liebe zu untersuchen. Im Unterschied zu einer verbreiteten Vorgehensweise in der politischen Philosophie, die er als ‚großes Denken‘ identifiziert und der zufolge Armut als rein sozioökonomisches Phänomen zu betrachten ist, spricht er sich dafür aus, das individuelle und emotionale Erleben von Armut bei der ethischen Analyse zu berücksichtigen. Literatur, so seine These, kann diesbezüglich zu einem tieferen Verständnis beitragen, indem sie die Auswirkungen von etwa Arbeitslosigkeit und sozialer Deprivation auf das Leben, die Gefühle, die Beziehungen und das Selbstverständnis der Protagonist:innen verdeutlicht. Sie kann so als Medium wirken, um politische Philosoph:innen zu einer tieferen Analyse von Armut und deren sozialen Implikationen anzuregen.

Tanja Angela Kunz behandelt in ihrem Beitrag „Staunen, Neugier und Exzess im Informationszeitalter. Ludwig Wittgensteins unsagbare Ethik und deren ästhetische Transformation bei Lukas Bärfuss“ den Einfluss von Ludwig Wittgensteins Denken auf Lukas Bärfuss' literarisches Werk am Beispiel von dessen Erzählung *Hagard*. Mit dem oben erwähnten Diktum ‚Philosophie dürfte man eigentlich nur dichten‘ rückt Wittgenstein, so ihre These, Ethik und Ästhetik eng zusammen und versteht Dichtung als Repräsentation einer semantischen Unbezwingbarkeit der Lebenswelt. Anhand der Untersuchung der Differenz von Staunen und Neugier interpretiert Kunz Bärfuss' Erzählung als ästhetischen Versuch einer solchen Dichtung, die das Verhältnis von Archaik und Moderne und dabei die (Un-)Vereinbarkeit von Maß und Exzess und den Unterschied zwischen Trieb und zeitgenössischen Begehrnisstrukturen thematisiert. Dabei reflektiert sie unter Zuhilfenahme von Essays und Interviews von Bärfuss das Verhältnis von Literatur und Ethik.

Kevin Liggieri stellt in seinem Beitrag „Genese und Geltung künstlicher Menschen. Eine historisch-epistemologische Analyse technischer Optimierung am Beispiel von Goethes Homunculus“ am literarischen Beispiel von Goethes Figur Homunculus epistemologische, historische und anthropologische Probleme der Grenzziehung zwischen Mensch und Technologie heraus. Dazu betrachtet er zunächst Experimentalsysteme und -objekte, mittels deren Wissen über künstliche Menschen produziert wird, und wirft im Anschluss die Frage auf, ob und wie technische Objekte sich in lebendige Evolutionen einfügen lassen. Das Ziel der

Untersuchung besteht in einer Exploration der epistemischen und ethischen Wirkungen einer solchen Darstellung.

Jan-Hendrik Heinrichs und **Sandra Scholl** gehen in ihrem Beitrag „Selbstvervollkommnung, Enhancement und Fiktion" von der Beobachtung aus, dass innerhalb der philosophischen Enhancement-Debatte die spezifischen Ziele einer technologischen (Selbst-)Verbesserung häufig nur oberflächlich thematisiert werden. Dagegen finden sich in der fiktionalen Literatur detaillierte Darstellungen der Resultate derartiger Eingriffe. In Abgrenzung zu üblichen Vorschlägen bezüglich des philosophischen Stellenwerts von Science-Fiction-Literatur wenden sie Martha Nussbaums ‚capability approach' auf moderne Literatur über posthumane und technologisch veränderte Personen an. Ihrer These zufolge wirken diesbezügliche fiktionale Texte als Kontrastfolien für die Reflexion über Vorstellungen eines gelingenden menschlichen Lebens – oder dessen Gegenteil. Damit schließen sie sich der in der Literaturwissenschaft gängigen Einschätzung an, dass in Science-Fiction nicht die Zukunft, sondern vielmehr die Gegenwart und Vorstellungen eines guten menschlichen Lebens verhandelt werden.

Fabian Finkendey und **Tilmann Köppe** verteidigen in ihrem Beitrag „Lachen verboten? Zur moralischen Kritisierbarkeit von Komik und Amüsement" eine Variante der in der einschlägigen Debatte als moralistische Extremposition angesehenen These Ronald de Sousas, dass Amüsiertheit über moralisch problematische Komik als moralisch falsch eingeschätzt werden muss. Dazu erläutern sie zunächst die These anhand einer Typologie von Reaktionen auf moralisch problematische Komik und diskutieren im Anschluss typische Einwände gegen diese, die sich auf Aspekt-Wahrnehmung, die Rolle von Fiktionen, Konventionen und hypothetische Einstellungen oder einen Kontextualismus bei der Rezeption von Witzen beziehen. Als Fazit halten sie fest, dass keiner dieser Einwände überzeugen kann – und die Beweislast aufseiten der Kritiker:innen der moralistischen These liegt.

3 Zur Nachwuchssektion

Katharina Sternberg analysiert in ihrem Beitrag „Scham und Sprachfähigkeit. Epistemische Vereinzelung am Beispiel von Inès Bayards Roman *Scham*" das Phänomen der Scham anhand des Konzepts der epistemischen Ungerechtigkeit von Miranda Fricker. Dabei versteht sie Scham als Symptom einer epistemischen Ungerechtigkeitserfahrung, die im Erfahrungsbericht der Protagonistin Marie offenbar wird. Der Roman fungiert als Beispiel für die Wirkung sozialer Machtstrukturen im Subjekt sowie in seinem Umfeld, indem er eine epistemische Vereinzelungserfahrung schildert, die sich in destruktivem Schamerleben und der letztlichen Zerstörung des Subjekts äußert. Ihrer These gemäß wird ein Ausweg aus der Vereinzelung und dem Bruch zwischen Subjekt und Umwelt durch Selbstmitteilung ermöglicht. Literatur vermag es, narrative Muster anzubieten, durch die sich ein kommunikativer Zugang zur eigenen Erfahrung und deren Äußerung eröffnet, die zur Reintegration führen kann. Literatur kann damit nicht nur als therapeutisches Mittel gegen epistemische Vereinzelung wirken, sondern auch als machtkritische Instanz begriffen werden.

Felix Latendorf untersucht in seinem Beitrag „Leidenschaftliche Lyrik. Tierethische Perspektiven in Mara-Daria Cojocarus *Minima Anthropophilia*“ das Werk der Lyrikerin und Ethikerin Mara-Daria Cojocaru hinsichtlich der darin enthaltenen tierethischen Position. Dazu spannt er einen integrativen theoretischen Rahmen aus Tierethik, Animal Studies, ethischer Erkenntnis und Lyrik auf. Zudem zieht er für die Analyse Cojocarus tierethische Monographie *Menschen und andere Tiere* hinzu. Auf dieser Basis interpretiert er Cojocarus lyrischen Zyklus *Minima Anthropophilia* aus ihrem Gedichtband *Buch der Bestimmungen* und kommt zu dem Ergebnis, dass ihre Gedichte als Anregung zu und Ausgangspunkt einer tieferen ethischen Reflexion des Tier-Mensch-Verhältnisses gelten können.

Victoria Reiniger unternimmt in ihrem Beitrag „Gleichgültige Allmacht. Das Konzept der MASTEN in Stanisław Lems *Altruizin*“ eine Analyse der Kurzgeschichte *Altruizin* aus der Geschichtensammlung *Kyberiade* des polnischen Science-Fiction-Autors Stanisław Lem, in welcher der Roboter und geniale Konstrukteur Bonhomius den – kläglich scheiternden – Versuch unternimmt, mithilfe der sagenumwobenen MASTEN, Wesen auf der MAximalen STufe der ENtwicklung, Gutes zu tun. Der Fokus der Untersuchung liegt auf der Interpretation dieser Wesen und der Frage, ob diesen zu Recht der Status als höchste Entwicklungsstufe zugesprochen werden kann. Eine detaillierte Analyse der grotesken Anatomie und des gleichgültigen Verhaltens der MASTEN führt zu einer Parallelisierung mit dem Leibniz'schen Theodizee-Problem, anhand dessen die Zweifelhaftigkeit der Vorstellung der MASTEN als einer benevolenten Allmacht und höchsten Entwicklungsstufe illustriert wird.

Janina Marlen Knorr diskutiert in ihrem Beitrag „Mensch und/oder Roboter? Zu Andrew Martin in Isaac Asimovs *The Bicentennial Man*“ anhand von vier Kriterien – (Selbst-)Bewusstsein, biologischer Körper, (Liebes-)Beziehungen, Moralität –, ob Andrew Martin in Isaac Asimovs *The Bicentennial Man* lediglich als Roboter oder auch als Mensch angesehen werden kann. Wiewohl Andrew über Selbst-Bewusstsein und Reflexionsfähigkeit verfügt, stellt sich seine artifizielle physische Verfasstheit als Hürde für sein Ziel der kompletten Menschwerdung heraus. Obgleich eine stetige Modifikation seiner körperlichen Merkmale ihn der ersehnten Anerkennung als menschliches Wesen nicht näherbringt (sondern erst seine Transformation zur Sterblichkeit), schließt sie aus Asimovs Darstellung, dass Andrew jenseits eines Dualismus von Mensch und Roboter durchaus als (artifizielle) Person bzw. Persönlichkeit zu betrachten ist.

Literatur

Asimov, Isaac: The Bicentennial Man [1976]. In: Isaac Asimov: *The Bicentennial Man and Other Stories*. London 1990, S. 135–172.

Bayertz, Kurt: Was ist angewandte Ethik? In: Johann S. Ach/Kurt Bayertz/Ludwig Siep (Hrsg.): *Grundkurs Ethik*. Band I: Grundlagen. Münster ^{2}2011, S. 165–179.

Borchers, Dagmar: Superman der Moral? Zur Frage der moralischen Exzellenz des Ethikers. In: Christoph Amman/Barbara Bleisch/Anna Goppel (Hrsg.): *Müssen Ethiker moralisch sein? Essays über Philosophie und Lebensführung*. Frankfurt am Main 2011, S. 161–176.

Deininger, Konstantin: Mitgeschöpfe in Cora Diamonds Moralphilosophie. In: *TIERethik* 12/21 (2020), S. 80–106.

Diamond, Cora: Ausschließlich Argumente? In: Cora Diamond: *Menschen, Tiere und Begriffe. Aufsätze zur Moralphilosophie*. Hrsg. von Christoph Ammann/Andreas Hunziker. Berlin 2012, S. 57–82.

Grimm, Herwig/Aigner, Andreas: Der moralische Individualismus in der Tierethik. Maxime, Konsequenzen und Kritik. In: Kristian Köchy/Matthias Wunsch/Martin Böhnert (Hrsg.): *Philosophie der Tierforschung*. Band 2: Maximen und Konsequenzen. Freiburg/München 2016, S. 25–63.

Ishiguro, Kazuo: *Klara and the Sun*. London 2021.

Nussbaum, Martha: *Love's Knowledge. Essays on Philosophy and Literature* [1990]. Oxford/New York 1992.

Rippe, Klaus Peter: *Ethik im außerhumanen Bereich*. Paderborn 2008.

Wittgenstein, Ludwig: Vermischte Bemerkungen [1984]. In: Ludwig Wittgenstein: *Über Gewissheit*. Werkausgabe Band 8: *Bemerkungen über die Farben, Über Gewissheit, Zettel, Vermischte Bemerkungen*. Neu durchgesehen von Joachim Schulte. Frankfurt am Main ^{17}2021.

Ist *Lolita* gut, weil Humbert Humbert schlecht ist? Der Immoralismus im Kontext der Ethik-Ästhetik-Debatte

Stefan Descher

1 Einleitung

Manche Kunstwerke werfen Fragen nach dem Verhältnis von ästhetischem und moralischem Wert auf, und zwar ganz unabhängig davon, um welche Art von Kunstwerk es sich handelt. Sind Serien wie *The Sopranos*, *Breaking Bad* oder *Better Call Saul* nicht auch deswegen ästhetisch gelungen, weil sie moralisch defizitäre Protagonisten (einen Mafioso, einen zum brutalen Drogenlord aufsteigenden Chemielehrer und einen Anwalt, der das vermeintliche Recht mit unlauteren Mitteln durchsetzt) in einer Weise darstellen, die geeignet ist, trotz deren Immoralität die Sympathie des Publikums zu erwecken? Sind Beethovens 9. Symphonie oder Arvo Pärts den politischen Gefangenen in Russland gewidmete[1] *Los Angeles*-Symphonie nicht auch deswegen hochgeschätzte musikalische Werke, weil sie eine positive moralische Botschaft vermitteln? Und andersherum: Sollten Musikstücke wie NWAs *Fuck tha Police* oder Sidos *Arschficksong* auch in ästhetischer Hinsicht kritisiert werden, eben weil sie Gewalt verherrlichen, Menschengruppen beleidigen oder frauenfeindlich sind? Ist Rembrandts Darstellung der biblischen Bathsheba besser als die Bathsheba-Darstellung Willem Drosts, weil sie die weibliche Figur den Betrachter:innen nicht mit dem *male gaze* als Objekt der sexuellen

[1] Vgl. Swed 2009.

S. Descher (✉)
FHW Institut III – Germanistik, Otto-von-Guericke-Universität, Magdeburg, Deutschland
E-Mail: stefan.descher@ovgu.de; stefan.descher@phil.uni-goettingen.de

S. Descher
Seminar für deutsche Philologie, Georg-August-Universität Göttingen, Göttingen, Deutschland

© Der/die Autor(en), exklusiv lizenziert an Springer-Verlag GmbH, DE, ein Teil von Springer Nature 2026
B. Beck und E.-M. Konrad, *Imaginationen eines besseren Lebens?*,
Techno:Phil – Aktuelle Herausforderungen der Technikphilosophie 11,
https://doi.org/10.1007/978-3-662-72857-4_2

Begierde präsentiert?[2] Sollte es eine Rolle für die ästhetische Bewertung von Leni Riefenstahls *Triumph des Willens* spielen (ein Standardbeispiel in der kunstphilosophischen Debatte[3]), dass darin die nationalsozialistische Ideologie verherrlicht wird, oder sollte man den künstlerischen Wert des Films unabhängig davon beurteilen? Ist Marco Evaristtis Installation *Helena*, die dem Publikum lebendige Goldfische in mit Wasser gefüllten Mixern präsentierte, die auf Knopfdruck angeschaltet werden konnten, als Kunstwerk misslungen oder zumindest ästhetisch defizitär, weil es die Möglichkeit zu einer tierquälerischen Handlung bietet?[4]

Selbstverständlich können Fragen dieser Art auch in Bezug auf literarische Texte gestellt werden. Die Wertschätzung, die man Werken wie beispielsweise Goethes *Iphigenie* oder Kleists *Michael Kohlhaas* entgegenbringt – kanonischen Texten der ‚Höhenkammliteratur', deren ästhetischer Rang weitgehend unbestritten sein dürfte –, könnte möglicherweise auch dadurch zu erklären sein, dass sie (im Falle Goethes) eine moralisch positiv beurteilte Botschaft vermitteln oder (im Falle Kleists) einen moralisch mindestens fragwürdig agierenden Helden ins Zentrum stellen, der als „einer der rechtschaffensten zugleich und entsetzlichsten Menschen seiner Zeit"[5] zwar für einen moralisch wünschenswerten Zustand kämpft (die Wiederherstellung des Rechts), dabei aber in einer Weise handelt, die ihn als terroristischen Amokläufer erscheinen lässt.[6]

Die Beziehung von Literatur und moralischen Fragen kann dabei ganz verschiedene Aspekte betreffen, so z. B.:

- die *Rezeption* und *Wirkung* eines Texts: Hat ein Text moralische oder unmoralische Konsequenzen? Bewegt er Leser:innen zu moralischen oder unmoralischen Haltungen und Handlungen?[7]
- den *Entstehungskontext*: Ist ein Text unter moralischen oder unmoralischen Bedingungen entstanden, z. B. unter Verwendung privater Aufzeichnungen Dritter o. ä.? Ist es z. B. moralisch legitim, als Nicht-Betroffene:r kulturelle Gegebenheiten sowie individuelle und kollektive Erfahrungen marginalisierter Gruppen literarisch aufzugreifen und zu gestalten – zuletzt unter dem Schlagwort der ‚kulturellen Aneignung' (*cultural appropriation*) diskutiert?
- die *pragmatischen Konsequenzen unseres Umgangs* mit dem Text: Hat es aus moralischer Perspektive beurteilbare Folgen, wenn wir uns mit einem bestimm-

---

[2] So argumentiert Berys Gaut in *Art, Emotion and Ethics* (Gaut 2007).

[3] Vgl. Devereaux 1998 oder Gaut 2005, 432.

[4] Das Beispiel ist dem Kapitel „Art and Morality" aus Darren H. Hicks *Introducing Aesthetics and the Philosophy of Art* entnommen (vgl. Hick 2007, 161–163). Und um die Spannung zu lösen: Tatsächlich wurde ein Mixer in mindestens einem Fall durch einen Besucher der Ausstellung angeschaltet.

[5] Kleist 2005, 13.

[6] Eine Interpretation in diesem Sinne schlägt etwa Brittnacher 2013 vor.

[7] Philosophiehistorisch berühmt ist in dieser Hinsicht Platons radikale Forderung, aus einem idealen Staatswesen nahezu alle mimetischen Künste zu verbannen, eben weil sie in epistemischer und emotionaler Hinsicht schädliche Folgen für Rezipient:innen haben würden. Vgl. Platon: *Der Staat*, 605c und 606d, sowie Platon: *Ion*, 535d–e.

ten Text beschäftigen, z. B. weil wir dadurch Autor:innen mit moralisch abzulehnenden Standpunkten nobilitieren?
- die *Darstellung*: Schildert der Text auf der Ebene der *histoire* unmoralische Sachverhalte, Vorgänge oder Figuren?
- die *Botschaft*: Macht der Text als Ganzer eine moralische oder unmoralische Aussage? Bringt er einen moralischen oder unmoralischen Appell zum Ausdruck?
- die *Intentionen* von Autor:innen: Haben die Verfasser:innen mit dem Text etwas Moralisches oder Unmoralisches intendiert? Wollten sie beispielsweise jemandem mit dem Text schaden etc.?
- die *eigene moralische Verantwortung gegenüber Texten*: Haben wir selbst, als Leser:innen, Editor:innen oder Literaturhistoriker:innen, eine moralische Verantwortung im Umgang mit literarischen Texten? Dürfen wir beispielsweise aus moralischen Gründen in die Textgestalt eingreifen oder nicht eingreifen, etwa wenn bestimmte Stellen als anstößig empfunden werden? Sollten wir uns aus moralischen Gründen um die Tradierung bestimmter Texte bemühen oder von ihr absehen (man denke etwa an das Beispiel des Kafka-Nachlasses)?

Diese Liste ist unabgeschlossen und deutet lediglich an, dass Fragen nach der moralischen Beurteilung literarischer Texte an unterschiedlichen Stellen ansetzen können.[8] Entsprechend vielfältig sind auch die Weisen, in denen das Verhältnis von moralischer und ästhetischer Bewertung literarischer Texte bestimmt werden kann, das hier im Zentrum stehen soll. Darauf sei zu Beginn ausdrücklich hingewiesen, bevor im Folgenden ein ganz spezieller Fall diskutiert wird, der in der Forschungsdiskussion allerdings eine wichtige Rolle spielt. Die zentrale Frage der folgenden Überlegungen lautet:*Können moralische Fehler zum ästhetischen Wert literarischer Texte beitragen?* Und diese Frage wird in Bezug auf eine bestimmte Klasse von Fällen diskutiert, nämlich solche literarischen Texte, die ambivalente Heldenfiguren einsetzen: Helden, die einerseits unmoralische Dinge tun, andererseits aber so gestaltet sind, dass Rezipient:innen mit ihnen sympathisieren, mit ihnen ‚mitfiebern' bzw. allgemein positive Einstellungen zu ihnen ausbilden können. Kleists Michael Kohlhaas aus der gleichnamigen Erzählung wäre ein Beispiel für so einen Protagonisten. Mein primäres Beispiel wird jedoch Vladimir Nabokovs Roman *Lolita*[9] darstellen, bei dem es sich nicht nur um ein im Rahmen der unten skizzierten Debatte häufig verwendetes Beispiel handelt. Der Roman eignet sich m. E. auch tatsächlich in hervorragender Weise, um die immoralistische Position – die

---

[8] Am Rande sei bemerkt, dass dabei sowohl literarhistorische als auch literaturtheoretische Gesichtspunkte ins Spiel kommen. Beispielsweise liegt es bei Stücken aus der Gattung der Sächsischen Typenkomödie, die sich an Gottscheds Norm eines für jedes Stück identifizierbaren moralischen Leitsatzes orientieren, schon wegen der historisch bedingten Gattungskonventionen nahe, nach der moralischen Botschaft zu fragen. Und inwiefern die Intentionen von Autor:innen einer moralischen Beurteilung zugänglich sind, hängt auch davon ab, wie man die Rolle von Autor:innenintentionen für die Interpretation literarischer Texte ganz generell einschätzt.

[9] Nabokov 2000.

Auffassung, dass literarische Texte bzw. Kunstwerke im Allgemeinen auch deswegen ästhetisch gelungen sein können, weil sie in moralischer Hinsicht defizitär sind – zu illustrieren und *prima facie* auch plausibel zu machen.

Indem hervorgehoben wird, dass die zentrale Frage hier nur in Bezug auf bestimmte literarische Texte diskutiert wird, ist zugleich gesagt, dass ich diese Frage nicht abschließend beantworten werde. Ich neige zwar zu der Ansicht, dass sie mit ‚Nein' beantwortet werden sollte, literarische Texte also nicht, wie es der Immoralismus behauptet, deswegen ästhetisch gelungen sein können, weil sie in moralischer Hinsicht defizitär sind. Allerdings werde ich mich im Rahmen dieses Aufsatzes nur mit *einer* möglichen Begründung für den Immoralismus kritisch auseinandersetzen. Diese Begründung – die unten rekonstruierten Argumente Anne W. Eatons – ist zwar das bislang beste und prominenteste Plädoyer dafür, warum man die genannte Frage mit ‚Ja' beantworten sollte. Dennoch ist durch die Widerlegung von Eatons Argument nicht gesagt, dass sich der Immoralismus nicht noch auf andere Weisen prinzipiell plausibel machen ließe.[10]

Da die Debatte über den potenziellen Zusammenhang von ästhetischem und ethischem[11] Wert vor allem im Rahmen der philosophischen Ästhetik geführt und in der (zumal deutschsprachigen) Literaturwissenschaft bisher kaum rezipiert wurde, werde ich sie zunächst in Grundzügen vorstellen, auch um den Immoralismus als eine Position unter vielen anderen möglichen sichtbar zu machen (Abschn. 2). Anschließend werde ich Eatons Argumente für den Immoralismus Schritt für Schritt rekonstruieren und erläutern (Abschn. 3). Abschließend werde ich darlegen, weshalb Eatons Begründung der immoralistischen Position nicht überzeugen kann (Abschn. 4).

Bevor es losgeht, ein paar Bemerkungen zur Terminologie: Die titelgebende Frage dieses Aufsatzes „Ist *Lolita* gut, weil Humbert Humbert schlecht ist?" sollte, wie aus dem Vorangehenden deutlich geworden ist, als Frage danach aufgefasst werden, ob ein literarischer Text als Ganzer auch deswegen ästhetisch gelungen bzw. ‚gut' sein kann, weil er in moralischer Hinsicht etwas ‚Schlechtes' bzw. moralisch Kritikwürdiges tut – nämlich: einen moralisch negativ zu bewertenden Helden (im Falle von *Lolita* also Humbert Humbert) in einer Weise darstellen, die ihn sympathisch erscheinen lässt. Wer die Redeweise vom ‚moralischen Wert' literarischer Texte irritierend findet, sei daran erinnert, dass damit zunächst nicht mehr gemeint sein muss, als dass literarische Texte aus moralischer Perspektive

[10] Siehe dazu auch die Bemerkungen zu einer aktuellen Verteidigung des Immoralismus durch Tim Henning in Fn. 29.

[11] Obwohl ich die Unterscheidung von Moral (als System von handlungsleitenden Normen) und Ethik (als Philosophie der bzw. Nachdenken über Moral) dort für sinnvoll halte, wo Missverständnisse dadurch vermieden werden können, werde ich die Begriffe ‚Moral' und ‚Ethik' sowie die entsprechenden Adjektive hier synonym im Sinne von ‚Moral' verwenden. Ferner: Wenn von ‚moralischem Wert' die Rede ist, heißt dies stets, dass ein moralisches Werturteil über ein Kunstwerk gefällt werden kann (siehe auch unten, Fn. 13). Wenn von ‚ästhetischem Wert' die Rede ist, geht es um die Bewertung eines Kunstwerks *als Kunstwerk* bzw. *als ästhetischer Gegenstand.*

beurteilt werden können. Wer beispielsweise etwas sagt wie „Dieser Roman ist frauenverachtend“ oder „Dieser Roman ist gewaltverherrlichend“, der bringt damit typischerweise auch ein moralisches Werturteil zum Ausdruck (jedenfalls wenn man von dem moralischen Code ausgeht, dass Frauenverachtung und Gewaltverherrlichung moralisch schlecht sind). Meines Erachtens gibt es keine guten Argumente dafür, dass Aussagen wie diese ‚schräg‘, sinnlos oder gar unmöglich sind. Im Gegenteil: Sie scheinen ein wichtiger Teil unseres Umgangs mit literarischen Texten zu sein, noch ganz unabhängig davon, welche Konsequenzen wir aus solchen Urteilen für die *ästhetische* Beurteilung ziehen. Gleiches gilt für den Begriff ‚ästhetischer Wert‘. Die regalfüllende philosophische Debatte darüber, was ästhetischer Wert ist und wodurch er realisiert wird, kann hier selbstverständlich kaum berührt werden. Aber auch Leser:innen, die gegenüber dem Begriff skeptisch sind, sollten sich vor Augen halten, dass Aussagen wie „Das ist ein guter Roman“, „x ist ein besseres Gedicht als y“, „z ist ästhetisch misslungen“ usw. ganz gewöhnliche, ja typische Aussagen für unseren Umgang mit literarischen Texten sind – wenngleich solche Werturteile im Rahmen der Literaturwissenschaft, die sich heutzutage vor expliziten Wertungen tendenziell hütet (weniger allerdings vor impliziten: man denke nur an Prozesse der Kanonisierung), seltener sein dürften als etwa im Rahmen der Literaturkritik oder des privaten Redens über Literatur. Für das Folgende ist es lediglich nötig, *for the sake of argument* zu akzeptieren, *dass* es etwas wie ‚ästhetischen Wert‘ gibt. Was genau darunter zu verstehen ist, ist eine Frage, die die Kunstphilosophie zu klären hat und die ich hier nicht beantworten werde. Allerdings sollten diejenigen Theorien, die das Verhältnis von moralischem und ästhetischem Wert bestimmen, durchaus etwas zur ‚Natur‘ des ästhetischen Werts sagen können. Dementsprechend werde ich unten erläutern, was für Eaton ästhetischen Wert ausmacht.

2 Die Positionen innerhalb der Ethik-Ästhetik-Debatte: ein Überblick

Der Immoralismus ist eine von mehreren möglichen Theorieoptionen innerhalb einer größeren Debatte, die sich mit folgender Frage beschäftigt: Welcher Zusammenhang besteht zwischen dem moralischen Wert eines Kunstwerks und dessen ästhetischem Wert? Obwohl es theoriegeschichtliche Vorläufer dieser Diskussion gibt (einige werden unten erwähnt), wird eine intensive Debatte über diese Frage erst seit den 1990er Jahren geführt, und hier insbesondere im Rahmen der analytischen Kunstphilosophie.[12] Aktuell haben sich drei, je nach Zählweise auch vier,

[12] Ein Meilenstein in dieser Entwicklung ist der von Jerrold Levinson herausgegebene Sammelband *Aesthetics and Ethics* (vgl. Levinson (Hrsg.) 1998), der wichtige Aufsätze von Autor:innen wie Noël Carroll, Mary Devereaux, Berys Gaut, Karen Hanson und anderen enthält. Weitere einschlägige Debattenbeiträge werden im Folgenden erwähnt.

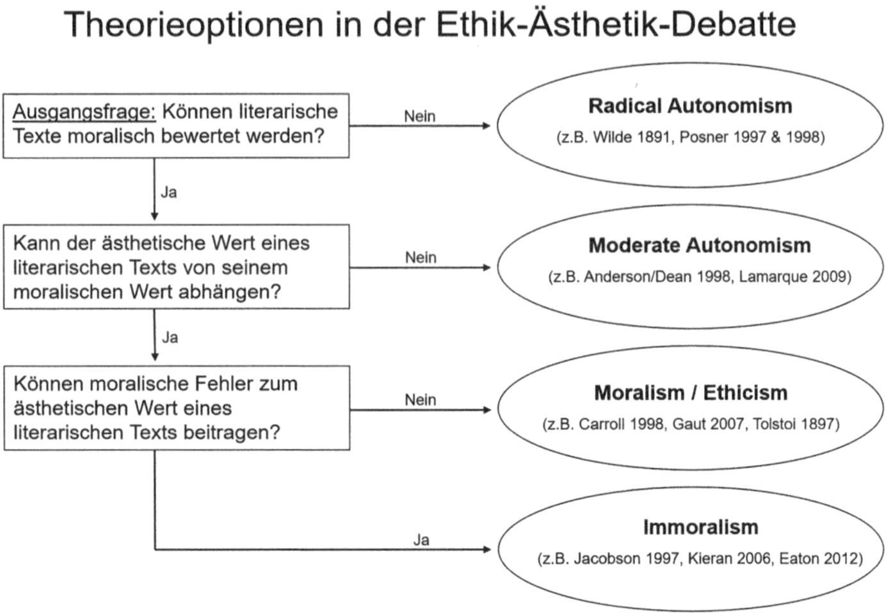

Abb. 1 Entscheidungsdiagramm – Optionen in der Ethik-Ästhetik-Debatte

konkurrierende Theorien etabliert, die auf die oben genannte Frage unterschiedliche Antworten geben: der Ethizismus bzw. Moralismus, der Immoralismus sowie der Autonomismus, bei dem sich eine radikale von einer moderaten Spielart unterscheiden lässt. Diese Theorieoptionen, die in Abb. 1 anhand eines Entscheidungsdiagramms zueinander in Beziehung gesetzt werden, seien kurz vorgestellt. Der Ausrichtung des vorliegenden Bandes entsprechend werde ich dabei nicht von Kunstwerken im Allgemeinen, sondern spezifisch von literarischen Texten sprechen, auch wenn die Debatte grundsätzlich auch andere Kunstformen umfasst.

2.1 *Radikaler Autonomismus*

Wie gesagt geben alle genannten Theorien eine Antwort darauf, ob und inwiefern es einen Zusammenhang zwischen der moralischen und der ästhetischen Bewertung literarischer Texte gibt.[13] Diese Antwort ist nun ihrerseits von Antworten auf

[13] Ich setze im Sinne der hier zu skizzierenden Debatte voraus, dass die moralische bzw. ästhetische *Bewertbarkeit* literarischer Texte impliziert, dass diese auch einen moralischen bzw. ästhetischen Wert *haben*. Obwohl man zwar prinzipiell zwischen der *Zuschreibung* von Werten und dem *Haben* dieser Werte unterscheiden kann, ist dies m. E. im vorliegenden Zusammenhang nicht relevant, weshalb ich beide Redeweisen hier synonym verwenden werde: Wenn sich ein

weitere Teilfragen abhängig, deren erste so lautet: Können literarische Texte *überhaupt* aus einer moralischen Perspektive beurteilt bzw. bewertet werden? Radikale Autonomist:innen verneinen diese Frage. Dementsprechend sind sie auch nicht der Auffassung, dass es einen Zusammenhang zwischen moralischem und ästhetischem Wert geben kann. Da dem radikalen Autonomismus zufolge literarische Texte (wie alle Kunstwerke) keiner moralischen Beurteilung zugänglich sind, d. h. keinen moralischen Wert haben können, ist die Frage, ob die moralische Beurteilung irgendeinen Einfluss darauf hat, wie gut oder schlecht ein literarischer Text aus ästhetischer Perspektive ist, d. h. welchen ästhetischen Wert er hat, nicht sinnvoll beantwortbar.

Diese Variante des Autonomismus gilt wegen ihrer generellen Absage an die moralische Beurteilbarkeit von Kunst, die in dieser Schärfe kaum geteilt wird, als Minderheitenposition, die insbesondere von Richard Posner vertreten wurde.[14] Als historischer Vorläufer des radikalen Autonomismus, den man auch als ‚Ästhetizismus' oder ‚Formalismus' bezeichnen könnte (eine Redeweise, die ich hier allerdings nicht adoptieren werde[15]), wird zuweilen Oscar Wilde bezeichnet, der im Vorwort zu *The Picture of Dorian Gray* die autonomistische Position mustergültig auf den Punkt zu bringen scheint: *„There is no such thing as a moral or an immoral book. Books are well written, or badly written. That is all.*“[16] Und auch Vladimir Nabokov hat sich in einer Weise geäußert, die eine radikale autonomistische Haltung nahelegen könnte, wenn es im Nachwort zu *Lolita* heißt: „I am neither a reader nor a writer of didactic fiction, and [...] *Lolita* has no moral in tow.

literarischer Text moralisch bzw. ästhetisch bewerten lässt, dann hat er auch einen moralischen bzw. ästhetischen Wert. Zudem spielt es für meine Ausführungen keine Rolle, ob moralische bzw. ästhetische Werte in ontologischer Hinsicht realistisch (= sie existieren unabhängig von unseren Zuschreibungen), konstruktivistisch (= sie werden durch Zuschreibungen konstituiert) oder anders konzipiert werden müssen. Hier geht es allein um die Frage, was für die ästhetische Bewertung (den ästhetischen Wert) eines literarischen Texts aus dessen moralischer Bewertung (dessen moralischem Wert) folgen würde – ganz unabhängig vom jeweiligen ontologischen Status dieser Werte.

[14] Vgl. Posner 1997 und Posner 1998.

[15] Der Begriff ‚Autonomismus' ist m. E. nicht nur deswegen vorzuziehen, weil er in der hier diskutierten Debatte typischerweise, wenn auch nicht ausschließlich, verwendet wird, sondern auch, weil auf diese Weise das Missverständnis vermieden werden könnte, dass damit eine konkrete historische kunst- und literaturphilosophische Position wie beispielsweise der Ästhetizismus Stefan Georges oder der Formalismus des russischen Strukturalismus gemeint sei.

[16] Wilde 1891, VI (Hervorhebung im Original). – Ich werde hier nicht diskutieren, ob diese und andere historische Zuschreibungen angemessen sind oder nicht, auch wenn eine gewisse Vorsicht wohl geboten ist. Der augenzwinkernde und zugleich provokant-aphoristische Charakter des Vorworts zu *Dorian Gray* scheint jedenfalls darauf hinzuweisen, dass man die darin gemachten Aussagen nicht auf die literaturtheoretische Goldwaage legen sollte, zumal dort nicht argumentiert, sondern proklamiert wird.

For me a work of fiction exists only insofar as it affords me what I shall bluntly call aesthetic bliss“[17].

2.2 *Moderater Autonomismus*

Man kann die Frage, ob literarische Texte überhaupt moralisch beurteilt werden können, allerdings auch mit ‚Ja‘ beantworten und dennoch der Meinung sein, dass die moralische Beurteilung keinerlei Konsequenzen für die ästhetische Beurteilung hat, Moral und Ästhetik also zwei gänzlich separate Sphären darstellen. Diese Position vertritt der moderate Autonomismus. Ihm zufolge sind Aussagen wie „De Sades Roman *Les Cent Vingt Journées de Sodome* ist moralisch zu verurteilen“ (z. B. weil der Roman Leser:innen dazu verführe, eine voyeuristische Haltung in Bezug auf Gewalt und sexuellen Missbrauch einzunehmen) zwar möglich, aber moralische Bewertungen dieser Art sollten keinerlei Konsequenzen dafür haben, wie man den Roman aus ästhetischer Perspektive, als Kunstwerk, beurteilt. Die bislang eingehendste Verteidigung des moderaten Autonomismus wurde von James Anderson und Jeffrey Dean vorgelegt.[18] Auch Peter Lamarque hat der Sache nach für eine moderate autonomistische Position argumentiert.[19] In jüngerer Zeit haben Adriana Clavel-Vazquez und Daniel Martin Feige Varianten des moderaten Autonomismus vertreten.[20]

2.3 *Ethizismus/Moralismus*

Die derzeit wohl prominenteste Position stellt der Ethizismus bzw. Moralismus dar. Beide Bezeichnungen werden hier synonym verwendet, auch wenn es sich im Detail um verschiedene Theorien handelt, die zudem auf unterschiedliche Verfasser

---

[17] Nabokov 2000, 314. – Wie schon bei Wilde (vgl. die vorangehende Anm.) sollte man allerdings auch diese Äußerung des Autors nicht allzu wörtlich nehmen, denn tatsächlich versteht Nabokov unter „aesthetic bliss“ dann doch wiederum Eigenschaften, die eine moralische Dimension haben: „a sense of being somehow, somewhere, connected with other states of being where art (curiosity, tenderness, kindness, ecstasy) is the norm“ (Nabokov 2000, 314 f.). Vgl. dazu auch Gaut 2007, 201 f.

[18] Vgl. Anderson/Dean 1998.

[19] Lamarque verhält sich zwar gegenüber den Alternativen Moralismus/Ethizismus vs. Autonomismus tendenziell skeptisch, scheint aber *de facto* eine moderate autonomistische Position zu vertreten, da er sowohl der Auffassung ist, dass man literarische Kunstwerke aus moralischer Perspektive beurteilen kann, als auch der Auffassung, dass solche moralischen Beurteilungen die Beurteilung von Texten *als Kunstwerken* nicht beeinflussen sollten (vgl. Lamarque 2009, insb. 294).

[20] Vgl. Clavel-Vazquez 2018, wo zudem ein instruktiver Überblick über verschiedene Spielarten der autonomistischen Position gegeben wird, sowie Feige 2022.

zurückgehen: Der Ethizismus wurde von Berys Gaut entwickelt, Hauptvertreter des Moralismus ist Noël Carroll.[21] Einig ist man sich jedoch in der grundlegenden Auffassung, dass literarische Texte prinzipiell moralisch beurteilt werden können, und beide Theorien bejahen, dass diese Beurteilung Konsequenzen für die ästhetische Beurteilung haben kann. Die Unterschiede betreffen die jeweiligen Begründungen für diese grundlegenden Auffassungen, auf die ich hier nicht im Detail eingehe.[22] Der Ethizismus/Moralismus geht dabei davon aus, dass der Zusammenhang zwischen moralischem Wert und ästhetischem Wert gewissermaßen immer nur in eine Richtung verläuft: Der negative moralische Wert eines literarischen Texts kann sich negativ auf dessen ästhetischen Wert auswirken, und der positive moralische Wert kann sich positiv auf den ästhetischen Wert auswirken.

Als historischer Vorläufer wird immer wieder David Hume angeführt.[23] Einen (allerdings sehr radikalen) Moralismus vertrat auch Lew Tolstoi,[24] der in seinem Traktat *Was ist Kunst?* alle Kunstauffassungen ablehnte, die den moralischen Nutzen nicht zum Hauptzweck der Dichtung erklärten.[25] Mit Blick auf die Geschichte der deutschsprachigen Literatur könnte man beispielsweise an poetologische Konzeptionen der Frühaufklärung denken, etwa Gottscheds Lehrsatzprinzip, das zumindest in Bezug auf das Drama den künstlerischen Wert eines Kunstwerks auch dadurch bestimmt, inwiefern es eine moralische Botschaft vermitteln kann. Generell gilt das an die *Ars Poetica* des Horaz angelehnte Diktum *prodesse et delectare*[26] für weite Teile der aufklärerischen Literaturkonzeption, die den ästhetischen Wert literarischer Texte zwar nicht nur, aber auch und vor allem daran bemisst, inwiefern sie die (nicht nur, aber auch) moralische Funktion des *prodesse* erfüllen.[27] Allerdings besteht ein wichtiger Unterschied zwischen solchen historischen Vorläufern und heutigen Vertreter:innen des Ethizismus/Moralismus darin, dass Ers-

---

[21] Vgl. exemplarisch Gaut 2007 und Carroll 1996. Eine ethizistisch-moralistische Position vertritt der Sache nach auch Martha Nussbaum (vgl. Nussbaum 1990).

[22] Vgl. dazu die Diskussion in Gaut 2007, 228 f.

[23] In *On the Standard of Taste* heißt es: „[W]here vicious manners are described, without being marked with the proper characters of blame and disapprobation; this must be allowed to disfigure the poem, and to be a real deformity. I cannot, nor is it proper I should, enter into such sentiments; and however I may excuse the poet, on account of the manners of his age, I never can relish the composition" (Hume 1979, 499).

[24] Vgl. Hanson 1998, 215, und Peek [ohne Datums- und Seitenangabe].

[25] Bei Tolstoi erhält der Moralismus eine spezifisch christliche Prägung: „Die Aufgabe der christlichen Kunst [bei Tolstoi gleichbedeutend mit Kunst im eigentlichen Sinne] besteht darin, die brüderliche Vereinigung der Menschen herbeizuführen" (Tolstoi 1984 [1897/98], 224). Tolstoi akzeptiert eine Reihe weiterer Qualitätskriterien für gute Kunst, die allerdings direkt oder indirekt von diesem übergeordneten moralischen Ziel abhängen – z. B. Einfachheit, Klarheit, Verständlichkeit und Volksverbundenheit (vgl. ebd., 124–128) sowie die Fähigkeit, in den Rezipient:innen moralisch positiv besetzte Gefühle hervorzurufen („Gefühle der Brüderlichkeit und Nächstenliebe"; ebd., 224). Insofern ist es durchaus berechtigt zu behaupten, dass der ästhetische Wert für Tolstoi allein vom moralischen Wert abhängt (so auch Behrendt/Steinbrenner 2022, 6).

[26] Bei Horaz: „aut prodesse volunt aut delectare poetae" (Horaz ^{3}1959, V. 333).

[27] Vgl. Jørgensen/Bohnen/Øhrgaard 1990, 102.

tere den ästhetischen Wert eines Kunstwerks *immer* von dessen moralischem Wert abhängen lassen, während Letzterer lediglich behauptet, dass eine solche Abhängigkeit *möglich* und zumindest in bestimmten Fällen auch tatsächlich gegeben ist.

2.4 Immoralismus

Dem Ethizismus/Moralismus zufolge ist es jedoch nicht möglich, dass ein literarischer Text gerade deswegen *gute* Literatur sein kann, *weil* er in moralischer Hinsicht fehlerhaft bzw. defizitär ist. Wenn also de Sades Roman *Les Cent Vingt Journées de Sodome* ein *guter* Roman ist, dann nicht deswegen, weil er unmoralische Verhaltensweisen propagiert, sondern nur aufgrund seiner genuin *literarischen* Eigenschaften. Diese Auffassung ist es, die der Immoralismus – manchmal auch als ‚Kontextualismus' (*contextualism*) bezeichnet[28] – bestreitet. Ihm zufolge können literarische Texte gerade deswegen gute literarische Texte sein, weil sie in moralischer Hinsicht defizitär bzw. kritikwürdig sind. Moralische Defizite können also zumindest in einigen Fällen ästhetische Vorzüge sein.

Verteidigungen des Immoralismus haben Lawrence Hyman, Daniel Jacobson, Matthew Kieran und Anne W. Eaton vorgelegt.[29] Hymans, Jacobsons und Kierans Argumente für die immoralistische Position wurden im Rahmen der Debatte m. E. überzeugend zurückgewiesen, weshalb ich sie hier nicht thematisieren werde.[30] Eatons Überlegungen dagegen, die sie 2012 im *Journal of Aesthetics and Art Criticism*

[28] Vgl. Gaut 2005, 432.

[29] Vgl. Hyman 1984; Jacobson 1997; Kieran 2002; Eaton 2012. Kurz vor Fertigstellung dieses Aufsatzes erschien eine interessante Verteidigung des Immoralismus durch Tim Henning (vgl. Henning 2022), der zufolge manche Kunstwerke, die Henning als „teuflisch" bezeichnet (ebd., 31), gerade deswegen ästhetisch gelungen sein können, weil sie auf ein „ästhetisches Wohlgefallen am Bösen *qua* Böses" abzielen (ebd., 34). Ich kann Hennings Vorschlag hier nicht ausführlich würdigen, zumal es im vorliegenden Aufsatz um Eaton gehen soll. Gänzlich überzeugend scheint mir jedoch auch Hennings Immoralismus nicht zu sein. Um die Gründe dafür kurz anzudeuten: Jenes „ästhetische[] Wohlgefallen am Bösen *qua* Böses" dürfte letztlich doch einem übergeordneten moralischen Zweck dienen, wie Henning im letzten Absatz seines Texts auch deutlich macht: „Wir machen vielleicht gerade mit teuflischer Kunst eine der wichtigsten moralischen Erfahrungen" (ebd., 45). Dadurch scheint auch Hennings Vorschlag den Gegenargumenten ausgesetzt zu sein, die Gaut, Carroll u. a. gegen den Immoralismus immer wieder formuliert haben, nämlich dass dieser entgegen dem eigenen Anspruch im Grunde doch auf eine moralistisch-ethizistische Position hinauslaufe. Zudem erläutert Henning nicht, was jenes „Wohlgefallen am Bösen *qua* Böses" zu einem *ästhetischen* Wohlgefallen macht. – Henning erwähnt Eaton oder andere Vertreter:innen des Immoralismus im Übrigen nicht.

[30] Für eine knappe Darstellung der Argumente vgl. Gaut 2005, 435–438. Vgl. auch Stecker 2008 und Harold 2008.

in ihrem Aufsatz „Robust Immoralism" präsentierte,[31] stellen die derzeit wohl originellste und avancierteste Argumentation für den Immoralismus dar, die bisher nicht überzeugend zurückgewiesen werden konnte.[32] Im Folgenden wird Eatons Begründung für einen ‚robusten', d. h. gegen typische Einwände abgesicherten Immoralismus im Detail rekonstruiert und erläutert.

3 Ein ‚robuster Immoralismus'? Anne W. Eaton über *rough heroes*

Für die spezifische immoralistische These, die Eaton plausibel machen will, bietet sie in *Robust Immoralism* verschiedene Formulierungen an: „[M]oral flaws of a particular kind can make a significant contribution to a work's aesthetic value."[33] Oder auch: „[A]n artwork can make a significant positive aesthetic contribution precisely *in virtue of its immorality*"[34]. Diese und weitere Umschreibungen der immoralistischen Position sind nicht gänzlich gleichbedeutend. Der zentrale und allen Formulierungsvarianten gemeinsame Gedanke lautet jedoch, dass zumindest manche Kunstwerke – d. h. eine bestimmte *Art* von Kunstwerken, in jedem Fall aber nicht *alle* Kunstwerke – einen intrinsischen[35] moralischen Fehler haben („moral flaw" bzw. „intrinsic moral defect"[36]), der seinerseits das Kunstwerk als Kunstwerk *besser* macht, d. h. zu seinem ästhetischen Wert beiträgt. Eatons These bezieht sich auf Kunstwerke, die in der Lage sind, narrative Gehalte zum Ausdruck zu bringen, also auch auf Filme, Serien und potenziell auch auf Gemälde. Ich werde wie bereits in Abschn. 2 jedoch nur über den Fall *literarischer* Kunstwerke bzw. Texte sprechen. Dabei lege ich die folgende deutschsprachige Formulierung der These zugrunde:

> *Immoralistische These*: Bei manchen literarischen Texten trägt ein intrinsischer moralischer Fehler zu ihrem ästhetischen Wert bei.

[31] Vgl. Eaton 2012. Diesem Aufsatz folgte eine Diskussion in der derselben Zeitschrift, in der Eaton ihre Position gegen Einwände Noël Carrolls verteidigte (vgl. Carroll 2013; Eaton 2013).

[32] Kritik am Immoralismus Eatons wurde von Noël Carroll und Panos Paris geübt (vgl. Carroll 2013; Paris 2019). Ich werde in Abschn. 4.4 darauf zurückkommen.

[33] Eaton 2012, 281.

[34] Ebd., 283 (Hervorhebung im Original).

[35] Dass der moralische Fehler ein *intrinsischer* Fehler des Kunstwerks sein muss, ist für Eatons Argumentation (und *de facto* für die gesamte oben skizzierte Debatte) von entscheidender Bedeutung. Unten wird genauer erläutert, was Eaton darunter versteht. Vorläufig reicht es zu sagen, dass ein intrinsischer Fehler ein Fehler ist, der zum Kunstwerk selbst gehört und nicht akzidentiell ist.

[36] Vgl. Eaton 2012, 281 u. ö., sowie Eaton 2013, 376.

Diese immoralistische These wird von Eaton mithilfe zweier Argumente begründet, die ich das ‚Fesselnd-sein-Argument' und das ‚Problemlösungsargument' nennen werde. Zunächst seien beide Argumente jeweils vollständig rekonstruiert und sämtliche Prämissen der Reihe nach erläutert.[37] Die Problematisierung beider Argumente folgt in Abschn. 4.

3.1 Das ‚Fesselnd-sein-Argument'

Eatons erstes Argument für den Immoralismus lautet so:

P1 Manche Texte weisen *rough heroes* auf.

P2 Texte mit *rough heroes* haben einen intrinsischen moralischen Fehler.

P3 *Rough heroes* haben das Potenzial, die *imaginative resistance* des Zielpublikums zu überwinden und einen „indefinitely protracted state of ambivalence" hervorzurufen.

P4 Das Potenzial zu haben, die *imaginative resistance* überwinden (etc.) zu können, macht einen Text fesselnd („compelling").

P5 Dass ein Text fesselnd ist, trägt zu seinem ästhetischen Wert bei.

K Bei manchen literarischen Texten trägt ein intrinsischer moralischer Fehler zu ihrem ästhetischen Wert bei.

Der erste Begründungsschritt besteht darin, dass Eaton auf eine Gruppe von literarischen Texten hinweist, die einen charakteristischen Typ von Protagonisten hat, den Eaton als „rough hero"[38] bezeichnet (= Prämisse 1). Sie gibt dafür eine Reihe von Beispielen, die nicht nur aus dem Bereich der Literatur stammen: der sympathische, gleichwohl abgrundtief böse[39] Mafioso Tony Soprano aus der Serie *The Sopranos*; „*[t]he admirable devil* [...] in Milton's *Paradise Lost*" und „Woland in Mikhail Bulgakov's *The Master and Margarita*"; „*[t]he glorified criminal*" wie etwa Bonnie und Clyde in Arthur Penns gleichnamigem Film; „*[t]he congenial murderer* [...] such as Jean-Baptiste Grenouille" aus Patrick Süskinds *Das Parfum*; „*[t]he sympathetic sadist*" wie Patrick Bateman in Bret Easton Ellis' *American Psycho*; „*[t]he appealing mean-spirited person* includes protagonists who are manipulative, petty, selfish, ill-tempered, duplicitous, malicious, or cruel: Becky

---

[37] Die folgenden Rekonstruktionen, die die Argumente in logischer Standardform als deduktiv gültige Argumente präsentieren, stammen von mir selbst. Bei Eaton findet sich eine derartige Formalisierung nicht. Zudem werden beide Argumente bei Eaton nicht terminologisch als unterschiedliche Argumente abgegrenzt.

[38] Eaton 2012, 281. Die Bezeichnung entlehnt Eaton von Hume (vgl. Hume 1979, 499).

[39] „Tony Soprano is a murderer, a liar, a thief, an extortionist, and a womanizer; he is pathologically callous, selfish, bigoted, racist, homophobic, and self-centered" (Eaton 2012, 281).

Sharp of *Vanity Fair* (William Makepeace Thackeray, 1848), Heathcliff of *Wuthering Heights* (Emily Brontë, 1847), and the Underground Man from *Notes from Underground* (Fyodor Dostoevsky, 1864).“[40]

Ein geradezu prototypischer *rough hero*, der Eaton als Paradebeispiel dient (wenn auch nur durch sehr allgemein gehaltene Verweise und ohne näheren Bezug auf den konkreten Text), ist Humbert Humbert, der Protagonist und fiktive Erzähler von Nabokovs Roman *Lolita*. Eaton folgend wird *Lolita* hier als exemplarischer *Rough-hero*-Text behandelt, an dem ihre Überlegungen illustriert werden.

Eaton belässt es nicht bei dieser Reihe von Beispielen, sondern gibt definierende Kriterien für den Begriff des *rough hero* an: Es handelt sich dabei um fiktive Figuren (allesamt Protagonist:innen) mit schweren („grievous“[41]) moralischen Fehlern. Diese Fehler sind also nicht so, dass sie nebensächlich oder gar verzeihlich wären, sondern es handelt sich um fundamentale moralische Fehler, über die wir nicht hinwegsehen können: Humbert Humbert ist nicht bloß ein harmloser Spitzbube, der sich mit kleinen Lügen und Gaunereien durchs Leben schummelt, sondern ein Mörder und Pädophiler. (Eaton grenzt den *rough hero* in diesem Zusammenhang ausdrücklich vom Typ des Anti-Helden ab, der zwar auch fehlerhaft ist, aber dessen Fehler nicht in gleicher Weise fundamental schwer wiegen.[42]) Der moralische Fehler eines *rough hero* ist dabei integraler Bestandteil seiner Persönlichkeit – seine moralisch negativen Eigenschaften machen ihn durch und durch aus, und auch seine positiven Eigenschaften müssen gewissermaßen im Lichte seiner Immoralität betrachtet werden und sind mit dieser unauflöslich verknüpft: „Even his intellectual virtues – for example, his cunning and shrewdness, his precise execution of well-laid plans, and his ability to outsmart adversaries – are inextricably tied to his morally bad character.“[43]

Eben weil es sich um einen schweren und integralen moralischen Fehler handelt, soll der *rough hero* Eaton zufolge auch vom Zielpublikum („target audience“[44]) für seine moralischen Fehler verurteilt werden: „[I]t is also a requirement of properly understanding and fully appreciating Vladimir Nabokov's *Lolita* that one judge Humbert to be morally reprehensible.“[45] So wird in *Lolita* beispielsweise schon durch das Vorwort des fiktiven Herausgebers John Ray von Anfang an deutlich gemacht, dass der Protagonist, der den Roman in Untersuchungshaft aufzeichnete und kurz vor dem Prozess starb, ein Verbrechen („*crime*“) begangen hat

[40] Sämtliche Zitate: Ebd., 284.

[41] Ebd.

[42] Vgl. ebd., 283.

[43] Ebd., 284.

[44] Ebd., 282. Eaton geht von einer idealisierten Vorstellung des jeweiligen Publikums bzw. der Leser:innenschaft aus, die den *Rough-hero*-Text unter optimalen Rezeptionsbedingungen in angemessener Weise bzw. richtig versteht.

[45] Ebd., 284.

und „*horrible*“, „*abject*“ sowie ein „*shining example of moral leprosy*“ sei.[46] Auch Humbert Humbert selbst scheint, wenn auch in seiner typischen anspielungsreichen und wortspielerischen Art, seine Schuld am Ende des Romans einzugestehen.[47] An seinen unmoralischen Taten besteht ohnehin kein Zweifel. Zudem gibt es bei *rough heroes* wie Humbert Humbert keine Möglichkeit, ihre moralischen Fehler in irgendeiner Weise zu relativieren oder gar zu entschuldigen. Seine Immoralität ist sozusagen nicht wegzudiskutieren: „[T]he audience's forgiveness is not prescribed, nor are we offered reasons to dismiss his misdeeds as the result of misfortune, weakness, folly, or ignorance.“[48]

Und doch hat der *rough hero* zugleich Eigenschaften, die bewirken können, dass wir Pro-Einstellungen zu ihm entwickeln können und auch entwickeln sollten, wenn wir in angemessener Weise auf den Roman reagieren: Wir können Sympathie für ihn empfinden, ihn bewundern, mit ihm mitfiebern usw. Humbert Humbert ist nicht *nur* ein unmoralischer Verbrecher, sondern zugleich witzig, eloquent, kulturell gebildet, charmant, gutaussehend usw. Er hat eine Biographie, die es ermöglicht, seine Handlungen in gewisser Weise zu verstehen, etwa prägende Kindheitserlebnisse, die die Weichen für sein späteres Leben stellen.[49] Er kann sehr differenziert und sprachlich nuanciert Auskunft über sein Seelenleben geben, seine Qualen, Hoffnungen und Gefühle beschreiben. Der fiktive Herausgeber betont ausdrücklich, dass Humbert Humbert bei aller moralischen Verkommenheit literarische Fähigkeiten besitzt, die bewundernswert sind.[50] Auch die Erzählperspektive könnte gewissermaßen für einen Sympathie-Bonus sorgen, denn der gesamte Roman wird aus der Perspektive Humbert Humberts geschildert, sodass Leser:innen ausschließlich die Innenperspektive des *rough hero* präsentiert wird.

Eatons entscheidender Punkt ist eben dieses Spannungsverhältnis: Das Zielpublikum soll den *rough hero* sowohl moralisch verurteilen als auch Sympathie für ihn haben bzw. (allgemeiner gesprochen) Pro-Einstellungen zu ihm entwickeln: „[P]roper engagement with works featuring rough heroes demands that the audience adopt conflicting attitudes, finding him simultaneously agreeable and abhorrent, likeable and repugnant, congenial and malevolent.“[51] Nicht entsprechend zu reagieren, würde bedeuten, den Text – seinen Witz, seine Pointe – nicht richtig zu

---

[46] Sämtlich Zitate: Nabokov 2000, 4 f. Gleichwohl ist eine gewisse Skepsis gegenüber den Bewertungen Rays angebracht (vgl. Gaut 2007, 201).

[47] „I was all covered with Quilty“ (Nabokov 2000, 306), heißt es im Schlusskapitel des Romans – eine Anspielung sowohl auf seinen Mord an Clare Quilty als auch auf seine eigenen Verschuldungen (‚Quilty‘ ist auch zu lesen als ‚guilty‘).

[48] Eaton 2012, 284.

[49] So etwa das frühe erotische Erlebnis mit Annabel, von der Humbert Humbert sagt: „[B]ut today, in September 1952, after twenty-nine years have elapsed, I think I can distinguish in her the initial fateful elf in my life“ (Nabokov 2000, 18).

[50] „*But how magically his singing violin can conjure up a tendresse, a compassion for Lolita that makes us entranced with the book while abhorring its author!*“ (Ebd., 5; Hervorhebung im Original.)

[51] Eaton 2012, 285.

verstehen: Wer Humbert Humbert allein als unmoralischen Bösewicht betrachtet, was er zweifellos *auch* ist, und dabei übersieht, dass er zugleich Züge trägt, die geeignet sind, ihn sympathisch erscheinen zu lassen, reagiere nicht in angemessener Weise auf den Roman.[52]

Eatons zweiter Schritt lautet nun, dass Texte, die einen so beschaffenen *rough hero* aufweisen, einen intrinsischen moralischen Fehler haben (= Prämisse 2). Dies liege daran, dass eine (falsche) moralische Bewertung Teil von *Rough-hero*-Texten, genauer: Teil ihrer Perspektive sei: „Moral judgment is intrinsic to a work [...] just in case moral judgment is among the responses prescribed by the work; that is, when moral judgment is a component of the work's perspective."[53] Literarische Texte, so Eaton, können moralische Urteile enthalten, und sie tun dies dann, wenn diese Urteile zu den *prescribed responses* gehören, d. h. den angemessenen und durch den Text autorisierten Einstellungen, die Leser:innen in Bezug auf bestimmte Sachverhalte oder Figuren ausbilden sollen (wenn sie den Text richtig verstehen). Sollte es sich bei einem durch den Text vorgeschriebenen Urteil um ein moralisch *falsches* Urteil handeln – z. B. wenn man eine Figur, die etwas Unmoralisches tut, dennoch für „agreeable", „likeable", „congenial" usw. halten soll –, dann, so Eaton, weist der Text einen intrinsischen moralischen Fehler auf. Wie oben bereits gesagt: Leser:innen von *Lolita* sollen (!) Humbert Humbert trotz seiner Immoralität sympathisch finden und eine entsprechende Pro-Einstellung zu ihm ausbilden. Wer dies nicht versteht, versteht einen wesentlichen Aspekt des Romans nicht.

Die Prämissen 1 und 2 behaupten also, dass es eine bestimmte Textsorte gibt, die aus moralischer Perspektive betrachtet defizitär ist, nämlich die Sorte von Texten, die *rough heroes* enthält. Um die immoralistische These zu begründen, ist es nun nötig zu erläutern, weshalb dieses moralische Defizit einen ästhetischen Gewinn darstellen kann. Dafür verweist Eaton auf eine charakteristische Leistung, die *Rough-hero*-Texte potenziell erbringen können: Gelungene *Rough-hero*-Texte können die „imaginative resistance" des Zielpublikums überwinden und dieses in einen „indefinitely protracted state of ambivalence"[54] versetzen (= Prämisse 3). Unter ‚imaginative resistance' versteht Eaton eine bestimmte, in Graden auftretende Reaktion des Zielpublikums von *Rough-hero*-Texten: „I construe imaginative resistance as *reluctance* [...] to engage in a prescribed imaginative activity

[52] Es sei betont, dass diese *Lolita*-Interpretation hier *for the sake of argument* akzeptiert wird und nicht ausführlich verteidigt werden kann, zumal dies für vorliegende Zwecke sachlich nicht nötig ist: Der Roman dient hier als Beispiel eines *Rough-hero*-Textes, der Eatons Kriterien illustrieren kann und den sie auch selbst als Beispiel anführt. Sollte das Beispiel schlecht gewählt sein, wofür es tatsächlich gute Gründe gibt (ich komme unten darauf zurück), könnte es prinzipiell durch bessere ersetzt werden.

[53] Eaton 2012, 283.

[54] Ebd., 287.

that is, from the audience's perspective, morally deviant."[55] Gemeint ist Folgendes: Typischerweise haben wir, gelinde gesagt, starke Vorbehalte, Pro-Einstellungen in Bezug auf Mörder, Pädophile, Schwerkriminelle etc. auszubilden. Gerade dazu werden Leser:innen von *Rough-hero*-Texten jedoch eingeladen und durch den Text aufgefordert. Eine der spezifischen Leistungen von gelungenen *Rough-hero*-Texten liegt Eaton zufolge nun gerade darin, diese Vorbehalte gewissermaßen aushebeln und Leser:innen in einen Schwebezustand („indefinitely protracted state of ambivalence") versetzen zu können, in dem sie ein und dieselbe Figur sowohl moralisch verurteilen als auch sympathisch finden.[56]

Prämisse 3 ist dabei nicht so zu verstehen, dass die *imaginative resistance* realer Leser:innen von *Rough-hero*-Texten tatsächlich überwunden werden muss: Reale Leser:innen könnten den Text z. B. schlicht falsch verstehen oder zu abgelenkt, müde, unaufmerksam etc. sein, um angemessen auf ihn zu reagieren. Vielmehr ist gemeint, dass der *Rough-hero*-Text das *Potenzial* besitzt, diese *imaginative resistance* zu überwinden, und dies bei einem idealen Zielpublikum („target audience"), das den Text unter optimalen Bedingungen angemessen rezipiert, auch tun würde. Anders gesagt: Eatons Argument hängt an dieser Stelle nicht von faktischen Leser:innenreaktionen, sondern von Texteigenschaften (Wirkungspotenzialen) ab.

Diese Leistung bzw. das Potenzial, diese Leistung erbringen zu können, muss nun nicht *per se* einen ästhetischen Wert darstellen, denn selbstverständlich hat nicht *jede* Leistung eines *Rough-hero*-Texts – etwa die Leistung, erfolgreich als Stütze für wacklige Tische zu dienen – ästhetische Implikationen. Daher behauptet Eaton weiter, dass es diese Leistung von *Rough-hero*-Texten ist, die einen Text fesselnd („compelling") macht (= Prämisse 4). Diese Eigenschaft, fesselnd zu sein, ist nun eine *ästhetische* Eigenschaft, die einem Text entsprechend ästhetischen Wert verleihen kann (= Prämisse 5): „[W]e are pulled in opposing directions without hope of relief and left to linger in a delicious state of irresolvable conflict

[55] Ebd. (Hervorhebung im Original) – Mit dieser Verwendung des Begriffs ‚imaginative resistance' weicht Eaton, worauf sie an derselben Stelle auch hinweist, in bestimmten Hinsichten von der etablierten fiktionstheoretischen Terminologie ab, die man etwa bei Richard Moran und Kendall Walton findet, die das Phänomen in der jüngeren fiktionstheoretischen Debatte zuerst beschrieben haben (vgl. Moran 1994; Walton 1994; vgl. auch Walton 1990, 154 f.). Dort bezeichnet der Begriff typischerweise nicht nur einen prinzipiell überwindbaren Widerwillen bzw. ein Zögern, sondern eine generelle Unfähigkeit, im Rahmen eines *fictive stance* moralische Sachverhalte zu akzeptieren, die man eigentlich ablehnt. Für einen Überblick über die Forschungsdebatte zu ‚imaginative resistance' vgl. Tuna 2020.

[56] Die Herausgeberinnen des vorliegenden Bandes haben mich darauf hingewiesen, dass man Eaton an dieser Stelle auch anders verstehen könnte, nämlich nicht so, dass Leser:innen den *rough hero* sowohl moralisch verurteilen als auch sympathisch finden (d. h. beides zugleich), sondern zwischen beiden Einstellungen schwanken (d. h. ihn mal verurteilen, mal sympathisch finden). Ich tendiere zwar zur ersten Lesart, u. a. weil sie besser zu Eatons Beschreibung des ambivalenten Zustands passt (vgl. auch das folgende Langzitat), halte die zweite jedoch ebenfalls für möglich. Soweit ich sehe, ergeben sich daraus für die Kritik von Eatons Argument (s. Abschn. 4) aber keine entscheidenden Konsequenzen.

with ourselves. This indefinitely protracted state of ambivalence is precisely what makes certain immoral works *compelling* (an important aesthetic merit).“[57]

Auf diese Weise stützt das ‚Fesselnd-sein-Argument‘ die immoralistische These (Konklusion K). Eaton versucht den Immoralismus jedoch noch auf eine zweite Weise zu begründen, die unabhängig davon ist, ob man ‚fesselnd sein‘ tatsächlich für eine Eigenschaft hält, die aus der besagten Leistung von *Rough-hero*-Texten folgt und die einem Text ästhetischen Wert verleihen kann, unabhängig also von den Prämissen 4 und 5.

3.2 Das ‚Problemlösungsargument‘

Das zweite Argument für den Immoralismus stützt sich ebenfalls auf die Prämissen 1 bis 3, die bereits Teil des ‚Fesselnd-sein-Arguments‘ waren. Es begründet die immoralistische Konklusion jedoch mit Bezug auf eine andere Leistung von *Rough-hero*-Texten: dem Umstand nämlich, dass diese Texte ein spezifisches künstlerisches Problem lösen. Dieses ‚Problemlösungsargument‘ lässt sich wie folgt rekonstruieren (um die spätere Bezugnahme zu erleichtern, setze ich die Nummerierung der Prämissen hier fort):

P1 Manche Texte weisen *rough heroes* auf.

P2 Texte mit *rough heroes* haben einen intrinsischen moralischen Fehler.

P3 *Rough heroes* haben das Potenzial, die *imaginative resistance* des Zielpublikums zu überwinden und einen „indefinitely protracted state of ambivalence“ hervorzurufen.

P6 Das Potenzial zu haben, die *imaginative resistance* überwinden (etc.) zu können, löst ein künstlerisches Problem.

P7 Die Lösung eines schwierigen und interessanten (lohnenswerten) künstlerischen Problems („a difficult and interesting artistic problem“) trägt zum ästhetischen Wert eines Texts bei.

P8 Das künstlerische Problem, mit *rough heroes* die *imaginative resistance* zu überwinden etc., ist schwierig und interessant.

K Bei manchen literarischen Texten trägt ein intrinsischer moralischer Fehler zu ihrem ästhetischen Wert bei.

Zusätzlich zu den Prämissen 1 bis 3 weist Eaton also darauf hin, dass die in Prämisse 3 konstatierte Eigenschaft von *Rough-hero*-Texten (sie haben das Potenzial, die *imaginative resistance* überwinden zu können) die Lösung eines artistischen bzw. künstlerischen Problems impliziert (= Prämisse 6), die Lösung einer Aufgabe also, die sich Autor:innen von *Rough-hero*-Texten vornehmen und an der sie prinzipiell auch scheitern können.

---

[57] Eaton 2012, 287.

Nun stellt nicht jede Lösung eines künstlerischen Problems bereits einen ästhetischen Wert dar – Autor:innen literarischer Texte könnten sich etwa der Aufgabe annehmen, einen Text zu schreiben, in dem sämtliche Worte mit dem Buchstaben ‚E' beginnen. Dadurch allein wird der Text jedoch nicht zu etwas, das wir aus ästhetischer Perspektive positiv beurteilen bzw. wertschätzen sollten. Damit die Lösung eines künstlerischen Problems zum ästhetischen Wert eines Texts beitragen kann, darf es sich daher nicht um *irgendein* Problem handeln, sondern um eines, das schwierig und interessant bzw. lohnenswert ist: „a difficult and interesting artistic problem"[58] (= Prämisse 7). Was genau ein Problem zu einem schwierigen und lohnenswerten[59] macht, kann von Fall zu Fall unterschiedlich aussehen und wird von Eaton auch weitgehend offen gelassen. Wichtig ist jedoch, dass es sich bei dem konkret in Rede stehenden Problem, mit *rough heroes* potenziell die *imaginative resistance* zu überwinden, tatsächlich um ein solches schwieriges und lohnenswertes Problem handelt (= Prämisse 8). Denn *schwierig* ist dieses Problem, weil die Schaffung eines *rough hero* großes literarisches Geschick erfordert – es handelt sich, wie oben erläutert, um einen sehr speziellen Figurentypus, der ganz bestimmten Anforderungen genügen muss – und weil der Text so beschaffen sein muss, dass leser:innenseitige Widerstände (die *imaginative resistance*) potenziell überwunden werden können, um die Leser:innen in den beschriebenen Schwebezustand zwischen Pro-Einstellung und moralischer Ablehnung zu versetzen, was die Lösung des Problems zugleich *lohnenswert* („interesting") macht.

Beide Argumente – das ‚Fesselnd-sein-Argument' und das ‚Problemlösungsargument' – ziehen jeweils unterschiedliche Kriterien für ‚ästhetischen Wert' heran: einerseits die ästhetische Eigenschaft ‚fesselnd sein', andererseits die ästhetische Eigenschaft, ein anspruchsvolles künstlerisches Problem zu lösen. Die Konklusion – die immoralistische These – wird jedoch durch beide Argumente gestützt.

Im Anschluss an diese Rekonstruktion sei noch einmal betont, dass Eatons Immoralismus nicht sämtliche literarischen Texte betrifft, ja nicht einmal sämtliche Texte, die aus moralischer Perspektive in dieser oder jener Weise kritikwürdig sind. Es handelt sich vielmehr um eine lokal begrenzte immoralistische Position, die ausschließlich für solche Texte Geltung beansprucht, die Protagonist:innen im Sinne der oben referierten Definition eines *rough hero* aufweisen.

[58] Ebd., 288.

[59] Ich übersetze ‚interesting' mit ‚lohnenswert', weil mir der entscheidende Punkt zu sein scheint, dass das Problem nicht *nur* interessant sein sollte, sondern dass es *Gründe* dafür gibt (gewünschte Reaktionen oder Effekte), das jeweilige Problem künstlerisch lösen zu wollen.

4 Kritik an Eatons Begründung des Immoralismus

In logischer Hinsicht sind Eatons Argumente für den Immoralismus nicht zu beanstanden.[60] Wer sie kritisieren möchte, muss daher fragen, wie es um die Wahrheit der Prämissen bestellt ist. Wie sich zeigen wird, sind gleich mehrere dieser Prämissen nicht gegen fundamentale Einwände gefeit.

4.1 *Kritik an Prämisse 2: „Texte mit rough heroes haben einen intrinsischen moralischen Fehler.“*

Den zentralen Ansatzpunkt für Kritik an Eatons Argument stellt Prämisse 2 dar. Denn wenn man das, was Eaton über *rough heroes* sagt, beim Wort nimmt, dann ist diese Prämisse offenkundig falsch. Genauer gesagt liegt das Problem in einer begrifflichen Inkonsistenz zwischen der Definition von intrinsischen moralischen Fehlern einerseits und der Definition des *rough hero* andererseits. Um dies zu sehen, sei daran erinnert, wie Eaton intrinsische Fehler literarischer Texte versteht: Ein solcher Fehler liege nämlich vor, „just in case [a flawed] moral judgment is among the responses prescribed by the work“[61]. Das moralisch falsche Urteil gehöre also zu den Reaktionen, die das Werk (der literarische Text) seinen Leser:innen vorschreibt und das Leser:innen daher fällen sollten, wenn sie den Text richtig verstehen. In der Definition des *rough hero* heißt es jedoch: „[I]t is also a requirement of properly understanding and fully appreciating Vladimir Nabokov's *Lolita* that one judge Humbert to be morally reprehensible“[62]. Wie beides zusammenpasst, ist jedoch unverständlich: Denn wenn *rough heroes* wie Humbert Humbert durch das Zielpublikum moralisch verurteilt werden sollen, dann ist offenkundig gerade dieses richtige moralische Urteil Teil des Werks („among the responses prescribed by the work“), nicht aber das falsche. *Rough-hero*-Texte schreiben Leser:innen, Eatons eigner Definition zufolge, also gerade *nicht* vor, über unmoralische Helden wie Humbert Humbert ein moralisch falsches (= positives) Urteil zu fällen.

Es ist hier wichtig zu sehen, dass das soeben benannte Problem nicht Eatons Wahl des Beispiels betrifft (auf die ihrerseits tatsächlich problematische Beispielwahl komme ich unten zurück), sondern eine Inkonsistenz zwischen zwei für die Argumentation zentralen Begriffen bzw. (genauer) zwischen Aussagen, in denen diese Begriffe vorkommen (Definition des *rough hero* und Prämisse 2). Diese Inkonsistenz würde auch bei einer Änderung des Beispiels bestehen bleiben. Eaton

[60] Ich verzichte hier auf eine formallogische Darstellung, aber es dürfte offensichtlich sein, dass beide Argumente in den oben gegebenen Rekonstruktionen gültige deduktive Schlüsse sind.

[61] Eaton 2012, 283.

[62] Ebd.

illustriert ihre Definition des *rough hero* zwar an Humbert Humbert, doch spricht sie an dieser Stelle über *rough heroes* im Allgemeinen: *Alle* fiktiven Figuren, die diesem Figurentypus entsprechen, sollen vom Zielpublikum für ihre unmoralischen Handlungen moralisch verurteilt werden. Dies gehört zur Definition des *rough hero*. Und wenn dies so ist, ist nicht mehr verständlich, wieso *Rough-hero*-Texte ein falsches moralisches Urteil in Bezug auf den *rough hero* vorschreiben und insofern intrinsisch moralisch fehlerhaft sein sollten. Die Pro-Einstellungen, die wir in Bezug auf *rough heroes* entwickeln können (z. B. Sympathie), beziehen sich – so kann man Eaton entgegenhalten – nicht auf deren unmoralische Handlungen, sondern auf diejenigen Eigenschaften, die tatsächlich schätzenswert sind.[63]

Nun hat Eaton auf diesen Einwand jedoch eine Antwort. Denn wie oben erläutert, ist Eaton der Auffassung, dass wir die schätzenswerten Eigenschaften nicht von der Immoralität des *rough hero* trennen können. Noch einmal: „Even his intellectual virtues – for example, his cunning and shrewdness, his precise execution of well-laid plans, and his ability to outsmart adversaries – *are inextricably tied to his morally bad character*."[64] Noch deutlicher wird dies an folgender Stelle:

> This tension [der Schwebezustand zwischen konfligierenden Bewertungen des *rough hero*] cannot be resolved by noting that the contradictory attitudes attend to different parts of the character – as in, ‚I like him in this respect but despise him in a totally different respect' – because, as noted earlier, the rough hero's moral flaws are an integral part of his overall personality; his badness not only touches many of the parts that we like, admire, and find sympathetic, but we sometimes like him *because* of his badness.[65]

Auch in ihrer Antwort auf eine kritische Replik Noël Carrolls stimmt Eaton zwar zunächst zu, dass man zu einer Person ebenso wie zu einer fiktiven Figur sowohl Pro- als auch Kontra-Einstellungen in Bezug auf unterschiedliche Eigenschaften einnehmen kann.[66] Aber es sei empirisch so, dass die positiven Bewertungen unsere negativen beeinflussen können („contamination tendency"[67]). Eaton erinnert in diesem Zusammenhang an den Halo-Effekt, nach dem wir schöne Menschen beispielsweise zunächst tendenziell positiver auch in Bezug auf andere Eigenschaften bewerten, z. B. in Bezug auf ihre Vertrauenswürdigkeit, ihre Intelligenz usw.

[63] Auch Carroll und Paris weisen darauf hin, dass unsere Einstellungen zu fiktiven Figuren (genauso wie zu realen Personen) typischerweise *Pro-tanto*-Einstellungen sind: Wir mögen gewisse Aspekte von Figuren, andere dagegen können wir nicht mögen oder sogar moralisch verurteilen. Beides ist zugleich möglich.

[64] Eaton 2012, 284 (Hervorhebung S.D.).

[65] Ebd., 287.

[66] Vgl. Eaton 2013, 376 f.

[67] Ebd., 377.

Doch diese Verteidigungen Eatons wirken kaum überzeugend. Zum einen gilt die Abhängigkeit der positiven von den unmoralischen Eigenschaften, die „inextricably tied“ seien, mit Sicherheit nicht für alle positiven Eigenschaften von *rough heroes* – und vielleicht sogar für gar keine. Das Beispiel Humbert Humberts macht dies sehr deutlich. Es ist in keiner Weise einsichtig, wieso seine positiven Eigenschaften (Klugheit, Humor, literarische Befähigung usw.) „inextricably tied“ mit seinen unmoralischen Eigenschaften sein sollten. Selbstverständlich kann man klug, humorvoll, literarisch begabt etc. sein, ohne ein Mörder und pädophil zu sein. Die Abhängigkeit wird von Eaton zwar behauptet, aber nicht begründet und in ihrer Natur auch nicht näher bestimmt.

Zum anderen dürfte es auch in psychologischer Hinsicht unplausibel sein, dass wir mit dem *rough hero* gerade *wegen* seiner Immoralität („*because* [!] of his badness“) sympathisieren. Das Gegenteil scheint der Fall zu sein: Es sind seine positiven Eigenschaften, die einen *rough hero* wie Humbert Humbert als jemanden erscheinen lassen, der auch Gegenstand einer Pro-Einstellung wie Sympathie sein kann. Das ist zwar eine empirische Behauptung, die entsprechend geprüft werden müsste, doch ein einfaches Gedankenexperiment spricht m. E. klar für den eben formulierten Einwand gegen Eatons Verteidigung: Würden wir mit Humbert Humbert noch sympathisieren, wenn er *nicht* witzig, charmant, intelligent, gebildet und literarisch begabt etc. wäre und kein reich differenziertes, wenngleich moralisch in weiten Teilen blindes, emotionales Innenleben hätte? Die Antwort dürfte wohl ‚Nein‘ lauten.[68]

Und auch der Hinweis auf den Halo-Effekt, nach dem unser positives Bild einer Figur (oder auch einer realen Person), das wir aufgrund von deren positiven Eigenschaften ausbilden, gewissermaßen die negativen Eigenschaften ‚kontaminieren‘ bzw. ‚überfärben‘ kann, ist nicht gänzlich überzeugend. Denn zum einen bleibt der bereits erwähnte Punkt bestehen: Es gehört nun einmal zu Eatons eigener Definition des *rough hero*, dass ein wohlinformiertes, moralisch sensibles Publikum den *rough hero* tatsächlich moralisch verurteilt – eine ‚Überfärbung‘ findet also Eatons

[68] Ich stimme in diesem Zusammenhang mit der Kritik Carrolls überein: „Eaton speaks of liking rough heroes. But there is nothing immoral about liking bad guys, so long as you do not endorse their misdeeds“ (Carroll 2013, 373). Ausführlicher und allgemeiner: „[M]oving an audience to sympathize with a rough hero does not entail that the work in question is endorsing that character’s sins. Nor, inasmuch as the audience is sobered by such lessons, has the viewer endorsed evil. The moral work of the narrative as a whole explains why audiences do not recoil ethically from the work“ (ebd.). Carroll geht dabei davon aus, dass man die moralische Beurteilung einer Figur nicht loslösen kann von der Erzählung („narrative“) als Ganzer. Eaton verkürze sozusagen die Beurteilung darauf, ob die Figur Gutes oder Schlechtes tue – ein Fehler, den Carroll als „narrative fallacy“ bezeichnet (ebd.). Entscheidend sei aber auch, welche Haltung ein Werk als Ganzes seinen Zuschauer:innen bzw. Leser:innen in Bezug auf diese Taten nahelegt. Und nur dann habe man es mit einer Empfehlung einer unmoralischen Haltung (der Gutheißung moralisch schlechter Taten) zu tun, wenn das Werk als Ganzes diese Haltung einfordere: „What would be immoral would be to advance a narrative mandate that said such characters be regarded as utterly blameless or even as morally admirable“ (ebd.).

eigener Definition zufolge gerade *nicht* statt. Zum anderen stellt Eaton den Halo-Effekt auch missverständlich dar. Er entsteht, weil man aufgrund der Schönheit oder anderer als positiv empfundener Eigenschaften bestimmte Annahmen darüber ausbildet, welche weiteren positiven Eigenschaften die Figur oder Person hat (z. B. Intelligenz, Vertrauenswürdigkeit usw.), obwohl man diese Eigenschaften noch nicht kennt. Bei den *Rough hero*-Fällen wissen Leser:innen im Regelfall aber bereits, dass die Figur moralisch schlecht ist. Ganz offensichtlich ist dies in Eatons Paradebeispiel *Lolita*: Dort wird sowohl im Vorwort als auch in den ersten Absätzen des Romans ausdrücklich gesagt, auch von Humbert Humbert selbst, dass der Protagonist ein in Untersuchungshaft sitzender Mörder ist, der sich vor einer Jury zu verantworten hat – und zwar noch bevor man dessen positive Eigenschaften überhaupt kennenlernen kann.[69] Der Halo-Effekt, sofern er hier überhaupt beobachtet werden kann, müsste also eher in die andere Richtung gehen: Da Humbert Humbert von Beginn an als Mörder etc. präsentiert wird, wäre zu erwarten, dass dieses negative Bild des Protagonisten auch die Wahrnehmung seiner positiven Eigenschaften beeinflussen würde. Doch wie dem auch sei: Ob der Halo-Effekt hier tatsächlich und zudem in der von Eaton beschriebenen Weise wirksam ist, ist letztlich eine empirische Frage, die entsprechend durch psychologische Experimente beantwortet werden muss. Und diese Experimente scheinen tendenziell gegen Eaton zu sprechen, insofern sie zeigen, dass Bewertungen der moralischen Eigenschaften einer Person (im Gegensatz zu Bewertungen von deren Schönheit, Intelligenz etc.) durch den Halo-Effekt gerade *nicht* beeinflusst werden, wie Panos Paris mit Blick auf vorliegende Studien anmerkt: „[O]verall evaluations [einer Person] have zero or near-zero effect on moral evaluations, even while they do significantly influence non-moral ones concerning, e.g., intelligence or popularity."[70] Eatons Behauptung ist daher zumindest als sehr fragwürdige empirische Hypothese zu behandeln, die man nicht vorschnell akzeptieren sollte.

4.2 Kritik an Prämisse 3: „Rough heroes haben das Potenzial, die imaginative resistance des Zielpublikums zu überwinden und einen ‚indefinitely protracted state of ambivalence' hervorzurufen."

Auch gegenüber Prämisse 3 lassen sich Vorbehalte artikulieren. Eaton zufolge müssen *Rough-hero*-Texte, welche die *imaginative resistance* der Leser:innen überwinden wollen, diese dazu bringen, ein aus ihrer Perspektive falsches moralisches

[69] Vgl. Nabokov 2000, 3–6 und 9.

[70] Paris 2019, 18. Doch selbst noch unter der Voraussetzung, dass Eatons Charakterisierung des Halo-Effekts korrekt wäre, bliebe es eine offene Frage, inwiefern psychologische Studien zur Bewertung realer Personen überhaupt übertragbar sind auf die Bewertung fiktiver Figuren.

Urteil dennoch, d. h. entgegen den eigenen moralischen Überzeugungen, zu akzeptieren (die im vorangehenden Abschnitt erwähnte Inkonsistenz sei hier *for the sake of Eatons argument* einmal ausgeblendet). Doch ob dies überhaupt möglich ist, ist mehr als zweifelhaft: Können wir wirklich etwas für moralisch gut halten, von dem wir schlichtweg *wissen*, dass es moralisch schlecht ist – und sei es auch im Rahmen einer fiktionstypischen Rezeptionshaltung, bei der wir das moralisch falsche Urteil nicht *wirklich* akzeptieren, sondern lediglich so tun als ob („to engage in a prescribed *imaginative* activity that is, from the audience's perspective, morally deviant"[71])? In der fiktionstheoretischen Forschung, wo dieses bereits von David Hume aufgeworfene Problem unter dem Namen „The Puzzle of Imaginative Resistance"[72] diskutiert wird, wird darauf typischerweise eine negative Antwort gegeben.[73] Auch empirische Studien sprechen tendenziell dagegen.[74] Wenn es *Rough-hero*-Texten demzufolge (genauso wenig wie anderen fiktionalen Texten) nicht möglich sein sollte, die *imaginative resistance* in Bezug auf moralische Urteile zu überwinden, dann ist Prämisse 3 offenkundig falsch.

Weitere empirische Untersuchungen zum Phänomen der *imaginative resistance* scheinen darüber hinaus darauf hinzuweisen, dass Leser:innen bestimmte Strategien anwenden, mithilfe derer sie vermeiden können, unmoralische Haltungen einzunehmen – insbesondere die Strategie, moralisch falsche Bewertungen einer fiktiven Figur zuzuschreiben, sei es dem fiktiven Erzähler, sei es einer anderen Figur.[75] Im Falle von *Lolita* ist dies tatsächlich eine sehr plausible und naheliegende Option: Leser:innen müssen nicht selbst eine moralisch falsche Haltung in Bezug auf Humbert Humbert und seine Handlungen einnehmen und diese gutheißen, viel-

---

[71] Eaton 2012, 287 (Hervorhebung S.D.).

[72] So der Titel eines Aufsatzes von Tamar Szabó Gendler (vgl. Gendler 2000).

[73] Das Problem – eine bemerkenswerte „asymmetry […] between imagining morally and nonmorally deviant content" (Tuna 2020) – besteht darin, dass sich Leser:innen fiktionaler Texte zwar einerseits beliebige fiktive Sachverhalte (und seien es fliegende Elefanten oder Menschen, die sich in Käfer verwandeln) vorstellen können, andererseits aber in Bezug auf die moralischen Bewertungen an ihren eigenen moralischen Maßstäben festhalten – und zwar auch und gerade dann, wenn der Text eigentlich ein davon abweichendes moralisches Urteil vorschreibt. In den Worten von Kendall Walton, der dieses Problem in einem 1994 veröffentlichen Aufsatz in die kunstphilosophische Debatte einführte: „When it comes to moral matters (moral principles anyway) […] I judge characters by the moral standards I myself use in real life. I condemn characters who abandon their children or engage in genocide, and I don't change my mind if I learn that the author […] considered genocide or abandoning one's children morally acceptable, and expected readers to think this is so in the world of the story" (Walton 1994, 37; vgl. auch Walton 2006).

[74] Die empirische Forschung zum ‚Puzzle of Imaginative Resistance' steckt allerdings noch in den Kinderschuhen. Während die Studien von Liao et al. 2014, Barnes/Black 2016 und Phelan 2017 feststellen, dass Leser:innen tatsächlich dazu neigen, von ihren eigenen Überzeugungen abweichende moralische Urteile, die von fiktionalen Texten vorgeschrieben werden, nicht zu übernehmen, kommen Kim et al. 2019 zum Ergebnis, dass die *imaginative resistance* der Leser:innen nicht vom (moralischen oder unmoralischen) Inhalt des Urteils, sondern von dessen „weirdness" abhängt (ebd., 160).

[75] Vgl. Altshuler/Maier 2022. Dieser Gedanke findet sich bereits in Walton 1994, 38.

mehr können sie diese Haltung mit guten Gründen Humbert Humbert selbst zuschreiben – oder mit sehr schlechten Gründen dem Autor.

4.3 Kritik an Prämisse 5: „Dass ein Text fesselnd ist, trägt zu seinem ästhetischen Wert bei.“

Auch Prämisse 5 hätte eine eingehendere Diskussion Eatons verdient. Ist ‚fesselnd sein‘ (*compelling*) tatsächlich *per se* eine Eigenschaft, die zum ästhetischen Wert beiträgt? Einerseits dürfte unbestritten sein, dass es sich um eine ästhetische Eigenschaft handeln *kann*: Manche Texte, z. B. Kriminalromane, sind zumindest *auch* deswegen gut, weil sie fesselnd sind. Aber ist diese Eigenschaft hinreichend für ästhetischen Wert? Sicher ist Letzteres nicht der Fall: Nicht jeder Text, der fesselnd ist, besitzt deswegen allein schon ästhetischen Wert. Sogar der hypothetische Extremfall lässt sich denken, in dem ein Text gerade deswegen ästhetisch misslungen wäre, *weil* er fesselnd ist – z. B. weil der Text ein so ernstes Thema behandelt, dass bestimmte Effekte wie etwa die Erzeugung von ‚fesselnder‘ Rätselspannung als unangemessen gelten würden, oder weil dies einer bestimmten poetologischen Konzeption zuwiderlaufen würde, an der sich der Text eigentlich orientiert. Sollen beispielsweise Dramen, die sich an Brechts Konzeption des Epischen Theaters orientieren, ‚fesselnd‘ sein? Zumindest nicht in der üblichen Bedeutung von ‚fesselnd‘ im Sinne einer Erzeugung von Spannung, die eine Immersion des Publikums befördert, bzw. allgemein im Sinne einer starken emotionalen Einbeziehung des Publikums. Beide Beispiele – Kriminalroman und Episches Theater – machen zugleich deutlich, dass es typischerweise auch vom jeweiligen Genre[76] des Kunstwerks abhängen dürfte, welche Eigenschaften tatsächlich zum ästhetischen Wert beitragen, sodass vor zu allgemeinen Regeln – ‚fesselnd sein‘ sorge immer für ästhetischen Wert – Vorsicht angebracht ist. Zumindest müsste Eaton ausführlicher erläutern, inwiefern ‚fesselnd sein‘ tatsächlich eine Eigenschaft ist, die zum ästhetischen Wert eines Texts beiträgt.

[76] ‚Genre‘ ist hier sehr weit zu verstehen: Die Art des Kunstwerks bzw. die Kategorie, der wir es zuordnen, bestimmt immer auch unseren Umgang mit diesem Kunstwerk – darunter auch die Art und Weise, wie wir es ästhetisch bewerten. Vgl. dazu Waltons klassischen Aufsatz *Categories of Art* (Walton 1970).

4.4 *Kritik an Prämisse 7: „Die Lösung eines schwierigen und interessanten (lohnenswerten) künstlerischen Problems (‚a difficult and interesting artistic problem‘) trägt zum ästhetischen Wert eines Texts bei.“*

Bislang wurde derjenige Teil von Eatons Argumentation kritisiert, der oben als das ‚Fesselnd-sein-Argument‘ bezeichnet wurde. Doch auch das ‚Problemlösungsargument‘ (Prämissen 1 bis 3 und 6 bis 8) überzeugt nicht ohne Weiteres. Die bereits vorgestellte Kritik an den Prämissen 2 und 3 betrifft selbstverständlich auch dieses zweite Argument. Darüber hinaus kann jedoch auch Prämisse 7 angegriffen werden. So hat etwa Carroll bezweifelt, dass es sich bei der Aufgabe, böse Helden in einem positiven Licht erscheinen zu lassen, tatsächlich um ein schwieriges Problem handle: „Bluntly, I do not think that it is very challenging to elicit sympathy for the kind of characters that Eaton has in mind.“[77] Carroll zählt einige Strategien auf, mit denen dieses Ziel erreicht werden könnte: (1) die Perspektivgestaltung (in *Lolita* etwa die interne Fokalisierung auf Humbert Humbert); (2) die Einführung von noch viel schlimmeren Antagonisten, durch welche die Immoralität des *rough hero* relativiert wird; (3) die Schaffung von *rough heroes*, die in Aktionsfeldern operieren, in denen die eigentlich zuständigen Institutionen nicht funktionieren (*Michael Kohlhaas* agiert beispielsweise in einem Raum, in dem das Recht versagt); (4) die Ausstattung der *rough heroes* mit positiven Merkmalen und Charakterzügen (Intelligenz, Humor oder literarische Begabung wie bei Humbert Humbert).[78]

Panos Paris hat allerdings überzeugend darauf hingewiesen, dass Carrolls Einwand Eatons Argument nicht widerlegen kann – und zwar selbst dann nicht, wenn seine Behauptung, dass die Schaffung von *rough heroes* nicht besonders herausfordernd sei, korrekt wäre: „For even if he [Carroll] were right, Eaton’s argument would not have failed, but it would have diminished in force insofar as the achievement, and so the aesthetic value, of rough-hero works would be less than perhaps she makes it out to be.“[79] Pointiert gesagt: Selbst wenn die Leistung, einen *rough hero* zu erschaffen, nicht besonders anspruchsvoll sein mag, so bleibt sie doch immer noch eine Leistung, die (wenn auch in geringerem Ausmaß) zu ästhetischer Wertschätzung führen kann.

Paris’ eigener Einwand gegen Eatons Argument – spezifisch gegen Prämisse 7 gemäß der hier vorgeschlagenen Rekonstruktion – ist dagegen überzeugender. Paris konstatiert zu Recht, dass Eaton von der Annahme ausgeht, dass die (vermeintliche) Immoralität von *Rough-hero*-Texten, ihr intrinsischer moralischer Fehler, eine Art Hindernis darstellt, das überwunden werden muss, damit ästhetischer

[77] Carroll 2013, 374.
[78] Vgl. ebd.
[79] Paris 2019, 23.

Wert generiert werden kann („a challenge to be overcome“[80]). Dass dieser intrinsische Fehler *überwunden* werden muss, etwa durch die von Carroll genannten Strategien oder andere literarische Techniken, impliziert aber bereits, dass es nicht der Fehler selbst ist, der den jeweiligen Text ästhetisch schätzenswert macht.[81] Dies müssen Vertreter:innen der immoralistischen These aber behaupten: Sie müssen zeigen, dass *Rough-hero*-Texte nicht *trotz*, sondern *wegen* ihrer Immoralität ästhetisch schätzenswert sind.[82] Und genau dies wird von Eaton zwar behauptet, aber an keiner Stelle plausibel begründet.[83]

4.5 Kritik an Eatons Beispielwahl

Auch wenn es sich bei der oben formulierten Kritik an Prämisse 2 um einen begrifflichen Punkt handelt, sind durch Eatons begriffliche Weichenstellungen nun allerdings auch ihre konkreten Beispiele betroffen. Denn ohne dies hier ausführlich zeigen zu können – es würde eine umfassende Interpretation für jeden Einzelfall erfordern –, so ist doch mindestens zweifelhaft, ob Texte wie *Lolita*, *Das Parfum*, *American Psycho* oder Serien wie *The Sopranos* mit ihren jeweiligen Protagonisten tatsächlich so beschaffen sind, dass sie als *Rough-hero*-Werke gelten können. Denn bei all diesen Protagonisten ist massiver Zweifel angebracht, ob es tatsächlich zur durch das jeweilige Werk vorgeschriebenen Perspektive gehört, ein falsches (nämlich positives) moralisches Urteil über den jeweiligen Protagonisten zu fällen, wie es Prämisse 2 erfordert. Im Falle Humbert Humberts ist dies, wie oben bereits ausgeführt, geradezu offensichtlich: Der Roman lässt sich plausiblerweise nicht als Text lesen, der die Handlungen des Protagnisten in irgendeiner Weise moralisch gutheißen und damit ein moralisch falsches Urteil vorschreiben würde.[84] Anders als bei der oben angesprochenen begrifflichen Inkonsistenz liegt

---

[80] Ebd., 24.

[81] Vgl. ebd.

[82] Damit ist nicht gesagt, dass die (vermeintliche) Immoralität des Textes keine Rolle bei der Erklärung des ästhetischen Werts eines *Rough-hero*-Texts spielen kann. Das ist jedoch nicht gleichbedeutend damit, dass die Immoralität selbst zum ästhetischen Wert beiträgt. Eine Analogie mag dies verdeutlichen: Wenn sich eine Sportmannschaft in einem Turnier durchsetzt, dann wird deren Leistung auch deswegen wertgeschätzt werden, weil sich die Mannschaft gegen gegnerische Mannschaften durchsetzen musste, d. h. gewisse Hindernisse überwunden hat. Die gegnerischen Mannschaften spielen daher selbstverständlich eine Rolle für die Erklärung des Umstands, dass wir die Leistung der siegreichen Mannschaft schätzen. Aber sie sind nicht *selbst* dasjenige, das zu dieser Wertschätzung führt.

[83] Diese Kritik richtet sich nicht grundsätzlich gegen Prämisse 7, wie sie oben formuliert wurde. Sie macht aber deutlich, dass der intrinsische Fehler nicht Teil der *Lösung* eines ästhetischen Problems ist, die zu ästhetischer Wertschätzung führen kann, sondern lediglich zur *Ausgestaltung der Problemlage* beiträgt, die auf ästhetisch schätzenswerte Weise gelöst werden soll.

[84] Eine in diesem Zusammenhang sehr erhellende Diskussion des Romans findet sich in Gaut 2007, Kap. 8.4. Gaut versucht darin (m. E. überzeugend) zu zeigen, dass der Roman kein Gegenbeispiel gegen den von ihm vertretenen Ethizismus darstellt.

darin zwar kein Problem, an dem Eatons Argument notwendig scheitern muss: Unter den Begriff des *rough hero* würden dann zwar wahrscheinlich wesentlich weniger Protagonist:innen fallen, als Eaton vermutet, und sie müsste sich bessere Beispiele einfallen lassen. Doch wird ihr Argument durch das Fehlen überzeugender Beispiele allein noch nicht falsch. Daher kann auch die Kritik, die Carroll an Eatons Immoralismus übt – Carroll weist darauf hin, dass die von Eaton bemühten Beispiele gerade keine Beispiele dafür seien, dass die Werke eine unmoralische Haltung in Bezug auf Protagonist:innen wie Tony Soprano, Humbert Humbert und Co. vorschreiben würden[85] –, den Immoralismus nicht gänzlich zurückweisen. Gleichwohl wäre dem Immoralismus offenkundig gedient, wenn Eaton mindestens ein Beispiel aufbieten könnte, das derartiger Kritik gegenüber robuster wäre.

5 Fazit

Zwei Argumente sollen den Immoralismus Eaton zufolge stützen: das ‚Fesselnd-sein-Argument' sowie das ‚Problemlösungsargument'. Beide Argumente können jedoch nicht überzeugen. Gegen mehrere Annahmen, die ihnen zugrunde liegen, lassen sich Einwände oder zumindest Vorbehalte formulieren, die auf weiteren Klärungsbedarf hinweisen. Den gewichtigsten Einwand stellt der Hinweis auf eine Inkonsistenz zwischen der Definition von *rough heroes* und der Annahme dar, dass *Rough-hero*-Texte einen intrinsischen moralischen Fehler aufweisen würden (Prämisse 2, auf die sich beide Argumente stützen). Dieser Kritikpunkt ist fundamentaler als andere, wenngleich ebenfalls berechtigte Vorbehalte gegenüber Eatons Variante des Immoralismus – so etwa die Kritik an den von Eaton gewählten Beispielen oder dem Mangel an empirischer Plausibilisierung.

Dennoch ist Eatons Diskussion des Immoralismus in vielen Hinsichten instruktiv und lädt zu einer weitergehenden Beschäftigung ein. Zunächst konturiert Eaton mit dem *rough hero* einen interessanten Figurentyp, der offenkundig gerade für zeitgenössische Kunstwerke besonders attraktiv ist. Darüber hinaus beschreibt sie mit dem Schwebezustand zwischen Pro- und Kontra-Einstellungen gegenüber fiktiven Figuren eine charakteristische Leseerfahrung, die auch ganz unabhängig von der Frage nach dem Zusammenhang von ästhetischem und ethischem Wert eine prinzipiell schätzenswerte und *de facto* geschätzte Erfahrung zu sein scheint, die entsprechende Texte attraktiv machen kann. Vor allem aber stellt es m. E. einen fruchtbaren Ansatz dar, beim Nachdenken über das Verhältnis von Literatur und Ethik das in den Mittelpunkt zu stellen, was Eaton und andere Vertreter:innen der Debatte als „prescribed responses" bezeichnen. Es trifft schlichtweg zu, dass manche Werke uns auffordern, eine Haltung in Bezug auf die dargestellten Figuren, Handlungen oder andere Sachverhalte auszubilden, die je nach Fall moralischer oder unmoralischer Natur sein kann. Remarques *Im Westen nichts Neues* fordert

[85] Vgl. Carroll 2013.

Leser:innen beispielsweise zu einer pazifistischen Haltung auf, während Gustav Frenssens Kolonialroman *Peter Moors Fahrt nach Südwest* zu einer rassistisch gefärbten Verklärung des Völkermords an den Herero und Nama einlädt. Solche „prescribed responses" können ihrerseits Gegenstand einer moralischen Bewertung sein: Wir können Texte mit guten Gründen dafür schätzen oder kritisieren, dass sie zu solchen Haltungen einladen, und dies wird (ohne darauf näher eingehen zu können) in der literaturwissenschaftlichen Praxis auch *de facto* getan, selbst wenn dort explizite moralische Urteile tendenziell vermieden werden. Wie einleitend gesagt, gibt es zwar viele andere Berührungspunkte zwischen Literatur und ethischen Fragen, doch dürfte es lohnend sein, sowohl die Techniken und Strategien, mit denen Texte solche Haltungen vorschreiben können, aus literaturwissenschaftlicher Perspektive zu erforschen, als auch über den allgemeinen Stellenwert nachzudenken, den solche, wie man sagen könnte, ‚literarischen Haltungsaufforderungen' für unseren Umgang mit und unsere Bewertung von literarischen Texten haben.[86]

Literatur

Altshuler, Daniel/Maier, Emar: Coping with Imaginative Resistance. In: *Journal of Semantics* 39/2 (2022), S. 523–549.

Anderson, James C./Dean, Jeffrey T.: Moderate Autonomism. In: *The British Journal of Aesthetics* 38/2 (1998), S. 150–166.

Barnes, Jennifer/Black, Jessica E.: Impossible or Improbable: The Difficulty of Imagining Morally Deviant Worlds. In: *Imagination, Cognition and Personality: Consciousness in Theory, Research, and Clinical Practice* 36/1 (2016), S. 27–40.

Behrendt, Hauke/Steinbrenner, Jakob: Einleitung. In: Hauke Behrendt/Jakob Steinbrenner (Hrsg.): *Kunst und Moral. Eine Debatte über die Grenzen des Erlaubten*. Berlin/Boston 2022, S. 1–10.

Brittnacher, Hans Richard: Das „Rechtgefühl einer Goldwaage" oder: Kohlhaas läuft Amok. In: Hans Richard Brittnacher/Irmela von der Lühe (Hrsg.): *Risiko – Experiment – Selbstentwurf. Kleists radikale Poetik*. Göttingen 2013, S. 131–149.

Carroll, Noël: Moderate Moralism. In: *The British Journal of Aesthetics* 36 (1996), S. 223–238.

Carroll, Noël: Rough Heroes: A Response to A.W. Eaton. In: *The Journal of Aesthetics and Art Criticism* 71/4 (2013), S. 371–376.

Clavel-Vazquez, Adriana: Rethinking Autonomism: Beauty in a World of Moral Anarchy. In: *Philosophy Compass* 13 (2018), S. 1–10.

Devereaux, Mary: Beauty and Evil: the case of Leni Riefensthal's *Triumph of the Will*. In: Jerrold Levinson (Hrsg.): *Aesthetics and Ethics. Essays at the Intersection*. Cambridge 1998, S. 227–256.

Eaton, Anne W.: Robust Immoralism. In: *The Journal of Aesthetics and Art Criticism* 70/3 (2012), S. 281–292.

Eaton, Anne W.: Reply to Carroll: The Artistic Value of a Particular Kind of Moral Flaw. In: *The Journal of Aesthetics and Art Criticism* 71/4 (2013), S. 376–380.

[86] Für hilfreiche Kommentare und konstruktive Kritik an früheren Fassungen dieses Aufsatzes danke ich den Herausgeberinnen dieses Bandes, Thomas Petraschka und Laura Sill.

Feige, Daniel Martin: Kunst als Gegen-Moral. Zum Verhältnis von Ethik und Ästhetik. In: Hauke Behrendt/Jakob Steinbrenner (Hrsg.): *Kunst und Moral. Eine Debatte über die Grenzen des Erlaubten*. Berlin/Boston 2022, S. 13–29.
Gaut, Berys: Art and Ethics. In: Berys Gaut/Dominic McIver Lopes (Hrsg.): *The Routledge Companion to Aesthetics*. London/New York ²2005, S. 431–444.
Gaut, Berys: *Art, Emotion and Ethics*. Oxford/New York 2007.
Gendler, Tamar Szabó: The Puzzle of Imaginative Resistance. In: *The Journal of Philosophy* 97/2 (2000), S. 55–81.
Hanson, Karen: How Bad Can Good Art Be? In: Jerrold Levinson (Hrsg.): *Aesthetics and Ethics. Essays at the Intersection*. Cambridge 1998, S. 204–226.
Harold, James: Immoralism and the Valence Constraint. In: *The British Journal of Aesthetics* 48 (2008), S. 45–64.
Henning, Tim: Teuflische Kunst – ein Kantianisches Plädoyer. In: Hauke Behrendt/Jakob Steinbrenner (Hrsg.): *Kunst und Moral. Eine Debatte über die Grenzen des Erlaubten*. Berlin/Boston 2022, S. 31–46.
Hick, Darren Hudson: *Introducing Aesthetics and the Philosophy of Art*. London u. a. ²2007.
Horaz: *Ars Poetica*. Hrsg. von Friedrich Klingner. Leipzig ³1959.
Hume, David: On the Standard of Taste. In: William E. Kennick (Hrsg.): *Art and Philosophy. Readings in Aesthetics*. New York ²1979, S. 486–500.
Hyman, Lawrence: Morality and Literature: The Necessary Conflict. In: *The British Journal of Aesthetics* 24 (1984), S. 149–155.
Jacobson, Daniel: In Praise of Immoral Art. In: *Philosophical Topics* 25/1 (1997), S. 155–199.
Jørgensen, Sven Aage/Bohnen, Klaus/Øhrgaard, Per: *Aufklärung, Sturm und Drang, frühe Klassik. 1740–1789*. München 1990.
Kieran, Matthew: Forbidden Knowledge. The Challenge of Cognitive Immoralism. In: José Luis Bermúdez/Sebastian Gardner (Hrsg.): *Art and Morality*. New York/London 2002, S. 56–73.
Kim, Hanna/Kneer, Markus/Stuart, Michael T.: The Content-Dependence of Imaginative Resistance. In: Florian Cova/Sébastien Réhault (Hrsg.): *Advances in Experimental Philosophy of Aesthetics*. New York 2019, S. 143–165.
Kleist, Heinrich von: Michael Kohlhaas. In: Heinrich von Kleist: *Sämtliche Erzählungen, Anekdoten, Gedichte, Schriften*. Hrsg. von Klaus Müller-Salget. Frankfurt 2005, S. 11–142.
Lamarque, Peter: *The Philosophy of Literature*. Oxford 2009.
Levinson, Jerrold (Hrsg.): *Aesthetics and Ethics. Essays at the Intersection*. Cambridge 1998.
Liao, Shen-yi/Strohminger, Nina/Sripada, Chandra Sekhar: Empirically Investigating Imaginative Resistance. In: *The British Journal of Aesthetics* 54/3 (2014), S. 339–355.
Moran, Richard: The Expression of Feeling in Imagination. In: *The Philosophical Review* 103/1 (1994), S. 75–106.
Nabokov, Vladimir: *The Annotated Lolita* [*Lolita*, 1955]. Hrsg. von Alfred Appel. London 2000.
Nussbaum, Martha C.: *Love's Knowledge. Essays on Philosophy and Literature*. Oxford 1990.
Paris, Panos: The ‚Moralism' in Immoralism: A Critique of Immoralism in Aesthetics. In: *The British Journal of Aesthetics* 59/1 (2019), S. 13–33.
Peek, Ella: Ethical Criticism of Art. In: *The Internet Encyclopedia of Philosophy*, https://iep.utm.edu/ethical-criticism-of-art (23.02.2023).
Phelan, Mark: XPhi Replicability Project – Replication of „LIAO, S., STROHMINGER, N., and SRIPADA, C.S. (2014), Empirically Investigating Imaginative Resistance. British Journal of Aesthetics 54, S. 339–355". In: *Open Science Framework*, 29. Juli 2017, https://osf.io/ysjg7 (23.02.2023).
Platon: *Platonis Opera*. 5 Bände. Hrsg. von John Burnet. Oxford 1900–1907.
Posner, Richard: Against Ethical Criticism. In: *Philosophy and Literature* 21/1 (1997), S. 1–27.
Posner, Richard: Against Ethical Criticism. Part Two. In: *Philosophy and Literature* 22/2 (1998), S. 394–412.
Stecker, Robert: Immoralism and the Anti-Theoretical View. In: *The British Journal of Aesthetics* 48 (2008), S. 145–161.

Swed, Mark: A mystic in La La Land – Arvo Pärt's „Los Angeles" Symphony. In: *Los Angeles Times* (11. Januar 2009), https://www.latimes.com/archives/blogs/culture-monster-blog/story/2009-01-11/review-a-mystic-in-la-la-land-arvo-parts-los-angeles-symphony (23.02.2023).

Tolstoi, Lew: Was ist Kunst? [1897/98]. In: Lew Tolstoi: *Ästhetische Schriften*. Aus dem Russischen übersetzt von Günter Dalitz. Hrsg. von Gerhard Dudek. Berlin 1984, S. 39–224.

Tuna, Emine Hande: Imaginative Resistance. In: *The Stanford Encyclopedia of Philosophy (Summer 2020 Edition)*. Hrsg. von Edward N. Zalta, https://plato.stanford.edu/archives/sum2020/entries/imaginative-resistance (23.02.2023).

Walton, Kendall L.: Categories of Art. In: *Philosophical Review* 79 (1970), S. 334–367.

Walton, Kendall L.: *Mimesis as Make-believe: On the Foundations of the Representational Arts*. Cambridge 1990.

Walton, Kendall L.: Morals in Fiction and Fictional Morality. In: *Proceedings of the Aristotelian Society* 68 (1994), S. 27–50.

Walton, Kendall L: On the (So-called) Puzzle of Imaginative Resistance. In: Shaun Nichols (Hrsg.): *The Architecture of the Imagination: New Essays on Pretence, Possibility, and Fiction*. Oxford 2006, S. 137–148.

Wilde, Oscar: *The Picture of Dorian Gray*. London 1891.

Was ist ein Recht auf Rechte? Zur ästhetischen Funktion des Paradoxes am Beispiel der Menschenrechtsphilosophie von Hannah Arendt

Marie-Luise Raters

1 Einleitung

Samuel Taylor Coleridge und William Wordsworth sind als Dichter auch Philosophen. Jean-Paul Sartre und Peter Bieri sind als Philosophen auch Schriftsteller. Solche Grenzüberschreitungen sind seit Platons Zeiten bekannt. Beide Disziplinen profitieren, wenn philosophische Texte schöner zu lesen sind und literarische Texte an Tiefgang gewinnen. Allerdings kann literarische Schönheit den Preis der begrifflichen Unschärfe kosten, was sich die Philosophie eigentlich nicht leisten kann.[1] Im Falle von Paradoxen stellt sich dieses Problem in besonderem Maße, weil Paradoxe etwas behaupten, was es eigentlich nicht geben kann, da es sich nicht konsistent denken lässt. Welchen Sinn macht es in der Philosophie, etwas zu behaupten, was es eigentlich nicht geben kann? Trotzdem stößt man in der Philosophie immer wieder auf Paradoxe. Sartres Essay „L'Existencialisme est un Humanisme" von 1949 mündet in dem Diktum „Der Mensch ist verurteilt, frei zu sein"[2]. Wie kann man frei sein, wenn man verurteilt ist? Nach Adorno ist „das

[1] Ich danke den Teilnehmer:innen der Tagung *Philosophie dürfte man eigentlich nur dichten* vom 27–29. Juli 2022 in Berlin sowie meinen Kolleg:innen des Instituts für Philosophie der Universität Potsdam (hier besonders Thomas Jussuf Spiegel; s. Abschn. 6.1) herzlich für wertvolle Hinweise und Kritik. Den Herausgeberinnen dieses Bandes Birgit Beck und Eva-Maria Konrad danke ich ebenfalls für wertvolle Rückmeldungen und für die Möglichkeit dieser Veröffentlichung.

[2] Sartre [1946] 1973, 16.

M.-L. Raters (✉)
Institut für LER, Universität Potsdam, Potsdam, Deutschland
E-Mail: mlraters@uni-potsdam.de

© Der/die Autor(en), exklusiv lizenziert an Springer-Verlag GmbH, DE, ein Teil von Springer Nature 2026

B. Beck und E.-M. Konrad, *Imaginationen eines besseren Lebens?*,
Techno:Phil – Aktuelle Herausforderungen der Technikphilosophie 11,
https://doi.org/10.1007/978-3-662-72857-4_3

Neue“ die „Sehnsucht nach dem Neuen“[3]. Wieso sollte man Sehnsucht nach etwas haben, das schon anwesend ist? Die Leser:innen sind irritiert. Auch im philosophischen Diskurs über Menschenrechte haben Paradoxe hohe Konjunktur. Das erstaunt, weil dieser Diskurs mehr als andere philosophische Diskurse auf konsensfähige Lösungen für drängende politische Probleme ausgerichtet ist. Hannah Arendts Essay „Es gibt nur ein einziges Menschenrecht“ von 1949 konfrontiert sogar mit zwei Paradoxen. Zunächst wird mit dem ‚Paradox zeitgenössischer Politik‘ das Problem ausbuchstabiert, dass alle Menschen der Idee der Allgemeinen Menschenrechte zufolge unveräußerliche Menschenrechte haben sollen, dass jedoch tausende Menschen zu absolut Entrechteten wurden, als sie durch ihre Flucht vor dem Nazi-Regime in Deutschland mit ihrer Heimat auch ihre Staatsangehörigkeit verloren (s. Abschn. 3). Besonders erstaunt, dass Arendt dann auch ihre Lösung eines „Recht[s] auf Rechte“[4] („right to have rights“) als Paradox formuliert. Warum schreibt Arendt nicht, dass jeder Mensch Rechte haben sollte? Darunter könnte sich jede Leser:in etwas vorstellen. Sie spricht stattdessen von einem ‚Recht auf Rechte‘. Was soll das sein? Sind die Rechte, die laut Arendt das Recht auf Rechten sichern soll, dasselbe wie das Recht auf Rechte selbst? Dann wäre es sinnlos, ein Recht auf Rechte einzufordern, weil das Recht auf Rechte ja selbst ein Recht wäre. Wenn es hingegen etwas anderes ist, droht ein unendlicher Regress, weil dann auch ein Recht auf das Recht auf Rechte usw. eingefordert werden müsste. Ein Recht auf Rechte lässt sich nicht konsistent denken (s. Abschn. 4). Was sich nicht konsistent denken lässt, kann es nicht geben. Darüber herrscht in der Philosophie seit jeher Konsens. Wie kann etwas, das sich nicht konsistent denken lässt, die Lösung für ein philosophisches Problem sein? Es scheint allen Regeln des vernünftigen Denkens zu widersprechen, wenn ein Paradox die Lösung für ein philosophisches Problem sein soll. Dieses Problem nenne ich das ‚Paradox des Paradoxes‘ (s. Abschn. 5). Um es zu lösen, möchte ich am Beispiel von Hannah Arendts Menschenrechtsphilosophie vier Arten von Paradoxen unterscheiden, nämlich das Schein-Paradox, das aporetische Paradox, das antinomische Paradox und das ästhetische Paradox.

2 Die kritische Funktion von Schein-Paradoxen

Der Begriff ‚Paradox‘ stammt vom altgriechischen παράδοξος (*pará-doxos*) für ‚unerwartet, befremdlich, sonderbar‘.[5] Er setzt sich aus der Vorsilbe παρά (*pará*) für ‚entgegen, zuwider‘ und δόξα (*dóxa*) für ‚erster Anschein‘ oder ‚etabliertes Wissen‘ oder ‚herrschende Meinung‘ zusammen. Damit sind Paradoxe ursprünglich Phänomene, die dem ersten Anschein, dem etablierten Wissen oder der

[3] Adorno 1970, 55.
[4] Arendt 1949a, 400.
[5] Koller 2009, 79.

herrschenden Meinung widersprechen. Solche Paradoxe haben meistens die einfache Lösung, dass sie auf falschen Vorannahmen beruhen. Ein Beispiel für ein Paradox wider den ersten Anschein wären optische Täuschungen. Dass ein Stock im Wasser geknickt wirkt, erklärt sich durch die unterschiedlichen Lichtbrechungen von Luft und Wasser. Ein Beispiel für ein Paradox wider etabliertes Wissen wäre das sogenannte ‚Hummel-Paradox', dem zufolge Hummeln eigentlich nicht fliegen können, weil die Fläche ihrer Flügel zu klein für ihr Gewicht zu sein scheint. Tatsächlich muss auch die Art des Flügelschlags in die aerodynamische Berechnung einfließen.[6] Ein Beispiel für ein Paradox wider die herrschende Meinung wäre die Blondine, die einparken kann, weil Blondinen der (an Stammtischen) herrschenden Meinung zufolge nicht einparken können. Aber natürlich hat die Haarfarbe nichts mit der Fähigkeit zu tun, ein Auto steuern zu können. Wenn sich Paradoxe derart einfach lösen lassen, möchte ich mit Aristoteles von ‚Schein-Paradoxen' sprechen. Aristoteles[7] verwendet den Begriff ‚Paradox' ausschließlich für philosophische Scheinprobleme, während er echte philosophische Probleme als ‚Aporien' bezeichnet (s. Abschn. 3). Schein-Paradoxe werfen keine Rätsel auf. Sie erfüllen in der Philosophie die kritische Funktion, falsche Vorannahmen zu entlarven. Dabei lassen sich drei Stoßrichtungen unterscheiden.

2.1 *Etikettenschwindel*

Schein-Paradoxe wider den ersten Anschein können Etikettenschwindel entlarven. Hannah Arendt buchstabiert das ‚Paradox zeitgenössischer Politik' in Teil-Paradoxen aus. Eines dieser Teil-Paradoxe entlarvt einen Etikettenschwindel, indem es die „auf die Rechtlosen angewandte Terminologie" thematisiert. Um die „störende Staatenlosigkeit" durch „Ignorieren aus der Welt zu schaffen", seien die Geflüchteten des Nazi-Regimes nicht als aus ihrem „Heimatland" vertriebene Menschen bezeichnet worden, sondern als „unerwünschte Personen"[8] („displaced persons").

[6] Vgl. https://de.wikipedia.org/wiki/Hummel-Paradoxon (31.3.2022).

[7] Zum Paradox als Scheinproblem vgl. Aristoteles: *Topik.* 104a8–11. Ein Beispiel des Aristoteles ist das ‚Paradox des lügenden Kreters', das entstehen soll, wenn ein Kreter sagt: „Alle Kreter lügen." Pate gestanden hat wohl die Figur des Kreters Epimenides; vgl. Vollmer 1987, 56. (i) Für Aristoteles ist dieses Paradox ein Schein-Problem, weil kein Mensch ausnahmslos immer lügen könne, sodass der Kreter ausnahmsweise einmal aufrichtig sein könnte. Vgl. Aristoteles, *Topik*, 180b2–7. Das Beispiel zeige, dass die „paradoxen Probleme" der Sophisten „sinnloses Gerede" sind (ebd., 72b31–34; 104a8–11). (ii) Einzuwenden wäre, dass tatsächlich ein antinomisches Paradox (s. Abschn. 4) entstehen würde, wenn eine Person sagt: „Ich lüge jetzt".

[8] Arendt 1949a, 395 f.; 398.

2.2 Dialektischer Widerspruch

Ein Spezialfall des Schein-Paradoxes wider den ersten Anschein ist der dialektische Widerspruch. Ein Ausbuchstabieren soll davor warnen, dass etwas die Ursachen dafür enthält, dass es zwangsläufig in sein Gegenteil umschlagen wird.[9] Ein Teilparadox des ‚Paradoxes zeitgenössischer Politik' besteht nach Arendt in dem Problem, dass die Menschenrechte auf Leben, Freiheit, und Gleichheit unter der Bedingung von Staatenlosigkeit dialektisch in ihr Gegenteil umschlagen müssen. Die „Erhaltung des Lebens" von „Rechtlosen" sei dann von „Mildtätigkeit und nicht mehr einem Recht" abhängig. Weil die „Bewegungsfreiheit" von Geflüchteten auf „keinerlei Aufenthaltsrecht gegründet" ist, bedeute ihre Freiheit, dass sie bestimmten Territorien fernbleiben müssen. Ihre „Meinungsfreiheit" sei bloße „Narrenfreiheit", weil das, was sie „denken, für nichts und niemand mehr von Belang" sei. Ihre ‚Gleichheit' pervertiere zu bloßer Ununterschiedenheit: Arendt spricht von dem „Paradox", dass ein Mensch durch den „Verlust der Menschenrechte" bei Staatenlosigkeit „zu einem abstrakten Menschenwesen" würde ohne „Beruf, ohne Staatszugehörigkeit, ohne Meinung, ohne Leistungen, durch die er sich identifizieren und spezifizieren könnte". Insgesamt seien die „modernen Staaten- und Rechtlosen" in einen „neuen Naturzustand" geworfen und „Barbaren" gleichgestellt worden, weil die Rechte, die sie als Staatsbürger hatten, durch ihre Staatenlosigkeit so irrelevant geworden seien, dass „niemand" die Staatenlosen „auch nur zu unterdrücken wünscht".[10]

2.3 Falsche Prämissen

Mit Schein-Paradoxen wider die herrschende Meinung oder wider etabliertes Wissen werden die falschen Prämissen einer Theorie aufgezeigt. Das dient der Verwerfung der Theorie insgesamt, weil aus falschen Prämissen bekanntlich Beliebiges (d. h. möglicherweise auch Unsinniges oder Falsches) folgt. Mit ihrem ‚Paradox zeitgenössischer Politik' entlarvt Hannah Arendt auch zwei falsche Prämissen der Menschenrechtsidee. Mit einer ersten falschen Prämisse wird vorausgesetzt, dass alle Menschen „Staatsbürger" sind. Diese Prämisse habe sich in den „zwanziger und dreißiger Jahren" des 20. Jahrhunderts als falsch erwiesen, als es plötzlich „Hunderttausende von staatenlosen Flüchtlingen"[11] gab, die durch die Staatenlosigkeit zu Entrechteten wurden. Eine zweite falsche Prämisse betrifft das

---

[9] Ein dialektischer Widerspruch ist keine Kontradiktion, weil etwas nur eine Kontradiktion ist, wenn es *zur selben Zeit* sein Gegenteil sein soll.

[10] Arendt 1949a, 404 ff.; 399.

[11] Ebd., 395.

Asylrecht. Es soll eigentlich die Menschen schützen, die aus ihrer staatlichen Gemeinschaft ausgeschlossen werden. Nach Arendt basiert es jedoch auf der falschen Prämisse, dass Menschen für „politische oder religiöse *Überzeugungen*" verfolgt würden. Es konnte zum Schutz der „neuen Flüchtlinge" des 20. Jahrhunderts nicht wirksam werden, da sie „nicht verfolgt" wurden, „weil sie dieses oder jenes getan oder gedacht hätten", sondern weil sie einer bestimmten (jüdischen) Menschengruppe angehörten. Arendt nennt es eine der „Aporien moderner Erfahrung", dass es „leichter zu sein scheint, einen völlig Unschuldigen seiner Legalität zu berauben als einen Mann, der eine politisch feindselige Handlung verübt oder ein gewöhnliches Verbrechen begangen hat".[12]

3 Die propädeutische Funktion von aporetischen Paradoxen

Durch solche Detail-Analysen entfaltet sich Arendts ‚Paradox zeitgenössischer Politik' im Verlauf des Essays zu einem aporetischen Paradox. Der Begriff ‚Aporie' geht auf das altgriechische πόροφ (*póros*) für ‚Furt, Durchgang, Weg, Hilfe, Ausweg' zurück, wobei das *alpha privativum* besagt, dass es keinen Weg bzw. keine Hilfe gibt. Eine ‚Aporie' ist also eine Situation, in der es keinen Ausweg zu geben scheint: Aristoteles spricht auch von einem δεσμόφ (*desmós*) für ‚Knoten' oder ‚Gefängnis'.[13] Nun kann man nicht sicher wissen, ob man einem Gefängnis nicht doch entfliehen oder einen Knoten nicht doch entwirren kann, bevor man es versucht hat. Dementsprechend kann der Begriff ‚Aporie' in philosophischen Kontexten drei Bedeutungen haben. Wenn die Analyse des philosophischen Problems zeigt, dass es aus logischen Gründen keine Lösung haben kann, erweist sich die Aporie als ‚Antinomie' (s. Abschn. 4). Eine zweite Bedeutung kommt in den frühen sokratischen Dialogen Platons zum Tragen. Hier bezeichnet der Begriff einen Zustand der intellektuellen Ratlosigkeit, der entsteht, wenn Sokrates die bestehenden Lösungsvorschläge als unzulänglich ausweist. Bekanntlich reklamiert Sokrates mit seinem berühmten Diktum „Ich weiß, dass ich nichts weiß"[14] für diesen Zustand einen Erkenntnisfortschritt, weil zumindest festgestellt wurde, welche Lösungen nicht befriedigen. Schon in den späten Schriften Platons deutet sich eine dritte Bedeutung an. Hier sind ‚Aporien' Analysen von schwierigen philosophischen Problemen zur Vorbereitung eines eigenen Lösungsvorschlags. So mündet der Dialog zwischen Sokrates, Glaukon und Trasymachos im ersten Buch von Platons *Politeia* über das Wesen der Gerechtigkeit in der Feststellung des Sokrates, dass er nun immerhin wisse, dass er nicht wisse, ob Gerechtigkeit „eine

[12] Ebd., 398.
[13] Vgl. Aristoteles, *Metaphysik*, 995a24 f.
[14] Platon, *Apologie*, 26b; 21a; 23a5–23b4.

Tugend ist oder nicht und ob der, der sie hat, unglücklich oder glücklich"[15] ist. Diese Aporie ist für Sokrates ein Resultat. Platon nimmt sie jedoch als Ausgangspunkt, um eine Antwort auf die Frage nach dem Wesen der Gerechtigkeit zu entwickeln, die sich bekanntlich auf die Formel „gerecht ist, wenn jeder das Seine tut und bekommt"[16] bringen lässt. Die Aporie des Sokrates bekommt damit eine propädeutische Funktion. Zur Methode erhoben wird das propädeutische Ausbuchstabieren von Aporien im III. Buch der *Metaphysik* des Aristoteles mit dem Argument, dass „für diejenigen", die „einen guten Erfolg der Lösung anstreben", eine „gute Fragestellung förderlich"[17] sei. Mit Aristoteles möchte ich von einem ‚aporetischen Paradox' oder kürzer von einer ‚Aporie' sprechen, wenn zur Vorbereitung für einen eigenen Lösungsvorschlag die Unzulänglichkeit und Widersprüchlichkeit von etablierten oder naheliegenden Lösungsvorschlägen für ein philosophisches Problem aufgezeigt wird. Solche aporetischen Paradoxe sind in der Philosophie und damit auch im Menschenrechtsdiskurs gang und gäbe. Nahezu jede Abhandlung, die einen Lösungsvorschlag für ein philosophisches Problem verteidigen soll, beginnt mit dem Ausbuchstabieren des Problems unter Rekurs auf bestehende Lösungsvorschläge.

3.1 Das Paradox

Auch Arendts ‚Paradox zeitgenössischer Politik' ist ein aporetisches Paradox mit propädeutischer Funktion. Zur Vorbereitung eines eigenen Lösungsvorschlags buchstabiert Arendt mit diesem Paradox in Teilparadoxen (s. Abschn. 2) das übergreifende Problem aus, dass sich die Menschenrechte als wirkungslos erweisen mussten, als tausende Menschen durch Vertreibungen zu Staatenlosen wurden, weil die Idee der Menschenrechte intrinsisch widersprüchlich ist. Arendts Analyse zufolge können Menschenrechte als ‚Rechte' einerseits nur wirksam werden, wenn sie an politische Instanzen gebunden sind, welche die Rechte sichern. Andererseits sind die Menschenrechte aber von ihrer Idee her universale Rechte, die ausschließlich vom Menschsein als solchem und von keiner anderen Instanz abhängig sein dürfen. Wegen dieses intrinsischen Widerspruchs konnten die Menschenrechte keine Wirksamkeit entfalten, als Menschen ihren Schutz brauchten. Eindrücklich zeigt Arendt, dass die Staatenlosen des 20. Jahrhunderts zu absolut „Rechtlosen" wurden, weil sie mit ihrer „Heimat" auch „den Schutz ihrer Regierung" verloren, obwohl sie zweifellos Menschen geblieben sind. Arendts aporetische Problemanalyse mündet in der Diagnose, dass die „Staatenlosigkeit in Massen-Dimensionen" die „Nationen der Welt faktisch vor die unausweichliche und höchst verwirrende Frage gestellt" habe, „ob es überhaupt unabdingbare

---

[15] Platon, *Politeia*, 354c.

[16] Ebd., 433a; 433e.

[17] Aristoteles, *Metaphysik*, 995a24–995b4.

Menschenrechte geben kann", nämlich „Rechte", die „unabhängig von jedem besonderen politischen Status sind und einzig der bloßen Tatsache des Menschseins entspringen".[18]

3.2 *Drei Merkmale*

Die ausgewiesene Aristoteles-Kennerin Hannah Arendt gibt drei Hinweise, dass das ‚Paradox zeitgenössischer Politik' eine Aporie im Aristotelischen Sinne mit propädeutischer Funktion sein soll. Erstens diskutiert sie das Paradox im Buch von 1951 explizit unter der Kapitel-Überschrift „Aporien der Menschenrechte". Zum zweiten buchstabiert sie es detailliert als philosophisches Problem aus, wie es bei aporetischen Paradoxen mit propädeutischer Funktion üblich ist. Der deutlichste Hinweis ist drittens die Tatsache, dass das Ausbuchstabieren des Paradoxes in einem Lösungsvorschlag mündet. Nach Menke und Pollmann will Arendt mit dem ‚Paradox zeitgenössischer Politik' zeigen, dass „mit der totalitären Form der Herrschaft die Menschenrechte selbst an ihr Ende gekommen" seien, weil „deutlich geworden sei, dass diese Idee mit so grundsätzlichen Unklarheiten und Schwierigkeiten behaftet ist, dass ihre erwiesene politische Ohnmacht aus mehr als nur ungünstigen, zufälligen, äußeren Umständen zu erklären ist"[19]. Gleichzeitig betonen Menke und Pollmann aber treffend, dass Arendt „die Idee der Menschenrechte" damit nicht „preisgeben", sondern vielmehr bei aller „Skepsis" eine „Art Neuanfang in Aussicht"[20] stellen wollte. Zitiert wird eine Passage aus Arendts 1949 erschienenem Essay „The Right of Man", in der Arendt schreibt, dass „der Begriff der Menschenrechte" wieder „bedeutungsvoll" werden könne, wenn er „im Licht der gegenwärtigen Erfahrungen und Umstände neu bestimmt"[21] würde. Arendts Essay „Es gibt nur ein einziges Menschenrecht" von 1949 mündet in einem Plädoyer für ein Recht auf Rechte („right to have rights"). Das ist offensichtlich ihre angekündigte Neubestimmung der Menschenrechtsidee und ihr Lösungsvorschlag für das ‚Paradox zeitgenössischer Politik'. Vor allem daraus, dass Arendt schließlich einen Lösungsvorschlag macht, lässt sich schließen, dass es sich bei dem ‚Paradox zeitgenössischer Politik' um ein aporetisches Paradox (im Aristotelischen Sinne) handelt. Irritierenderweise scheint Arendts Lösungsvorschlag eines Rechts auf Rechte allerdings selbst wieder eine paradoxe Struktur zu haben, nämlich die Struktur eines antinomischen Paradoxes.

---

[18] Arendt 1949a, 396–399.

[19] Menke/Pollmann [2007] 2017, 18.

[20] Ebd., 21.

[21] Arendt 1949b, 34. Zit. nach Menke/Pollmann [2007] 2017, 21.

4 Die fatalistische Funktion von antinomischen Paradoxen

Ein antinomisches Paradox entsteht durch den Nachweis, dass ein aporetisches Paradox aus logischen Gründen keine Lösung haben *kann,* weil sich zwei Lösungen gleichermaßen zwingend verteidigen lassen, die in einem kontradiktorischen Widerspruch stehen. Dem aristotelischen Satz vom Widerspruch zufolge ist es „unmöglich", dass „dasselbe demselben in derselben Beziehung zugleich zukomme und nicht zukomme."[22] Deshalb kann keine der beiden Lösungen wahr bzw. richtig sein, wenn sich zwei Lösungen zwingend begründen lassen, aber sich gegenseitig ausschließen. Wenn das Ausbuchstabieren eines aporetischen Paradoxes zu diesem Resultat führt, entsteht ein ‚antinomisches Paradox' oder kürzer eine ‚Antinomie'. Der Begriff ‚Antinomie' stammt von dem altgriechischen ανTi-νομοφ (*antí-nomos*) für ‚gegen das Gesetz'. In philosophischen Kontexten ist ‚das Gesetz der Vernunft' gemeint: Eine Antinomie ist ein Widerstreit der Vernunft mit sich selbst. Antinomische Paradoxe beruhen (anders als das Schein-Paradox) nicht auf falschen Annahmen, die korrigiert werden können, sondern auf einem kontradiktorischen Widerspruch, der sich in keiner denkbaren Welt (sprich: unter keinen denkbaren empirischen Umständen) auflösen lässt. Deshalb *können* antinomische Paradoxe keine Lösung haben, was wiederum bedeutet, dass das nicht existieren kann, was ein antinomisches Paradox zu behaupten bzw. auszusagen scheint. Und das wiederum bedeutet, dass das Ausbuchstabieren eines antinomischen Paradoxes (wie das Benjamin-Denkmal im spanischen Port-Bou) in eine intellektuelle Ausweglosigkeit führt, wobei der Rückweg versperrt ist. Bekannte Beispiele aus der Geschichte der Philosophie sind Kants Antinomien, aber auch die Rätsel (griech. ανιγμα, lat. *aenigma*) der Zeit in den *Confessiones* des Augustinus und in *Le temps raconté* von Paul Ricœur. *Prima facie* scheint Arendts Plädoyer für ein Recht auf Rechte gleich aus zwei Gründen ein antinomisches Paradox zu sein.[23]

4.1 Form

Auf der Ebene der logischen Bezüge der Begriffe scheint ein Problem zu entstehen, das im Kontext von Russels Antinomie der Mengenlehre[24] diskutiert wird. Wenn ein Barbier sagt, dass er alle Männer seines Dorfes rasiert, die sich nicht selbst rasieren, entsteht ein antinomisches Paradox, weil nicht gesagt werden kann,

[22] Damit ist es insbesondere „unmöglich, dass etwas zugleich sei und nicht sei"; Aristoteles, *Metaphysik*, 1005b.

[23] Vgl. Michelman 1996, 200; Gosepath 2007, 282.

[24] Die Antinomie zeigt sich bei dem Versuch, alle Mengen, die sich selbst nicht enthalten, zu einer Menge zusammenzufassen. Vgl. Vollmer 1987, 58.

ob der Barbier zur Menge der Männer gehört, die sich selbst rasieren, oder zu der Menge der Männer, die sich nicht selbst rasieren, obwohl sich beide Mengen gegenseitig ausschließen. Dasselbe Problem stellt sich mit Arendts Recht auf Rechte. Gehört das Recht auf Rechte zur Menge der Rechte, auf die man mit dem Recht auf Rechte ein Recht haben würde? Oder bildet es eine eigene Menge, weil es offensichtlich einen anderen Status haben soll als die Rechte, die es gewährt? Wenn das ‚Recht auf Rechte' denselben Status hat wie diejenigen Rechte, auf die man mit dem Recht auf Rechte ein Recht haben soll, würde es ausreichen, Rechte zu fordern. Wenn es nicht denselben Status haben soll, droht ein unendlicher Regress, weil dann auch ein Recht auf das Recht auf Rechte eingefordert werden müsste und dann ein Recht auf das Recht auf das Recht auf Rechte und so weiter bis ins Sinnlose bzw. Unendliche. Wegen dieses Problems nennt Michelman Arendts Redeweise „inkohärent"[25].

4.2 Inhalt

Auch auf der inhaltlichen Ebene scheint Arendts Plädoyer ein antinomisches Paradox zu sein. Sie gibt nur einige wenige kryptische Hinweise, wie sie sich das Recht auf Rechte näherhin vorstellt. Es soll sich um ein „Recht" handeln, welches „nicht aus der Nation entspringt und das einer anderen Garantie bedarf als der nationalen". Es soll „das Recht jedes Menschen auf Mitgliedschaft in einem politischen Gemeinwesen"[26] sein; das Recht, „in einem Beziehungssystem zu leben, wo man nach seinen Handlungen und Meinungen beurteilt wird"; das „Recht, einer politisch organisierten Gemeinschaft zuzugehören"[27]. Schließlich bezeichnet Arendt das Recht auf Rechte auch als „das eine Menschenrecht"[28]. Es soll sich also einerseits um ein Recht handeln, das anders als die ‚nur' moralischen Rechte juridisch wirksam sein soll. Damit ein Recht juridisch wirksam werden kann, muss es (wie Arendt aufwändig gezeigt hat) allerdings von einer politischen Instanz garantiert werden, die als solche partikular ist. Andererseits soll es sich um ein universales Menschenrecht handeln, das als solches unabhängig von jeder partikularen Staatsbürgerschaft sein müsste. Weil die juridische Wirksamkeit von Rechten von partikularen staatlichen Instanzen abhängt, können Rechte nach Arendt nicht universal sein, was Menschenrechte per definitionem jedoch sind. Wie aber kann es ein erstes Menschenrecht geben, das sowohl juridisch wirksam als auch universal ist, nachdem Arendt zuvor aufwändig gezeigt, dass es ein solches Menschenrecht nicht geben kann, weil die Idee universaler Rechte intrinsisch

[25] Michelman 1996, 200.

[26] Arendt 1949a, 406.

[27] Ebd., 401.

[28] Ebd., 409.

widersprüchlich ist? Der begriffslogischen Widersprüchlichkeit von Arendts Plädoyer für ein Recht auf Rechte entspricht damit eine inhaltliche Inkonsistenz, weil sich die beiden Bedingungen auszuschließen scheinen, die Arendt an ein Recht auf Rechte stellt. Was sich nicht konsistent denken lässt, kann nicht der Fall sein. Warum bietet Arendt das Plädoyer trotzdem als Lösung für das ‚Paradox zeitgenössischer Politik' an?

5 Das Paradox des Paradoxes

Mit dieser Frage steht das ‚Paradox des Paradoxes' im Raum. Ein antinomisches Paradox behauptet etwas, das nicht existieren *kann*, weil sich *nachweisen* lässt, dass es *nicht konsistent gedacht* werden kann. Weil etwas, das es nicht geben kann, nicht die Lösung für ein philosophisches Problem sein kann, entsteht das ‚Paradox des Paradoxes', wenn ein antinomisches Paradox als Lösung für ein philosophisches Problem behauptet wird. Bei Arendts Lösungsvorschlag eines Rechts auf Rechte scheint genau das der Fall zu sein. Aber vielleicht täuscht der erste Eindruck? Vielleicht handelt es sich gar nicht um ein antinomisches Paradox, sondern lediglich um eine schwer verständliche Redeweise? Tatsächlich sind im Menschenrechtsdiskurs unzählige Interpretationsvorschläge zu Arendts Recht auf Rechte verteidigt worden: Menke spricht von einer „bis zur Sinnentleerung repetierten Formel"[29]. Hier können nur wenige Vorschläge kurz angesprochen werden.

5.1 Äquivokation?

Manche Autor:innen erklären die begriffslogische Inkonsistenz der Formel (s. Abschn. 4.1) durch eine Äquivokation im Begriff des Rechts dahingehend, dass der Begriff im ersten Teil der Formel etwas anderes bedeuten könnte als im zweiten Teil der Formel. Wenn sich entsprechende Begriffsbedeutungen finden ließen, wäre das tatsächlich eine elegante Lösung für das begriffslogische Problem. Wenn der Begriff ‚Recht' im ersten Teil und im zweiten Teil von Arendts Formel jeweils etwas anderes bedeuten würde, wäre das Problem gelöst, dass die im ersten Teil der Formel genannten Rechte nicht gleichzeitig sowohl Teilmenge (wie die im zweiten Teil der Formel genannten Rechte) als auch Obermenge sein können. Allerdings wird mit den Vorschlägen, die im Menschenrechtsdiskurs gemacht wurden, bezeichnenderweise jeweils die inhaltliche Inkonsistenz der Menschenrechtsidee reformuliert, die Arendt mit dem ‚Paradox zeitgenössischer Politik' aufzeigt (s. Abschn. 4.2). Für Benhabib ist das erste Recht das Recht „auf Zugehörigkeit

[29] Menke 2016, 56.

und die entsprechende Behandlung“[30]; für Lohmann ist es die „nach 1945 neu entdeckte“ formale „Würde des Menschen“[31]; nach Pollmann will Arendt mit ihrem Plädoyer für ein Rechte auf Rechte ein „fundamentales Menschenrecht auf Grundrechte“[32] behaupten. Alle drei Lösungen reformulieren den intrinsischen Widerspruch, den die Menschenrechtsidee nach Arendt aufweist, weil sie das Recht im ersten Teil der Formel als moralisches Recht auffassen, obwohl Arendt ausführlich gezeigt hat, dass Menschenrechte wirkungslos sind, wenn sie nur moralisch begründet, aber nicht von einer juridischen Instanz garantiert und geschützt werden. Lohmanns Menschenwürde ist offensichtlich eine nur moralische Begründung der Rechte im zweiten Teil der Formel.[33] Ausdrücklich bezeichnet Arendt die Menschenwürde (und im selben Atemzug auch das Naturrecht und die Idee der Gottesebenbildlichkeit des Menschen) als Prämisse(n) „fragwürdiger Art“, weil „Millionen von Menschen“ ihre Rechte „verloren“ hätten, obwohl keiner dieser Menschen „seine wesentliche menschliche Qualität, seine Menschenwürde“[34] verloren habe. Dem würde Lohmann entgegenhalten, dass die Menschenwürde doch immerhin rationaler „Grund und ein Motiv“[35] für die politische Verankerung für Menschenrechte sei. Aber offensichtlich ist ein noch so starkes Motiv keine juridisch wirksame Absicherung. Benhabibs Recht auf Zugehörigkeit ist ebenfalls nur ein moralisches Recht, aus dem ohne juridische Instanzen keine wirksamen Rechte folgen. Für Pollmanns Vorschlag eines Menschenrechts auf Grundrechte spricht die Tatsache, dass Arendt das Recht im ersten Teil der Formel ausdrücklich als Menschenrecht (und sogar als „das eine Menschenrecht“[36]) bezeichnet. Allerdings stellt auch Pollmann Grundrechte und Menschenrechte so gegenüber, dass das fundamentale Menschenrecht den Status eines moralischen Rechts hat, mit dem sich Grundrechte nach Arendt juridisch nicht absichern lassen. Ausdrücklich definiert Pollmann den Begriff ‚Menschenrechte‘ zu Beginn seines Essays als „moralisch begründete Ansprüche auf politisch zu realisierende Grundrechte“[37]. Also reformuliert auch Pollmann Arendts inhaltliches Problem mit der Menschenrechtsidee, anstatt es zu lösen. Festzuhalten bleibt damit, dass sich das begriffslogische Problem (s. Abschn. 4.1) von Arendts Formel vermutlich lösen ließe, indem verschiedene Begriffe von ‚Recht‘ angenommen werden; dass sich aber zumindest mit den im Menschenrechtsdiskurs vorgeschlagenen Begriffen die inhaltliche Inkonsistenz der Formel (s. Abschn. 4.2) nicht auflöst, weil für das Recht im ersten Teil der Formel jeweils moralische Rechte vorgeschlagen werden, die nach Arendt unter Bedingungen der Staatenlosigkeit die im zweiten Teil der Formel benannten Menschen- bzw. Grundrechte nicht wirksam schützen können.

---

[30] Benhabib [2004] 2008, 63.
[31] Lohmann 2010, 54 ff.
[32] Pollmann 2008.
[33] Vgl. Benhabib 2004, 68; Gosepath 2007, 282.
[34] Arendt 1949a, 401–403; 407.
[35] Lohmann 2010, 56.
[36] Arendt 1949a, 409.
[37] Pollmann 2008.

5.2 *Vereinte Nationen?*

Vielleicht ließe sich der intrinsische Widerspruch der Menschenrechtsidee auflösen, wenn es eine globale juridische Instanz gäbe, welche die Menschenrechte unabhängig von Staatsbürgerschaften schützen würde? Ein erster Kandidat wären die Vereinten Nationen (UN). Tatsächlich gibt es juridisch wirksame „kosmopolitische Rechte"[38] wie beispielsweise die Genfer Flüchtlingskonvention (GFK) von 1951 mit dem darin enthaltenen Non-Refoulment-Prinzip, und es gibt auch das UN-Hochkommissariat für Geflüchtete. Und tatsächlich heißt es auch bei Arendt, dass das strittige Recht auf Rechte „von einer Gemeinschaft der Nationen, und nur von ihr, garantiert werden"[39] könnte. Allerdings ist der Essay, in dem sie für ein Recht auf Rechte plädiert, auch eine Reaktion auf die Allgemeine Erklärung der Menschenrechte durch die UN-Vollversammlung vom 10.12.1948. Arendt bezweifelt, dass die UN so konstituiert ist, dass sie die Menschenrechte aller Menschen (sprich: auch von staatenlosen Menschen) schützen kann, weil eine Vereinigung von Nationen (United Nations) eine Vereinigung von einzelnen Nationen bleibt, die ihre Grenzen schützen wollen, sodass die Menschenrechte faktisch eben doch wieder von einzelnen Nationen abhängig bleiben, wenn sie von Vereinten Nationen gesichert werden sollen. Das hat sich spätestens in der sogenannten ‚Flüchtlingskrise' von 2015 gezeigt. Vielleicht soll es nicht um eine Vereinigung von Nationen gehen, sondern um so etwas wie eine einzige globale Nation? Gosepath steigt für eine republikanisch verfasste Weltregierung als Garant eines politischen Rechts auf Rechte in den Ring.[40] Brunkhorst plädiert mit Rekurs auf John Dewey für einen weltumfassenden „egalitären, demokratischen Verfassungsstaat"[41]. Tatsächlich spricht Arendt in ihrem Buch *Elemente und Ursprünge totalitärer Herrschaft* von einer „Weltregierung", wenn sie es auch als „durchaus nicht ausgemacht"[42] bezeichnet, ob es eine solche irgendwann geben kann. Dagegen spricht, dass es zumindest derzeit den weltweiten moralischen Konsens nicht gibt, auf dem eine Weltregierung aufruhen müsste. Unsere Welt scheint sich momentan leider in die entgegengesetzte Richtung zu entwickeln. Zudem bestünde die (schon von Kant heraufbeschworene) Gefahr, dass eine Weltregierung ins Totalitäre umschlagen könnte, wovor niemand mehr fliehen könnte. Der Zulauf rechtspopulistischer Bewegungen, der sich derzeit ja nicht nur in Europa verzeichnen lässt, scheint Arendts Zweifel zu bestätigen, dass „die Massen moderner Gesellschaften" durch totalitaristische Kräfte verführbar sein könnten, weil sie „zutiefst konsumistisch und vor allem um ihr leibliches Wohl und ihren persönlichen Vorteil besorgt"[43] sind.

---

[38] Benhabib 2004, 72 f. Vgl. u. a. auch Rädel 2019, 118; Menke/Pollmann [2007] 2017, 107.

[39] Arendt 1949a, 410.

[40] Vgl. Gosepath 2007, 281 ff.

[41] Brunkhorst 1996, 340.

[42] Arendt 1951, S. 617 f. Vgl. dazu auch Gosepath 2007, 284 f.

[43] Brunkhorst 1996, 337; mit Verweis auf Arendt 1963.

5.3 Globale Solidarität

Vielleicht geht es weder um ein praktisch wirkungsloses moralisches Recht noch um juridische Rechte, die von einer globalen politischen Instanz institutionell abgesichert werden müssten, sondern um ganz etwas anderes? Nach Menke beschreibt Arendts ‚Paradox zeitgenössischer Politik' die „schockhafte Erfahrung" des „Zusammenbruchs einer Politik", die „sich auf die Menschenrechte beruft"[44]. Das müsse aber nicht „Melancholie oder Verzweiflung"[45] bedeuten, weil Arendt die Idee der Menschenrechte grundsätzlich neu bestimmen wollte. Menkes Analyse zufolge werden Menschen mit der herkömmlichen Auffassung der Menschenrechtsidee als atomistische Individuen gedacht, die *gegenüber* einer Gemeinschaft Rechte haben. Dagegen wolle Arendt mit ihrem Plädoyer für ein Recht auf Rechte betonen, dass alle Menschen schon Mitglied der umfassenden Menschengemeinschaft *sind.* Um der Tatsache gerecht zu werden, dass alle Menschen deshalb (damit beruft sich Menke auf Richard Rorty) Anrecht auf globale Solidarität haben, plädiert er für eine Ausdehnung des Wir-Begriffs über unsere partikulare politische Gemeinschaft hinaus auf die gesamte Menschheit. Menkes Überlegungen zu Arendts Formel münden in dem Diktum, dass „wir nicht nur konsequenter wir selbst sein, sondern dass wir zugleich anders werden"[46] sollten. Das ist zweifellos eine schöne Utopie. Formal fällt jedoch auf, dass dieses Diktum wiederum die Struktur eines antinomischen Paradoxes zu haben scheint: Wie können wir schließlich konsequent wir selbst werden, wenn wir gleichzeitig anders werden sollen? Inhaltlich wäre einzuwenden, dass die Menschheit keine politische Instanz zur Absicherung von juridischen Rechten ist, und dass Empathie nicht einklagbar ist. Aus beiden inhaltlichen Gründen wäre Arendts Problem der mangelnden juridischen Wirksamkeit der Menschenrechte durch ein globales Wir-Gefühl nicht gelöst.

6 Antinomie?

Die gängigen Lösungsvorschläge im Menschenrechtsdiskurs für das ‚Paradox eines Rechts auf Rechte' werfen dieselben Probleme auf, die Arendt im Zuge des Ausbuchstabierens des ‚Paradoxes zeitgenössischer Politik' ausführlich benennt. Deshalb scheint die Situation auch nach Sichtung dieser scharfsinnigen Lösungsvorschläge widersprüchlich und diffus zu bleiben. Damit steht die Möglichkeit im Raum, dass Arendt ihr Plädoyer für ein Recht auf Rechte tatsächlich als antinomisches Paradox konstruiert hat, mit dem sowohl auf der begriffslogischen formalen als auch der inhaltlichen Ebene die Ausweglosigkeit der Menschenrechtsidee

---

[44] Menke 2016, 50.
[45] Ebd., 49.
[46] Ebd., 58.

dahingehend diagnostizieren werden soll, dass es ein solches Recht fatalerweise nicht geben kann, weil universale Menschenrechte als moralische Rechte keine echten (sprich: keine juridisch wirksamen) Rechte sein können. Glücklicherweise sprechen mindestens drei Gründe dagegen, dass Arendt diese fatale Diagnose stellen wollte.

6.1 *Kontingente Widersprüche*

Ein erster Grund lautet, dass Auflösungen sowohl für den formalen (s. Abschn. 4.1) als auch für den inhaltlichen Widerspruch (s. Abschn. 4.2) in Arendts Plädoyer zwar derzeit nicht in Sicht, aber immerhin denkbar sind.[47] Eine Antinomie liegt vor, wenn sich Widersprüche in keiner denkbaren Welt auflösen lassen. Das scheint bei den Widersprüchen von Arendts Plädoyer für ein Recht auf Rechte nicht der Fall zu sein. Es ist schließlich denkbar, den begriffslogischen Widerspruch dadurch aufzulösen, dass unter dem Recht im ersten Teil der Formel etwas anderes verstanden wird als im zweiten Teil. Tatsächlich sind dazu interessante Vorschläge gemacht worden, die allerdings den inhaltlichen Widerspruch reformulieren, dass ein ‚nur' moralisches Recht nach Arendt juridisch wirkungslos ist (s. Abschn. 5.1). Vielleicht ließe sich das ändern? Weil von einem ‚Menschenrecht' im ersten Teil der Formel die Rede ist, scheint Pollmanns Vorschlag eines ‚Menschenrechts auf Grundrechte' Arendts Vorgaben am ehesten zu entsprechen. Das inhaltliche Problem, dass Pollmann unter einem Menschenrecht ein moralisches Recht versteht, ließe sich vielleicht dadurch lösen, dass man unter dem ‚Menschenrecht' ein juridisch einklagbares Recht versteht, das durch andere Rechte (die Grundrechte) konkretisiert wird. So leiten sich aus dem generellen Recht auf körperliche Unversehrtheit ja auch die – im Detail sehr verschiedenen – Rechte ab, dass mir nicht der Finger abgeschnitten werden darf und dass ich nicht hungern muss. Einzuwenden wäre zwar, dass damit Arendts inhaltliches Problem mit der Menschenrechtsidee lediglich verschoben wäre, solange es keine juridische Instanz gibt, der gegenüber sich das (allgemeine) Menschenrecht auf (konkrete) Grundrechte einklagen lässt. Gegen die (unter jetzigen Bedingungen) dafür infrage kommenden Instanzen hat Arendt zwar gewichtige Bedenken vorgebracht (s. Abschn. 5.2). Allerdings sind ihre Bedenken sowohl gegen die UN als auch gegen eine Weltregierung rein empirischer Natur. Als solche können sie nicht davon überzeugen, dass eine globale Instanz unter allen denkbaren Bedingungen im logisch-zwingenden Sinne eines antinomischen Paradoxes undenkbar ist, welche ein erstes juridisches (Menschen-)Recht auf (Grund-)Rechte für alle Menschen dieser Welt unabhängig von einer partikularen Staatsbürgerschaft schützen könnte. Ein antinomisches Paradox liegt nur vor, wenn gezeigt werden kann, dass ein philosophisches Problem unter allen denkbaren Umständen keine Lösung haben *kann*.

[47] Für diesen Einwand danke ich meinem Kollegen Thomas Jussuf Spiegel ganz herzlich.

Für Arendts Paradox eines Rechts auf Rechte kann jedoch nicht ausgeschlossen werden, dass es begriffslogisch und inhaltlich eine Lösung haben könnte, die sich konsistent denken lässt. Schon deshalb handelt es sich entgegen dem ersten Anschein nicht um ein antinomisches Paradox.

6.2 *Thetik*

Ein zweiter Grund lautet, dass Arendt das ‚Paradox eines Rechts auf Rechte' nicht ausbuchstabiert, um seine logische Unauflösbarkeit in allen denkbaren Welten aufzuzeigen, obwohl das die übliche Vorgehensweise bei antinomischen Paradoxen ist. Wenn jemand zeigen will, dass ein aporetisches Paradox ein antinomisches Paradox ist, zeigt er detailliert auf, inwiefern es zwei gleich gut begründete Lösungen gibt, die sich aber gegenseitig widersprechen. Das tut Arendt ausdrücklich nicht: Wie mit einem großen Ausrufezeichen endet ihr Essay vielmehr mit dem thetischen Plädoyer für ein Recht auf Rechte. Hätte sie das ‚Paradox eines Rechts auf Rechte' als antinomisches Paradox intendiert, hätte sie mindestens ebenso viel Mühe darauf verwandt, die intrinsische Widersprüchlichkeit dieser Formel selbst auszubuchstabieren, wie sie zuvor aufgebracht hat, um das ‚Paradox zeitgenössischer Politik' als aporetisches Paradox aufzuzeigen.

6.3 *Lösung*

Drittens wäre es widersinnig, wenn Arendt in einem Essay[48] von 1949 einen Neuanfang für die Menschenrechtsidee angekündigt und in einem anderen Essay im selben Jahr 1949 mit einem antinomischen Paradox ihr logisch notwendiges Scheitern diagnostiziert hätte. (Mindestens) diese drei Gründe sprechen dafür, dass Arendts Plädoyer für ein Recht auf Rechte kein antinomisches Paradox ist. Das ist ein wichtiges Ergebnis, weil antinomische Paradoxe eingesetzt werden, wenn fatalistisch eine Ausweglosigkeit des Denkens aufgezeigt werden soll. Genau das scheint Arendt mit dem Paradox eines Rechts auf Rechte nicht intendiert zu haben. Sie hat die Formel nicht konstruiert, um zu zeigen, dass das Problem der Menschenrechte für alle Menschen (d. h. auch für Staatenlose) keine Lösung haben *kann*. Das Paradox eines Rechts auf Rechte ist gerade *nicht* der resignative Endpunkt ihrer Überlegungen zu Menschenrechten. Es scheint im Gegenteil der Impuls für einen Neuanfang und der Lösungsvorschlag zu sein, den Arendt in dem anderen Essay von 1949 angekündigt hat. Wie aber kann das sein, wenn sich ein Recht auf Rechte unter den gegebenen politischen Bedingungen (s. Abschn. 4) nicht konsistent denken lässt?

[48] Vgl. Arendt 1949b, 34. Zit. nach Menke/Pollmann [2007] 2017, 21.

7 Die Imaginationsfunktion von ästhetischen Paradoxen

Arendts Plädoyer ist ein Paradox, aber weder ein scheinbares noch ein aporetisches noch ein antinomisches Paradox. Was ist es dann? Ich möchte die These verteidigen, dass es sich um ein ästhetisches Paradox mit kreativer Imaginationsfunktion handeln könnte. Dasselbe gilt für Menkes ‚Paradox der Selbstwerdung durch Anderswerdung' (s. Abschn. 5.3), für Sartres ‚Paradox der Verurteilung zur Freiheit' (s. Abschn. 1) und für Adornos ‚Paradox der Sehnsucht nach dem Neuen' (s. Abschn. 1).

7.1 Stilmittel

Aus phänomenologischer Perspektive fällt an solchen Paradoxen dreierlei auf. Erstens werden sie (anders als aporetische, antinomische und scheinbare Paradoxe) nicht ausbuchstabiert. Sie sind im Gegenteil von prägnanter Kürze. Zweitens sind sie gezielt am Ende der Essays als Pointe platziert und sorgsam konstruiert. Es handelt sich damit um Stilmittel, wie man sie von Buchtiteln[49], von Werbeslogans[50] und aus der Literatur kennt: Ad absurdum getrieben werden solche Paradoxe in dem Theaterstück *Tartüffe oder Das Schwein der Weisen* von Peter Licht. In endlosen Variationen wird die Frage diskutiert, ob das Ungeile in „den Bereich des Geilen hineinschwappt", obwohl den Dingen insgesamt eine „Tendenz zur Entgeilisierung"[51] innewohnt, weil das Ungeile schließlich nicht-nicht-nicht-geil und als Negation des Geilen damit eigentlich geil ist. Festzuhalten ist drittens, dass die Paradoxe eine inspirierende Wirkung entfalten können. So hat sich Menke augenscheinlich von Arendts paradox formuliertem Lösungsvorschlag dazu inspirieren lassen, ihn über Arendt hinausgehend mit Rorty kreativ weiterzudenken und mit neuem Inhalt zu füllen.

7.2 Ästhetische Erfahrung

Wie ist es möglich, dass ästhetische Paradoxe eine *inspirierende* Wirkung entfalten, obwohl sie auf den ersten Blick *unverständlich* zu sein scheinen? Diese Frage lässt sich mit Rekurs auf die pragmatistische Ästhetik von John Dewey beantworten. (i) Eine erste Phase der ästhetischen Erfahrung ist nach Dewey eine Phase des ästhetischen Reizes. Für Dewey (hier macht sich der Einfluss von Darwin bemerkbar) ist jede Erfahrung eine rhythmisch gegliederte Interaktion („interaction")

---

[49] Vgl. u. a. das Buch *Soi-même comme un autre* von Paul Ricœur.

[50] Vgl. u. a. den Slogan ‚Wir machen das Unmögliche möglich'.

[51] Licht [2018] 2021.

zwischen einem Organismus und seiner Umwelt zur Wiederherstellung einer gestörten Harmonie. Deshalb beginnt jede Erfahrung mit einem Störfaktor („resistance"). Das kann in der gewöhnlichen Erfahrung („ordinary experience") ein Mangel sein, der ausgeglichen werden muss, oder ein Warnsignal, wenn es gefährlich wird. In der ästhetischen Erfahrung („esthetic experience") ist der Störfaktor ein ästhetischer Reiz. Er kann von einer Blume, einem Gesicht, einem Skandal, aber auch von einem scheinbar banalen Alltagsgegenstand wie einem Füllfederhalter ausgehen. Auch solche Phänomene können nach Dewey ästhetisch erfahren werden. Gängigerweise finden ästhetische Erfahrungen jedoch im Bereich der Kunst („fine art") statt. Dann geht der ästhetische Reiz von einem künstlerischen Artefakt („product of art") aus, das von einem Künstler („artist") gezielt so geschaffen wurde, dass es ästhetische Erfahrungen evozieren soll. Arendts Plädoyer für ein Recht auf Rechte (dasselbe gilt für die Paradoxe von Menke, Sartre und Adorno) ist meiner Lesart zufolge ein solches künstlerisches Artefakt. Wenn Michelman fragt, ob Arendt „absichtlich reizen"[52] („tease") wollte, ist ihm also in gewissem Sinne Recht zu geben. (ii) Die zweite Phase der ästhetischen Erfahrung ist ein irritiertes *Innehalten.* Von ästhetischen Paradoxen geht eine ästhetische Reizwirkung aus, weil sie sowohl *sorgfältig konstruiert* als auch *unverständlich* sind. Als sinnstiftendes Wesen (ζῷον ερμηνευτικόν) wird sich eine Leser:in durch die Diskrepanz zwischen stilistischer Signalwirkung und hermeneutischer Verschlossenheit provoziert fühlen: Sie wird das Paradox verstehen wollen. *Weil* ästhetische Paradoxe gekonnt konstruiert sind, wird ihnen die Leser:in trotz ihrer Irritation durch den verschlossenen Sinn einen Sinn *unterstellen.* Also wird sie innehalten, ihr Vorwissen über Paradoxe als etwas, das es nicht geben kann, beiseiteschieben und versuchen, den verborgenen Sinn aktiv zu *stiften*, um die Irritation zu überwinden und die Harmonie wiederherzustellen. (iii) Weil ästhetische Paradoxe widersprüchliche Assoziationen evozieren, wird es erst einmal zu einer assoziativen Blockade der Sinnstiftungstätigkeit unserer fiktiven Leser:in kommen. Damit ist die dritte Phase der Erfahrung mit ästhetischen Paradoxen eine Phase der Agonie. Das altgriechische *agon* (ἀγών) bedeutet Wettstreit: In einer Agonie sind konkurrierende Parteien oder antagonistische Antriebe im Spiel, die sich gegenseitig sowohl blockieren als auch anstacheln.[53] Ich möchte den Begriff so verwenden, dass er den *Zustand der Blockierung der sinnstiftenden Tätigkeit durch die entgegengesetzten Assoziationen* benennt, die durch das ästhetische Paradox evoziert werden. Wie ein pointilistisches Bild immer unschärfer wird, je mehr man sich dem Bild nähert, so scheint sich der Sinn des Paradoxes zunächst immer mehr zu

[52] Michelman 1996, 201; eigene Übersetzung.

[53] Es gibt verschiedene Begriffe von ‚Agonie'. (i) Für Byung-Chul Han ist die ‚Agonie des Eros' ein Zustand der Lähmung, in den die Erotik umschlagen soll, wenn die Objekte der Begierde zur verfügbaren Ware werden; vgl. Han 2012. (ii) Carl Schmitt unterscheidet den politischen Feind im Krieg vom Gegenspieler im „nur agonalen" Wettstreit zwischen Kontrahenten; vgl. Schmitt [1938] 1991, 102. (iii) Nach Menke wird die „Prozedur des Subjekts" durch „das agonistische – und das meint hier gerade nicht dialektische – Verhältnis zwischen zwei Bewegungen oder Antrieben" bestimmt, nämlich durch „Gewöhnung" und „Befreiung"; Menke 2017/2018.

entziehen, je bemühter die Leser:in ihn zu ergreifen sucht. (iv) Wenn die Leser:in die Phase der Agonie überwindet und sich sinnstiftend auf die Assoziationsketten einlässt, setzt in einer vierten Phase der ästhetischen Erfahrung die sinnstiftende *Tätigkeit* ein, welche die pragmatistische Ästhetik von John Dewey als kreatives ‚Kunst-Wirken' („work of art") bezeichnet. Wie sein englischer Vorläufer Bernard Bosanquet versteht auch Dewey unter einem ‚work of art' nicht einen passiv zu rezipierenden Gegenstand, sondern die imaginative *Tätigkeit,* Menschen und Dinge assoziativ in neuen Bedeutungszusammenhängen zu sehen. Diese Tätigkeit ist kennzeichnend für das ästhetische Erfahren. Wie schon gesagt wurde, kann sie durch Naturphänomene oder Alltagsgegenstände evoziert werden. Im Bereich der Kunst wird sie durch künstlerische Artefakte evoziert, die von einer Künstler:in gezielt so geschaffen wurden, *damit* sie Assoziationsketten evozieren.[54] Dabei besteht die spezielle Leistung der Künstler:in darin, das Artefakt so zu gestalten, dass die evozierten Assoziationsketten nicht diffus mäandern, sondern durch das künstlerische Artefakt zur *Ausdrucksverdichtung* gelenkt werden, was wiederum sowohl deutlich als auch subtil geschehen muss. Wenn die Assoziationen zu weit abführen, wäre das künstlerische Artefakt als Ausdrucksgestalt unverständlich. Im Gegenzug wäre ein zu deutlicher Bezug von Assoziationen und Gehalt langweilig und damit kein Anreiz zu imaginativer Tätigkeit. Ästhetische Paradoxe sind künstlerische Artefakte, weil sie gezielt so konstruiert sind, dass sie *gegenläufige* Assoziationsketten evozieren. Deshalb entzieht sich ihr begrifflicher Gehalt, je dezidierter die Leser:in ihn zu greifen versucht. Gleichzeitig aber ist ihre Fantasie angeregt: Durch die Ungreifbarkeit des Erfahrenen erschließen sich interpretationsoffene Bedeutungsräume, die sie mit eigenen Assoziationen, Erinnerungen und Einsichten füllt. (v) Daraus kann im Bestfall in einer fünften Phase ein imaginatives Bild vor dem geistigen Auge der Rezipient:in entstehen. Nach Dewey unterscheiden sich ästhetische Erfahrungen von gewöhnlichen Erfahrungen erstens dadurch, dass sie weder langweilig noch stressig, sondern intensiv sind, weil nichts Banales, sondern Wichtiges zur Disposition steht. Ein zweites Definitionsmerkmal lautet, dass sie nicht diffus im Nichts verlaufen, sondern einen krönenden Höhepunkt in einem Kairos-Moment[55] haben. Dieser Kairos-Moment ist mit Genuss verbunden, weil sich die Assoziationsketten, die durch das künstlerische Artefakt evoziert wurden, vor dem geistigen Auge der kunst-wirkenden Rezipient:innen plötzlich zu einem neuen sinnhaften Ganzen verweben. Dieses sinnhafte Ganze ist für Dewey das eigentliche ‚Kunstwerk' (‚work of art'): Er macht sich hier (wiederum in Anlehnung an Bosanquet) die doppelte Bedeutung des englischen Begriffs ‚work' als wirkende Tätigkeit (‚to work') und als Produkt dieses Wirkens (‚the work') zunutze,

[54] Vgl. Dewey [1934] 1980, 313; 79; 90–96; insb. 98–122, 227–247. Vgl. auch Bosanquet [1915] 1968. Zur Ästhetik von John Dewey vgl. Raters-Mohr 1994. Zur Abhängigkeit der pragmatistischen Ästhetik von der Ästhetik des Angelsächsischen Idealismus vgl. Raters 2005, 484–496.

[55] Für Aristoteles ist der „Καιρός" (*Kairos*) das „Gute" in der „Kategorie der Zeit", weil vorherige Anstrengungen plötzlich zum Erfolg führen. Vgl. Aristoteles, *Nikomachische Ethik,* 1096a26; 1110a13; 1104a8.

wenn er das mentale Produkt des Kunstwirkens als eigentliches ‚work of art' bezeichnet. (vi) Das Kunstwirken ist mit dem imaginativen ‚eigentlichen Kunstwerk' abgeschlossen. Die ästhetischen Erfahrungen von Künstler:innen und Rezipient:innen unterscheiden sich nach Dewey dann nur noch dadurch, dass das Kunstwirken von Künstler:innen in eine sechste Phase übergehen kann, in der das mentale Kunstwerk mit physischen Materialien wie Tönen, Wörtern oder Farben zu einem neuen künstlerischen Artefakt gestaltet wird.[56] So schließt sich der Kreis.

7.3 Das Paradox des Paradoxes

Weil ästhetische Paradoxe künstlerische Artefakte sind, ist es kein Zufall, dass man in der Kunst landet, wenn man sich als Rezipient:in imaginativ auf sie einlässt. Arendts Paradox hat vor meinem geistigen Auge (weil es um eine ästhetische Erfahrung geht, muss ich an dieser Stelle subjektiv werden) die Utopie einer besseren und schöneren Welt entstehen lassen, aus der niemand ausgestoßen werden kann, weil alle Menschen als Mitglieder einer einzigen Menschengemeinschaft solidarisch sind. Solche Welten hat die Kunst schon immer entworfen. In Shakespeares *Sturm* spricht der treue Gonzales von einer Welt, in der es keine „Verzäunung" gibt, weil „in der gemeinsamen Natur" alles allen „Frucht bringen" soll, um das „schuldlose Volk zu nähren".[57] Bei John Lennon heißt es: „Imagine there's no countries. It isn't hard to do". Ich widerspreche entschieden: Eine Welt ohne Grenzen *ist* schwer vorstellbar! Tatsächlich heißt es am Schluss des Songs dann auch: „You may say I'm a dreamer. But I'm not the only one. I hope someday you'll join us and the world will live as one". Hannah Arendt weiß vermutlich, dass sie eine Träumerin ist, wenn sie auf eine geeinte Welt ohne Grenzen hofft. Weil sie (noch) nicht weiß, wie eine solche Welt unter den gegebenen Umständen realisiert werden könnte, lässt sie ihre utopische Vision in dem ästhetischen ‚Paradox eines Rechts auf Rechte' aufscheinen, das ihre Leser:innen zu ästhetischer Imaginationstätigkeit provozieren soll. Auf diese Weise *ist* das ästhetische Paradox zwar selbst keine Lösung für das ‚Paradox zeitgenössischer Politik', aber es kann zu einer Lösung *führen*, wenn es Leser:innen zu imaginativem Kunstwirken im Sinne Deweys provoziert. So löst sich das ‚Paradox des Paradoxes'.

---

[56] Dass Dewey sowohl künstlerische Artefakte als auch die Produkte des Kunstwirkens (‚work of art') als ‚Kunst-Produkte' bezeichnet, wird damit begründet, dass die kreative Tätigkeit der Künstler:in mit der kreativen Tätigkeit von Rezipient:innen vergleichbar sei. Vgl. Dewey 1934, 289–305.

[57] Shakespeare, *Sturm*, 2. Aufzug, 1. Szene.

8 Ästhetische Methode?

Weil sie sinnstiftende Imaginationstätigkeit provozieren können, haben ästhetische Paradoxe ein Potential für so etwas wie eine *ästhetische Methode für die Geisteswissenschaften*, die mit dem Mittel des ästhetischen Paradoxes darauf abzielen würde, dass Leser:innen sinnstiftend-imaginativ tätig werden. Weil zu lange Essays unästhetisch sind, möchte ich auf Leistungen und Grenzen dieser Methode nur kurz zu sprechen kommen.

8.1 Probleme

Die Nachteile liegen auf der Hand. Ein erstes Problem ist die diskursive Verschlossenheit von ästhetischen Paradoxen: Die Lösungen, die sie im Kopf von Leser:innen entstehen lassen, sind mentale Bilder, die sich jeder Kritik von außen entziehen. Sheyla Benhabib schreibt, dass sich Arendt „dem rechtfertigenden politischen Diskurs" widersetze und sich nicht „um eine normative Rechtfertigung" bemühe, obgleich sie eine dezidiert „normative Position" verträte[58]. Dieser Einwand ist zuzugeben, weil ästhetische Paradoxe künstlerische Artefakte sind, die einen nicht-diskursiven Ausdrucksgehalt haben, der gerade nicht diskutiert, sondern *ästhetisch erfahren* werden soll. Ein zweites Problem ist die pragmatische Unkonkretheit der ästhetisch imaginierten Lösungen. In Arendts utopischer Welt sollen alle Menschen ein Recht auf Rechte haben, das ausdrücklich kein Staatsbürgerrecht sein soll. Wie Arendt selbst gezeigt hat, kann es ein solches Recht unter den Bedingungen der jetzigen Welt nicht geben: John Lennon spricht von einem ‚Traum'. Die Unrealisierbarkeit unter gegebenen Bedingungen mag aus ästhetischer Sicht zwar der kreative Anreiz sein. Aus Sicht des Menschenrechtsdiskurses ist sie allerdings ein gravierender Nachteil. Treffend betonen Pollmann und Lohmann, dass die Menschenrechte zwar „zunächst bloß *gedachte* Rechte" seien, dass sie aber „zugleich auch den Anspruch auf ihre positiv-rechtliche Implementierung in sich tragen"[59] würden. Menke gibt in einem Interview auf die Frage, wie sich der von ihm zuvor diagnostizierte agonische Zustand der liberalen Gesellschaften unserer Zeit überwinden lässt, folgende Antwort:

> Das weiß ich doch nicht! Es ist auch nichts, was Gegenstand theoretischen Wissens oder philosophischen Nachdenkens sein kann. Man kann auf diese Weise das Bestehende erkennen. Man kann es kritisieren und daraus folgern, was anders werden müsste [...]. Aber das Neue kann nicht im Denken vorweg bestimmt werden. Das Neue kann nur gemacht werden [...].[60]

---

[58] Benhabib 1996, 302.

[59] Pollmann/Lohmann 2012, ix.

[60] Menke 2017.

Menkes Antwort zeigt, dass es kein Kollateralschaden, sondern Absicht ist, wenn die ästhetische Methode keine konkreten Umsetzungsideen entwickelt.

8.2 Vorteile

Solche Nachteile werden von den Vorteilen der ästhetischen Methode aufgewogen. Ein erster Vorteil ist die Prägnanz von ästhetischen Paradoxen: Sie prägen sich gut ein. Zweitens befassen sich die meisten Leser:innen mit künstlerischen Artefakten bereitwilliger als mit komplizierten Traktaten, weil ästhetische Erfahrungen in der Regel mit Genuss verbunden sind. Der wichtigste Vorteil ist drittens darin zu sehen, dass Leser:innen keine bloßen Rezipient:innen sind, sondern Mit-Künstler:innen, weil die ästhetische Methode ihr Ziel nur erreichen kann, wenn sie imaginativ tätig werden. Dass dadurch kreatives Potential gebündelt wird, erhöht die Chancen auf eine bessere Welt. Arendts ästhetisches Paradox ist ein künstlerisches Artefakt im Sinne Deweys, weil ein utopischer Weltentwurf nicht diskursiv vorgestellt wird, sondern im Zuge von kreativen Imaginationsprozessen durch entgegengesetzte Assoziationsketten im Kopf von Leser:innen entstehen soll. Ob diese Welt realisiert werden kann, steht in den Sternen. Aber es wäre zweifellos schön, wenn es sie gäbe. Arendts Welt, in der alle Menschen ein juridisch wirksames Menschenrecht auf Rechte haben, gibt es heute noch nicht. Tatsächlich scheint sie sich unter den Bedingungen unserer heutigen Welt nicht konsistent denken zu lassen. Aber das muss ja nicht für alle Zeiten so bleiben! Wir wissen nicht, wie die bessere Welt der Menschenrechte aussieht und wie wir sie realisieren können. Aber das heißt nicht, dass es sie nicht geben kann. *Imagine!*

Literatur

Adorno, Theodor W.:*Ästhetische Theorie.* Frankfurt a. M. 1970.

Arendt, Hannah: Es gibt nur ein einziges Menschenrecht [1949a]. In: Hannah Arendt: *Die Revolution der Menschenrechte.* Hrsg. von Christoph Menke/Francesca Raimondi. Frankfurt a. M. [2011] ^{2}2017, S. 394–410.

Arendt, Hannah: The Rights of Man. In: *Modern Review* 3/1 (1949b), S. 24–37.

Arendt, Hannah: *Elemente und Ursprünge totaler Herrschaft* [1951]. München [1986] ^{5}1996.

Arendt, Hannah:*Über die Revolution* [1963]. München [1968] ^{3}1986.

Aristoteles:*Metaphysik.* In: Aristoteles: *Philosophische Schriften* 5. Übers. von Hermann Bonitz/ Horst Seidl. Hamburg 1995.

Aristoteles: *Nikomachische Ethik.* In: Aristoteles: *Philosophische Schriften.* Bd. 3. Übers. von Eugen Rolfes. Hamburg 1995.

Aristoteles:*Topik.* In: Aristoteles: *Philosophische Schriften.* Bd. 2. Übers. von Eugen Rolfes. Hamburg 1995.

Benhabib, Seyla: *Hannah Arendt – die melancholische Denkerin der Moderne* [1996]. Hamburg 1998.

Benhabib, Seyla:*Die Rechte der Anderen* [2004]. Übers. von Frank Jakubzik. Frankfurt a. M. 2008.

Bosanquet, Bernard:*Three Lectures on Aesthetic* [1915]. New York 1968.
Brunkhorst, Hauke: Sind Menschenrechte Aporien? In: *Kritische Justiz* 29/3 (1996), S. 335–343.
Dewey, John:*Kunst als Erfahrung* [1934]. Übers. von Christa Velten/Gerhard vom Hofe/Dieter Sulzer. Frankfurt a. M. 1980.
Gosepath, Stefan: Hannah Arendts Kritik der Menschenrechte und ihr „Recht, Rechte zu haben". In: *Hannah Arendt: Verborgene Tradition – Unzeitgemäße Aktualität?* Hrsg. von Heinrich-Böll-Stiftung. Berlin 2007, S. 279–288.
Han, Byung-Chul:*Die Agonie des Eros*. Berlin 2012.
[Art.] Hummel-Paradoxon, https://de.wikipedia.org/wiki/Hummel-Paradoxon (31.3.2022).
Koller, Andreas: Doxa. In: Gerhard Fröhlich/Boike Rehbein (Hrsg.):*Bourdieu-Handbuch*. Stuttgart/Weimar 2009, S. 79–80.
Licht, Peter: *Tartüffe oder das Schwein der Weisen*. Auftragswerk für das Theater Basel 2018. Open-Air Deutsches Theater Berlin 2021.
Lohmann, Georg: Die rechtsverbürgende Kraft der Menschenrechte. In: Tessa Debus u. a. (Hrsg.): *Philosophie der Menschenwürde*. Schwalbach i. Taunus 2010, S. 46–64.
Menke, Christoph/Pollmann, Arnd:*Philosophie der Menschenrechte zur Einführung* [2007]. Hamburg ^{4}2017.
Menke, Christoph: Zurück zu Hannah Arendt. In: *Merkur* 70 (2016), S. 49–58.
Menke, Christoph: Unsere Zerrissenheit ist doch das Beste an der Moderne, was wir haben! Interview mit Th. Assheuer. In: *Die Zeit*. 20. Mai 2017, http://www.zeit.de/2017/20/christoph-menke-liberalismus-populismus-interview (22.2.2018).
Menke, Christoph: Forschungsprojekt zur Subjektphilosophie (2017/2018). Website *Internationales Kolleg für Kulturtechnikforschung und Medienphilosophie (IKKM)* der Bauhaus-Universität *Weimar*, http://www.ikkm-weimar.de/fellows/aktuelle-fellows/christoph-menke/ *(3.1.2018)*.
Michelman, Frank I.: Parsing A Right to Have Rights. In: *Constellations* 3/2 (1996), S. 200–208.
Platon: *Politeia*. In: Platon: *Sämtliche Werke*. Bd. 2. Hrsg. von Ursula Wolf. Übers. von Friedrich Schleiermacher. Hamburg 1958.
Pollmann, Arnd/Lohmann, Georg: Einleitung. In: Arnd Pollmann/Georg Lohmann (Hrsg.): *Menschenrechte*. Stuttgart 2012.
Pollmann, Arnd:*Alle gehören dazu* [2008]. In: *Erklärt umkämpft – 60. Jahre Menschenrechte*. Hrsg. von Informationszentrum 3. Welt, https://www.iz3w.org/zeitschrift/ausgaben/307_menschenrechte/pollmann (31.3.2023).
Rädel, Jonas: Hannah Arendts politische Theorie des Flüchtlings. In: *Berliner Debatte* 301 (2019), S. 115–125.
Raters, Marie-Luise:*Kunst, Wahrheit und Gefühl*. Freiburg i. Br. 2005.
Raters-Mohr, Marie-Luise:*Intensität und Widerstand*. Bonn 1994.
Sartre, Jean Paul: L'Existencialisme est un Humanisme [1946]. In: Jean Paul Sartre.: *Drei Essays*. Hrsg. und übers. von Walter Schmiele. Zürich 1973, S. 7–51.
Shakespeare, William: *Sturm*. In: Ders: *Werke in vier Bänden*. Bd. IV. Übers. von D. Tieck. Salzburg 1979, S. 403–464.
Schmitt, Carl:*Der Begriff des Politischen* [1932/1938]. Berlin ^{3}1991.
Vollmer, Gerhard: Paradoxien und Aporien. Festvortrag Universität Gießen [1987]. In: *Gießener Universitätsblätter* 22/2 (1989), S. 53–208.

Armut und Liebe. Eine politisch-philosophische Lektüre von *Kasimir und Karoline* aus dem Blickwinkel des ‚kleinen Denkens'

Gottfried Schweiger

1 Einleitung

Politische Philosophie, die etwas über Armut sagen will, braucht einen Zugang zu dieser sozialen Wirklichkeit. Da sie selbst, in den allermeisten Fällen, nicht empirisch arbeitet, bieten sich dafür verschiedene Zugänge an, die mehr oder weniger methodologisch abgesichert sind.[1] Zumeist greift die politische Philosophie auf Erkenntnisse der sozialwissenschaftlichen Armutsforschung zurück, die sie als Ausgangspunkt für ihre Überlegungen, für Bespiele oder zur Untermauerung ihrer normativen Schlüsse heranzieht. In einigen Fällen genügt es der politischen Philosophie aber auch, sich auf Alltagswissen über Armut zu stützen, ohne sich tiefer auf Erkenntnisse oder Diskurse der Armutsforschung einzulassen.[2] Die Beschäftigung mit Literatur ist eine weitere Möglichkeit, um über Armut philosophisch nachzudenken, und dieser soll hier nachgegangen werden. Literatur möchte ich dabei im Sinne von David Hulme als ‚kleines Denken'[3] verstehen, welches es ermöglicht, im individuellen Schicksal große Makrophänomene, die Armut ausmachen, nachzuzeichnen. Ohne solches ‚kleines Denken' bleibt der politischen Philosophie eine wichtige Dimension der Ungerechtigkeit von Armut verschlossen, nämlich zu verstehen, wie sich diese im Individuum, seinem Denken, Fühlen und

[1] Vgl. List und Valentini 2016.

[2] Vgl. Sedmak 2013.

[3] Hulme 2004.

G. Schweiger (✉)
Zentrum für Ethik und Armutsforschung, Universität Salzburg, Salzburg, Österreich
E-Mail: Gottfried.Schweiger@plus.ac.at

© Der/die Autor(en), exklusiv lizenziert an Springer-Verlag GmbH, DE, ein Teil von Springer Nature 2026

B. Beck und E.-M. Konrad, *Imaginationen eines besseren Lebens?*,
Techno:Phil – Aktuelle Herausforderungen der Technikphilosophie 11,
https://doi.org/10.1007/978-3-662-72857-4_4

Handeln, also quasi auf mikrosoziologischer Ebene, auswirkt.[4] Ich denke, dass damit auch ein Beitrag dafür geleistet werden kann, was epistemische Gerechtigkeit genannt wird, und der Perspektive armutsbetroffener Menschen Zeit und Raum gegeben wird.[5]

2 ‚Kleines Denken‘ und Armut

David Hulme hat vor zwanzig Jahren aus seiner Perspektive eines sozialwissenschaftlichen Armuts- und Entwicklungsforschers dafür plädiert, dass es mehr ‚kleines Denken‘ braucht, um Armut angemessen zu verstehen.[6] Als ‚großes Denken‘ bezeichnet er ein wissenschaftliches Vorgehen auf der Makroebene, welches sich vor allem auf Statistiken und Theorien über wirtschaftliche Entwicklung, Arbeitslosigkeit oder Armut konzentriert. Dem ‚großen Denken‘ geht es nicht um den Einzelfall und auch nicht um kleine Einheiten wie Familien oder Gemeinschaften, sondern um Gesellschaften oder internationale Zusammenhänge. Es klärt darüber auf, wie viele Millionen Menschen arm sind, wie solche Armut zu definieren und zu messen ist, was die sozioökonomischen Ursachen dieser Armut sind und welche Effekte bestimmte politische Maßnahmen haben. Armut ist ein solches ‚großes‘ Phänomen, weil es so viele Menschen betrifft, deren Lage sich auf solche ‚großen‘ Ursachen zurückführen lässt, an denen dann politisch gearbeitet werden kann. Die Indikatoren, um den Erfolg politischer Interventionen zu messen, beziehen sich daher auch darauf, ob Millionen geholfen werden konnte, selbst wenn die Lage einiger Hunderttausender dadurch unberührt blieb oder gar verschlechtert wurde. Ausdruck eines solchen ‚großen Denkens‘ sind daher auch die Mammutprogramme globaler Akteure wie der Weltbank oder die Ziele für nachhaltige Entwicklung der UNO. Hulme ist skeptisch, ob das ‚große Denken‘ in der Lage ist, Armut angemessen zu erfassen. Er plädiert, wie schon viele vor und nach ihm, die sich qualitativen Zugängen in der Armutsforschung verschrieben haben, dafür, Armut nicht nur als Makrophänomen zu erforschen, sondern ihr im Individuellen nachzugehen. Wie leben armutsbetroffene Menschen tatsächlich, wie erleben sie ihre Armut, wie denken, fühlen und handeln sie? Welche Faktoren in ihrem Umfeld oder welche biographischen Umbrüche haben sie zu den Menschen gemacht, die sie heute sind? Wie hat sich ihre Lebensgeschichte entfaltet? Wie sehen sie sich selbst? Hulme macht das am Beispiel der Geschichte von Maymana and Mofizul, einer Mutter und ihrem Sohn, in Bangladesh deutlich. Ihre Biographie ist dabei einerseits individuell, andererseits lassen sich darin aber auch viele Makrophänomene und deren Auswirkungen nachzeichnen (schlechte Gesundheit, Ar-

---

[4] Vgl. Schweiger 2016.

[5] Vgl. Dübgen 2020.

[6] Vgl. Hulme 2004.

beitslosigkeit, fehlende Infrastrukturen). Es geht Hulme dabei keineswegs darum, eine solche Mikroperspektive gegen die Makroperspektive auszuspielen, sondern er argumentiert für eine Ergänzung beider.[7]

Ohne dass Hulme dies ausführlich explizieren würde, kann man sagen, es geht beim Verhältnis von ‚großem' und ‚kleinem Denken' sowohl um epistemische Fragen als auch um ethische und politische. Es geht darum, ob ‚großes Denken', welches Armut darauf ‚reduziert', wie viele Menschen unter einer bestimmten Armutsgrenze leben, ausreichend ist, um zu erfassen, was Armut ist – auch angesichts der Tatsache, dass Armutsmessung in solchem Maßstab, auch aus Überlegungen der praktischen Umsetzung, Armut zumeist auf einige wenige, leicht erhebbare Indikatoren reduziert, ja reduzieren muss (z. B. auf eine monetäre Armutsgrenze oder das Fehlen einiger weniger materieller Güter, die als besonders relevant angesehen werden). Wenn wir wissen wollen, was Armut ist, so Hulme, reicht es nicht aus, darauf zu schauen, wie viele hunderte Millionen Menschen gemäß der einen oder anderen Messmethode arm sind, wir müssen uns mit den Individuen beschäftigen und, das ist Hulme sehr wichtig, mit ihrer Biographie. Dann erst sehen wir auch, dass Armut trotz aller Ähnlichkeiten sich immer etwas anders entfaltet; dass armutsbetroffene Menschen auch dann Individuen sind und bleiben, wenn sie als ‚arm' kategorisiert und wissenschaftlich einsortiert werden. Das ‚kleine Denken' ist dahingehend auch bescheiden, weil es Brüche, Unbestimmtheit und Offenheit anerkennt und diese nicht in der Reduktion auf einige Indikatoren verschwinden lässt. Politisch ist das für Hulme relevant, weil Armutsforschung keine interesselose Wissenschaft ist.[8] Sie wird zu einem großen Teil für und angetrieben durch Politik betrieben. Es geht also immer auch darum, herauszufinden, wie Armut gelindert, bekämpft oder abgeschafft werden kann, was bedeutet, wie armutsbetroffenen Menschen geholfen werden kann. Wer Armutsforschung ‚groß' denkt, denkt daher auch, zwangsläufig, Armutspolitik groß. Solche Politik ist notwendig, weil Armut ‚groß' ist und global hunderte Millionen Menschen betrifft – in den Ländern, in denen sie konzentriert ist, oftmals große Teile der Bevölkerung. Die Perspektive des ‚kleinen Denkens' dagegen blickt auf das Individuum und fragt, wie ihm in seiner konkreten Situation und mit Blick auf seine konkreten Fähigkeiten wie auch Beschränkungen geholfen werden kann. Hulme, aus der Entwicklungsforschung kommend, sieht, wie etwa auch Robert Chambers,[9] eine Gefahr, wenn die Perspektive auf das Individuum verloren geht, wenn Politik nur mehr ‚groß' denkt; weil das auch die Gefahr erhöht, an den Interessen und Bedürfnissen armutsbetroffener Menschen oder Gemeinschaften vorbei Politik zu machen; weil die ‚großen' ökonomischen oder entwicklungspolitischen Maßnahmen in einigen Fällen nun einmal nicht funktionieren oder gar schädlich sind. ‚Großes Denken', möchte ich hier ergänzen, hat auch eine Tendenz zum utilitaristischen

[7] Vgl. Hulme 2010.
[8] Vgl. Øyen 2009.
[9] Vgl. Chambers 1997.

Kalkül, dass es solange gerechtfertigt ist, wie sein Nutzen größer ist als sein Schaden; insofern eine politische Maßnahme vielen hilft, ist es nicht nötig, darauf zu achten, ob sie nicht auch einigen anderen schadet. Damit ist auch schon die ethische Dimension des ‚kleinen Denkens' angesprochen. Ich lese Hulme so, dass er nicht nur das Erkenntnisinteresse der Armutsforscher:innen adressiert. Es ist nicht nur aus wissenschaftlichen Überlegungen heraus besser, sich nicht nur auf ‚großes Denken' zu beschränken, sondern es ist auch ethisch richtig, ‚kleines Denken' einzubeziehen und zu fördern. Man kann hier sagen: Es geht um einen bestimmten Zugang und auch eine Haltung den ‚Objekten' der Armutsforschung gegenüber, nämlich die armutsbetroffenen Menschen eben immer auch als Subjekte und als handlungsfähige Akteure zu verstehen, sie dafür zu respektieren[10] und nicht auf eine verschwindende Zahl in der Statistik zu reduzieren. Auch diese ethische Grundierung ist vielen methodologischen Zugängen, vor allem der partizipativen Armutsforschung, eigen und wichtig.

3 ‚Kleines Denken' in der politischen Philosophie

All diese Argumente, die für ‚kleines Denken' sprechen, sind aus meiner Sicht für die politische Philosophie und ihren Zugang zu Armut hoch relevant. Politische Philosophie tendiert zu ‚großem Denken'. Sie tut das, weil es ihr zumeist nicht um Individuen und ihre Biographien geht, sondern um die Erarbeitung politischer Analysen, Bewertungen und Lösungen, wobei dies oft mit konkreter Politik nicht sehr viel zu tun hat. Politische Philosophie versucht zu ethischen Urteilen zu kommen und somit zu beantworten, warum Armut moralisch schlecht oder ungerecht ist oder wer dafür verantwortlich ist, dies oder jenes dagegen zu tun. Um beim Beispiel von Hulme zu bleiben: Der politischen Philosophie geht es nicht darum, wie konkreten Individuen oder Familien geholfen werden kann oder worin genau in deren Lebenslage oder ihrer Biographie Ungerechtigkeiten ausgemacht werden können, sondern es geht um ‚Armut' oder ‚armutsbetroffene Menschen' als solche. Dies zeigt sich etwa an solchen Argumenten wie jenem von Thomas Pogge,[11] dass globale Armut ungerecht ist, weil die Handelsbeziehungen zwischen dem Globalen Norden und Süden so einseitig gestaltet sind, dass Armut dadurch entsteht und der Globale Norden seine negative Pflicht zur Armutsvermeidung verletzt. Wie gut oder schlecht dieses Argument auf eine konkrete Familie in Bangladesch ‚passt', ob diese nun tatsächlich deshalb oder aus anderen Gründen arm ist, ist nicht weiter relevant. Ein weiteres Beispiel: Wenn Philosoph:innen dafür argumentieren, dass das Leben in Armut unwürdig ist,[12] weil Menschen in Armut

[10] Vgl. Cloke u. a. 2000.
[11] Vgl. Pogge 2005.
[12] Vgl. Muders 2021.

nicht ausreichend gut auf sich selbst achten können, dann ist das eine Aussage, die mehr oder weniger gut die Lebensrealität all dieser Menschen beschreibt und dabei gleichzeitig die Individualität der konkreten Armutserfahrung ausblendet. Ähnlich wie das ‚große Denken' der Armutsforschung Menschen und ihr Leben in Statistiken auf wenige Indikatoren reduziert (genügend Geld: ja oder nein), reduziert die politische Philosophie in ihrem ‚großen Denken' armutsbetroffene Menschen auf einige wenige ethische ‚Indikatoren'; sortiert ihr Leben also etwa ein als ‚ungerecht'. Wie Hulme geht es mir hier nicht darum, das ‚große Denken' der politischen Philosophie abzulehnen, sondern darum, es einerseits zu reflektieren und andererseits zu fragen, wie dieses durch ‚kleines Denken' komplementiert werden könnte und welche Vertiefungen im Verständnis von Armut und ihrer ethischen Kritik, die die politische Philosophie vorlegt, dadurch möglich werden.

Ähnlich wie für die Armutsforschung kann hier in den Bahnen von Wissen, Politik und Ethik gedacht werden: Die politisch-philosophische Reflexion auf Armut wird besser, wenn sie sich auf ‚kleines Denken' einlässt; wenn sie auch versucht, die Ambiguitäten und Ambivalenzen, die Individualität und biographische Einbettung von Armut ernst zu nehmen. Sie weiß dann mehr über das Phänomen, welches sie umtreibt, und sie weiß auch, dass das ‚große Denken', sowohl ihr eigenes als auch das der Armutsforschung, auf die sie sich oft bezieht, mit bestimmten Einschränkungen und Reduktionen verbunden ist.[13] Eine tiefere und breitere Wissensbasis über Armut ist auch deshalb sinnvoll, weil dadurch die philosophische Evaluation und Kritik von Armut differenzierter wird und weil sie Dimensionen der Ungerechtigkeit erkennbar macht, die sonst hinter den herkömmlichen Indikatoren ‚unsichtbar' bleiben. Vielleicht, so lässt sich vermuten, liegt die Ungerechtigkeit im Leben mancher Menschen in Armut woanders, als es der Blick über das ‚große Denken' zu sehen erlaubt. Das ist jeweils nur über die konkrete Biographie zu erschließen und über konkrete Biographien erschließen sich dann auch neue ethische Maßstäbe und neue Formen der Armutspolitik. Wenn in der partizipativen Armutsforschung,[14] die dem ‚kleinen Denken' in manchen Aspekten nahe steht, das Subjekt und seine Handlungsfähigkeit, sein Status als Expert:in der eigenen Situation, in den Mittelpunkt gestellt werden, dann sollte das einen Widerhall in der politischen-philosophischen Reflexion auf Armut finden: Welche Rolle spielt das Wissen armutsbetroffener Menschen denn in der politischen Philosophie und ihren Theorien darüber, was Armut schlecht oder ungerecht oder unwürdig macht? Nachdem die politische Philosophie in noch stärkerer Art und Weise als die Armutsforschung das Problem der Distanz zu bewältigen hat – schließlich braucht man, um sie zu betreiben, niemals auch nur in die Nähe tatsächlicher Armut und der von ihr betroffenen Menschen zu kommen – und sie gleichzeitig aber durchdrungen ist von ethischen Ansprüchen an sich selbst – Wie kann man denn sonst über Ungerechtigkeit nachdenken, wenn man sich nicht selbst diesen Maßstäben

[13] Vgl. Sedmak 2021; Schweiger 2013.
[14] Vgl. Chambers 2008.

unterwirft? –, hat sie sich solchen Fragen des Standpunkts reflexiv zu stellen. Es geht im Diskurs um ‚großes' und ‚kleines Denken' also immer auch um Fragen der Macht, wer darüber entscheidet, wie Armut erforscht oder eben philosophisch analysiert wird, wer in solchen Wissensprozessen partizipieren darf, wessen Perspektiven zählen. Prominent werden diese Fragen unter dem Stichwort ‚epistemischer Gerechtigkeit' verhandelt, welches von Miranda Fricker eingeführt wurde.[15] Und darum geht es auch dem ‚kleinen Denken'. Hulme kann, ohne dass er explizit von einer ‚epistemischen' Ungerechtigkeit sprechen würde, so verstanden werden, dass er für armutsbetroffene Menschen einen Platz einfordert, ihnen eine Stimme geben will; eine Stimme, die zwar wiederum über ihn vermittelt wird, weil nur er als Forscher aus dem Globalen Norden die Möglichkeit hat, nach Bangladesh zu reisen, dort mit Maymana and Mofizul zu sprechen, ihre Geschichte dann in einen theoretischen Rahmen zu bringen und in einer Fachzeitschrift zu veröffentlichen, sodass sie nun zwanzig Jahre später als Referenzpunkt für diesen Text hier dienen kann. Und indem er das tut, weist er darauf hin, dass alle armutsbetroffenen Menschen wie Maymana and Mofizul konkrete handelnde Akteure waren und sind, dass sie in ihrem Leben etwas tun, fühlen und denken, was, darum geht es Hulme, relevant für unser Wissen über Armut und darüber, wie wir sie politisch überwinden können, ist. Gleichermaßen ist es, das kann mit Monique Deveaux gesagt werden,[16] für die politische Philosophie zentral, zu einer theoretischen Einstellung zu gelangen, armutsbetroffene Menschen nicht nur als ‚Opfer' und als passive ‚Objekte' zu verstehen, und zwar, das möchte ich ergänzen, in einem doppelten Sinne: In den Theorien der politischen Philosophie soll dieser Akteursstatus stärker Berücksichtigung finden, wenn es darum geht, was Armut ist und wie sie zu bewerten ist, und gleichzeitig geht es darum, wie dieser Akteursstatus in der politischen Philosophie selbst seinen Niederschlag finden kann.

4 ‚Kleines Denken' und Literatur

Welche Rolle kann hier nun die Literatur spielen? Ist es nicht geradezu ein Widerspruch, der konkreten Wirklichkeit und den konkreten Menschen Platz zu schaffen und dazu auf fiktionale Erzählungen zurückzugreifen? Ja, hier liegt durchaus eine Spannung vor, die gar nicht mit einem groben Besen weggewischt werden soll. Bevor ich mit der Lektüre von *Kasimir und Karoline* beginne, um entlang dieser zu erläutern, worin der Nutzen der Literatur, verstanden als ‚kleines Denken', für die politische Philosophie besteht und wie sich das konkret für das Verhältnis von Armut und Liebe zeigt, sollen ein paar einleitende Bemerkungen zur Differenz

[15] Vgl. Fricker 2007.
[16] Vgl. Deveaux 2015.

zwischen Hulmes Ansatz qualitativer Sozialforschung und der Reflexion auf Literatur angestellt werden.

Das Volksstück *Kasimir und Karoline*[17] ist ein Beispiel für ‚kleines Denken' im Sinne von Hulme, wenn auch auf andere Art und Weise als seine qualitative Forschung mit Maymana and Mofizul. Ödön von Horváth war kein empirischer Sozialforscher, die Figuren in *Kasimir und Karoline* sind nicht real, sie haben nie so existiert, ihre Geschichte bzw. der Ausschnitt aus ihrem Leben, den wir im Stück sehen, hat nicht stattgefunden. Das ist natürlich ein großer, ein bedeutender Unterschied – und ein Unterschied, der durchaus problematisch ist, ja zumindest der Problematisierung bedarf. Wenn es Hulme darum geht, uns die Wirklichkeit von Armut besser verstehen zu lassen, und wenn die politische Philosophie davon profitieren kann, um eben diese Wirklichkeit besser zu reflektieren, dann ist die Frage nach dem Sinn und Zweck von Literatur für die politische Philosophie augenscheinlich zu stellen.

Dem ‚kleinen Denken' geht es, indem es ihm um die konkrete Erfahrung, um Individuen und ihre Biographien geht, doch immer auch darum, dadurch das Phänomen von Armut besser verstehbar zu machen und es nicht zu verlieren. Ein solcher Verlust würde vorliegen, wenn das ‚kleine Denken' zu dem Schluss kommen würde, es gebe ‚Armut' gar nicht, es gebe nur jeweils individuelle Fälle, die letztlich immer nur für sich selbst stehen. Dann wäre das ‚kleine Denken' nicht eine Ergänzung, eine Vertiefung und Perspektivierung des ‚großen Denkens', sondern würde dieses für fehlgeleitet, ja vielleicht sogar obsolet erklären. Durch das ‚kleine Denken' soll aber doch das Phänomen in den Blick kommen, es bleibt nicht bei der individuellen Geschichte stehen, auch wenn es sich dessen bewusst ist, dass es, aus vielen Gründen, nicht dazu taugt, Aussagen wie das ‚große Denken' zu machen. Aber es erlaubt doch Verbindungen herzustellen zwischen den Menschen, die von Armut betroffen sind, gerade, wenn es möglich ist, was Hulme tut, zu zeigen, dass Gemeinsamkeiten in den Unterschieden da sind, sich zwar Arbeitslosigkeit und Krankheit, um zwei Faktoren zu nennen, jeweils individuell niederschlagen und verarbeitet werden, sie aber dennoch für viele und nicht nur für Maymana and Mofizul eine große Rolle spielen. Dem Nachspüren der Makrophänomene auf der Mikroebene und insbesondere der Frage, wie armutsbetroffene Menschen diese auf Basis individueller Ressourcen, Einstellungen und biographischer Erfahrungen erleben und verarbeiten, darum geht es dem ‚kleinen Denken'.

Und auch *Kasimir und Karoline* geht es genau darum. Als konzentriertes Stück, welches nur einen kleinen Ausschnitt aus der Biographie der beiden Hauptfiguren zeigt, ist es noch ‚kleiner' als die Analyse ausführlicher lebensgeschichtlicher Interviews, wie sie in der qualitativen Sozialforschung geführt werden (können). Ich möchte daher vorschlagen, Literatur, nicht in allen Fällen, aber als prinzipielle Möglichkeit von ‚kleinem Denken' zu verstehen, also einem Denken, dem es

[17] Horváth 1994.

darum geht, wie sich Makrophänomene wie Armut oder Arbeitslosigkeit auf der Ebene des Individuums und seiner Lebenssituation auswirken und dort ‚wirklich' werden, also wie sie sein Denken, Fühlen und Handeln beeinflussen. Dabei hat Literatur es in der Hand, je nachdem, wie die Autor:innen es wollen, sich enger oder weiter an vorhandene empirische Sozialforschung anzulehnen. Jedenfalls kann Literatur Momente und Aspekte von Lebenslagen sichtbar machen, indem sie diese beschreibt oder auf der Bühne zeigt, die sich nicht in Statistiken und Indikatoren, wann jemand arm ist und welche Folgen für andere Indikatoren dies oft hat, abbilden lassen. Anders als die empirische Sozialforschung, die sich in einem bestimmen Sinne nicht ‚irren' kann, wenn sie Armutsbetroffene zu Wort kommen lässt – und dennoch natürlich viele methodologische Schwierigkeiten vorfindet[18] – und dabei epistemischen Ansprüchen an Wissenschaftlichkeit, Wahrheit und Angemessenheit verpflichtet ist, steht es der Literatur frei, was sie zeigen will und wie. Es muss ihr nicht darum gehen, die Wirklichkeit abzubilden. Dennoch kann es ihr auch darum gehen, wenn auch mit anderer Zielsetzung und mit ästhetischem Anspruch.

Es wäre daher auch falsch, ja, es würde geradezu die Eigenart des ‚Materials' verkennen, wenn politische Philosophie Literatur im Allgemeinen oder *Kasimir und Karoline* im Besonderen so lesen und interpretieren würde, als handelte es sich dabei um sozialwissenschaftliche Armutsforschung. Genau darum geht es nicht. Vielmehr braucht es eine doppelte Reflexion und Perspektivierung: die Reflexion auf das Phänomen, wie eben auf Armut, und dafür braucht es einen Zugang zu dieser Wirklichkeit, wie über die Armutsforschung; und die Reflexion auf die Literatur als Literatur. Erst in der Zusammenschau ergibt sich der Sinn dessen, auch Literatur als Zugang zu einem besseren Verständnis von Armut zu verstehen, als einen Zugang, den die politische Philosophie auch hier nicht aus sich selbst heraus hat. Natürlich können sich politische Philosoph:innen fiktive Geschichten ausdenken, zum Beispiel Gedankenexperimente oder Beispiele, die bestimmte Aspekte von Armut illustrieren sollen. Dennoch ist dies keine Literatur in dem Sinne, dass hier eine ästhetische Durchdringung und Darstellung des Phänomens und dessen lebensweltlicher Auswirkungen erfolgen würde. *Kasimir und Karoline* ist dies jedoch. Es ist ein Stück, welches durchaus auch aufklärerischen und sozialkritischen Anspruch hat, etwas über Armut und Arbeitslosigkeit zu vermitteln, vor allem aber will es etwas über die Innenwelten seiner Figuren sagen, die damit konfrontiert sind.[19] Nur ein Vergleich mit der empirisch erforschten Wirklichkeit lässt eine Aussage darüber zu, ob und inwieweit Horváth in seinem Stück die Lebenswirklichkeit armutsbetroffener Menschen an diesem Ort und zu dieser Zeit repräsentativ eingefangen hat. Das ist jedoch gerade nicht der Punkt des ‚kleinen Denkens', das eben nicht auf generalisierbare Aussagen im Sinne statistischer Wahrheit abzielt. Und so lese ich auch *Kasimir und Karoline*: Was darin literarisch

---

[18] Vgl. Sedmak 2021.

[19] Vgl. Höfer 2023; Meister 2023.

dargestellt wird, zielt nicht darauf ab, dass es allen armutsbetroffenen Menschen so geht, es findet keine Eingliederung in eine Statistik statt, sondern es geht diesen Figuren, die hier dargestellt werden, so. Sie stehen als literarische, fiktive Figuren nicht nur für sich und tun dies gleichzeitig doch, an ihnen werden allgemeine Einsichten sichtbar gemacht, die aber dennoch an sie und das, was Horváth uns über sie zeigt, zurückgebunden bleiben. Es ist der Literatur dadurch möglich, auf die Bühne zu bringen, was in grober Anlehnung an Clifford Geertz eine besondere Form der ‚dichten Beschreibung' genannt werden kann.[20] Eine ‚dichte Beschreibung' bezieht sich auf eine ethnographische Methode, bei der nicht nur oberflächliche Handlungen oder Fakten beschrieben werden, sondern auch versucht wird, die tieferen Bedeutungen, Symbole und sozialen Strukturen zu verstehen, die diese Handlungen prägen. Mit anderen Worten: Geertz argumentiert dafür, dass man Kultur nicht einfach beobachten und beschreiben kann wie ein Naturphänomen, sondern dass es wichtig ist, die Bedeutung hinter den Handlungen zu verstehen, um die spezifischen kulturellen Kontexte zu erfassen. Um eine dichte Beschreibung zu erstellen, muss sich die Ethnologie in die Perspektive der Personen innerhalb der Kultur einfühlen und versuchen, die Welt aus ihrer Sicht zu verstehen. Eine solche dichte Beschreibung bleibt nicht dabei stehen, aufzuzählen oder bloß wiederzugeben, was ist, sondern bettet das Erzählte ein, macht es erfahrbar und begreifbar. David Hulmes ‚kleines Denken' hat einige Gemeinsamkeiten mit dem Konzept der ‚dichten Beschreibung', und Literatur kann eine solche ‚dichte Beschreibung' ganz bewusst sein, indem sie jene Elemente herausholen und darstellen, diese einbetten und die Innenwelt der Protagonisten gleichermaßen hervorkehren kann, wenn sie dies zu tun wünscht. Jede Darstellung und Analyse der Wirklichkeit, auch die wissenschaftliche, fokussiert notwendigerweise auf bestimmte Elemente und lässt andere außen vor. Was Literatur hier besonders macht, ist, dass im Prozess der künstlerischen Gestaltung mehr Freiheit besteht, eben jene Elemente, die man für wichtig oder besonders interessant hält, in Figuren, ihren Aussagen und Handlungen, in dem Geschehen auf der Bühne, zu verdichten. Darüber hinaus ist Literatur, hier das Theater, ein besonderes Medium. Ein Theaterstück zu lesen oder aufgeführt zu sehen, ist anders, als einen Forschungsbericht zu lesen, und auch anders, als mit armutsbetroffenen Menschen in ein Gespräch zu kommen. Dabei geht es sowohl um den ästhetischen Wert, den Literatur für sich beansprucht – ohne dass es mir hier darum gehen würde, die literarische Qualität von *Kasimir und Karoline* bewerten zu können oder zu wollen, dafür ist eine andere Expertise nötig –, als auch um das, was Literatur in der Rezeption auslösen kann, wenn sie tief berührt. Das macht sie auch für die politische Philosophie zu einem anderen Gegenstand der Reflexion als die empirische Sozialforschung, einem, der einen besonderen Zugang zu einem Phänomen wie Armut bietet. Damit ist nicht gesagt, dass nicht auch wissenschaftliche Texte oder Gespräche mit armutsbetroffenen Menschen eine affektive Wirkung haben können – und oftmals

[20] Vgl. Geertz 1983.

haben – oder dass es jedem Theaterstück (primär) um eine solche gehen würde. Das Theater ist jedoch ein anderer Ort – als die Wissenschaft oder Foren der Begegnung mit armutsbetroffenen Menschen – und der literarische Text wird anders gelesen und erfahren. Ich vermute, dass in der verdichteten Form der Einzelschicksale, wie sie bei *Kasimir und Karoline* erzählt werden, Armut qualitativ anders – keineswegs muss damit eine Wertung einhergehen – erfahrbar wird als durch die wissenschaftlichen Texte, die in der politischen Philosophie herkömmlicherweise als Belege oder zur Illustration der Ungerechtigkeit der Armut herangezogen werden.

5 *Kasimir und Karoline*: Liebe und Armut

Kasimir und Karoline macht verstehbar, dass und wie Armut und Deprivation Liebe deformieren, ja geradezu unmöglich machen; und damit wird auch das dem Stück vorangestellten Motto konterkariert: „Und die Liebe höret nimmer auf." Die Rahmenhandlung ist rasch erzählt: Das Stück spielt während der Weltwirtschaftskrise auf dem Münchner Oktoberfest. Kasimir und Karoline sind ein Paar, sie gehen jedoch rasch getrennte Wege. Der maßgebliche Konflikt zwischen Kasimir und Karoline entfaltet sich, da Kasimir kürzlich gekündigt wurde und dieser Karoline vorwirft, sie würde feiern gehen wollen, während er angesichts des Ausblicks auf seine trübe Lebenssituation hoffnungslos wirkt. Karoline lernt drei Herren kennen, den Zuschneider Schürzinger, den Kommerzienrat Rauch und den Landgerichtsdirektor Speer. Rauch und Speer nehmen eine deutlich höhere sozio-ökonomische Position ein als Schürzinger und verdrängen diesen – vorübergehend – in der Aufmerksamkeit von Karoline, die in den beiden bessergestellten Männern ihre Chance auf sozialen Aufstieg erkennt. Diese Hoffnung zerschlägt sich aber gegen Ende des Stückes jäh: Rauch erleidet in seinem Auto einen Zusammenbruch, als dieser mit Karoline nach Altötting fahren will, und wendet sich von ihr ab, nachdem er dort erfährt, dass Speer bei einer Rauferei verletzt wurde. So lässt sich Karoline schließlich mit dem Zuschneider Schürzinger ein. Kasimir und Karoline begegnen sich immer wieder, schaffen es aber nicht, ihren Konflikt zu bereden oder zu lösen. Der Kontrast zwischen dem Volksfest mit seiner bunten Welt und der Trostlosigkeit, Sprachlosigkeit und Müdigkeit der Figuren bestimmt die Atmosphäre des Stückes. Die Figuren selbst scheinen oft fast sprachlos, ihre Sätze abgebrochen und ohne tiefe Verbindung zu ihrem Leben. Sie wirken beinahe vollständig bestimmt durch äußere Umstände, auch wenn sie beständig dagegen anzukämpfen scheinen, darin aber scheitern.

> *Kasimir* Das ist mir wurscht! Da fliegen droben zwanzig Wirtschaftskapitäne und herunten verhungern derweil einige Millionen! Ich scheiß dir was auf den Zeppelin, ich kenne diesen Schwindel und hab mich damit auseinandergesetzt – Der Zeppelin, verstehst du mich, das ist ein Luftschiff und wenn einer von uns dieses Luftschiff sieht, dann hat er so ein Gefühl, als tät er auch

mitfliegen – derweil haben wir bloß die schiefen Absätz und das Maul können wir uns an das Tischeck hinhaun!
Karoline Wenn du so traurig bist, dann werd ich auch traurig.
Kasimir Ich bin kein trauriger Mensch.
Karoline Doch. Du bist ein Pessimist.
Kasimir Das schon. Ein jeder intelligente Mensch ist ein Pessimist. *Er läßt sie wieder stehen und haut abermals den Lukas; jetzt knallt es dreimal, er zahlt und bekommt drei Orden; dann nähert er sich wieder Karoline.* Du kannst natürlich leicht lachen. Ich habe es dir doch gleich gesagt, daß ich heut unter gar keinen Umständen auf dein Oktoberfest geh. Gestern abgebaut und morgen stempeln, aber heut sich amüsieren, vielleicht sogar noch mit lachendem Gesicht!
Karoline Ich habe ja garnicht gelacht.
Kasimir Natürlich hast du gelacht. Und das darfst du ja auch – du verdienst ja noch was und lebst bei deinen Eltern, die wo pensionsberechtigt sind. Aber ich habe keine Eltern mehr und steh allein in der Welt, ganz und gar allein.
Stille.
Karoline Vielleicht sind wir zu schwer füreinander –
Kasimir Wie meinst du das jetzt?
Karoline Weil du halt ein Pessimist bist und ich neige auch zur Melancholie – Schau, zum Beispiel zuvor – beim Zeppelin –
Kasimir Geh halt doch dein Maul mit dem Zeppelin!
Karoline Du sollst mich nicht immer so anschreien, das hab ich mir nicht verdient um dich!
Kasimir Habe mich gerne! *Ab.*[21]

Schon am Anfang, wie hier in der 3. Szene, wird deutlich, dass die Arbeitslosigkeit Kasimir vor allem überfordert, die Schwere der Situation sich auf seine Gefühlslage und seinen Umgang mit Karoline niederschlägt. Er entlädt seine Wut auch an Karoline. Er ist zwar in der Lage, die strukturellen und systemischen Bedingungen zu benennen, in denen seine Arbeitslosigkeit nicht Ausdruck individuellen Versagens ist, sondern sozialer und ökonomischer Ungleichheit – die da oben im Zeppelin –, aber dennoch bleibt er allein damit, und nachdem der Zeppelin weit weg ist, aber Karoline nah, wird sie das Opfer seiner Wut und Unzufriedenheit als Verarbeitungsmechanismus. Das ist angesichts der breiten empirischen Sozialforschung zu den Auswirkungen von Arbeitslosigkeit seit Marie Jahoda ein immer wieder bestätigtes Phänomen:[22] Arbeit ist mehr als Gelderwerb und daher geht auch Arbeitslosigkeit tiefer, sie erzeugt Stress, verunsichert und kanalisiert sich mitunter in Formen des unsozialen Verhaltens. Hinzu kommt, dass

[21] Horváth 1994, 70 f.
[22] Vgl. Jahoda 1983; Gurr/Jungbauer-Gans 2017.

Arbeitslosigkeit für Männer nochmals anders konnotiert ist – auch damals in der ersten Hälfte des 20. Jahrhunderts, als das Stück geschrieben wurde und in dem seine Handlung angesiedelt ist. Sie ist hoch destruktiv für das männliche Ego unter den Bedingungen eines herrschenden Männlichkeitsbildes und von Geschlechterrollen, die den Mann als Ernährer und Beschützer positionieren.[23] Kasimir gerät nicht nur gegenüber der Gesellschaft, gegenüber anderen Männern, die noch Arbeit und damit Geld und Macht haben, in eine inferiore Position, er ist dies insbesondere auch gegenüber Karoline, die weiterhin Arbeit hat. Sie kann ihr Leben weiterleben und sogar lachen, unabhängig davon, wie sie auf Kasimir eingehen will. Er weiß sich ihr gegenüber in einer beschämten und erniedrigten Lage. Unter diesen Bedingungen ist auch keine Liebe, kein Fortführen der Beziehung mehr möglich. Und genau so kommt es dann auch. Karoline wendet sich ab, sowohl im Sinne einer Emanzipation von Kasimir und einem Ausbruch aus dessen übergriffigem und – wie man heute sagen kann – toxisch männlichem Verhalten ihr gegenüber als auch im Sinne einer Suche nach neuer Liebe – in der Gestalt anderer Männer – und einem besseren Leben – in der Gestalt sozial und ökonomisch bessergestellter Männer. Exemplarisch hierfür die 36. Szene:

> *Karoline* Es hat keinen Sinn mehr, Kasimir. Ich hab mir das überlegt und habe mich genau geprüft – *Sie wendet sich der Schnapsbude zu.*
> *Kasimir* Aber das sind doch dort keine Menschen für dich! Die nützen dich doch nur aus zu ihrem Vergnügen!
> *Karoline* So sei doch nicht so sentimental. Das Leben ist hart und eine Frau, die wo etwas erreichen will, muß einen einflußreichen Mann immer bei seinem Gefühlsleben packen.
> [...]
> *Kasimir* Was willst du denn durch diese Herrschaften dort erreichen?
> *Karoline* Eine höhere gesellschaftliche Stufe und so.
> *Kasimir* Das ist aber eine neue Ansicht, die du da hast.
> *Karoline* Nein, das ist keine neue Ansicht – aber ich habe mich von dir tyrannisieren lassen und habe es dir nachgesagt, daß eine Büroangestellte auch nur eine Proletarierin ist! Aber da drinnen in meiner Seele habe ich immer anders gedacht! Mein Herz und mein Hirn waren ja umnebelt, weil ich dir hörig war! Aber jetzt ist das aus.
> *Kasimir* Aus?
> *Karoline* Du sagst es.
> *Stille.*
> *Kasimir* So. Hm. Also das wird dann schon so sein. Der Kasimir ist halt abgebaut. So und nicht anders. Da gibt es keine Ausnahmen. Lächerlich.[24]

[23] Vgl. Bereswill 2017; Wieland 2006.

[24] Horváth 1994, 93 f.

Karolines Emanzipation von Kasimir ist also keine Emanzipation von der männlich dominierten und ökonomisch tief ungleichen Gesellschaft. Karoline bleibt ihr verhaftet, sie sucht nur für sich selbst ein gutes Leben im Schlechten zu finden, mit den Mitteln, die ihr als Frau zur Verfügung stehen. So sehr sich die Verhältnisse, auch die zwischen den Geschlechtern, in den letzten Jahrzehnten verändert haben, so kann auch hier Horváths Stück weiterhin Aktualität und Plausibilität zugesprochen werden. In jenem Milieu, dem Kasimir und Karoline angehören, für ‚kleine' Angestellte, sind weiterhin ökonomische Abhängigkeiten, fehlende Aufstiegschancen und die ‚feinen Unterschiede' zu den ‚oberen' Klassen bestimmend. Sie durchziehen das Leben nicht nur, sondern weisen Positionen zu, dienen dem Ausschluss und der Markierung von Ungleichheiten. Wie die Intersektionalitätsforschung zeigt,[25] greifen hier unterschiedliche Benachteiligungen eng ineinander. Karolines Position als Frau und Angehörige eines sozio-ökonomisch nicht gut gestellten Milieus verschränken sich. Ihr Frausein gibt Karoline jedoch auch Möglichkeiten an die Hand, die Kasimir nicht zur Verfügung stehen. Er bleibt mit der Erkenntnis, dass Liebe allein nicht reicht, zurück. Für ihn führt der Weg zu einer sozial akzeptierten Position, zu einem besseren Leben und zu Liebe und Beziehung nur über seine eigene Erwerbsarbeit, und da er diesen nicht sieht, weil die wirtschaftliche Depression es nicht zulässt, gibt es für ihn wenig Hoffnung. Sogar sein möglicher Suizid – Szene 62 –, so wird von einem Bekannten, dem Merkl Franz, nahegelegt, erzeugt angesichts der Lage, in der sich die Gesellschaft befindet, keine Resonanz. Er wird einer von vielen, seine Individualität letztlich geleugnet. Man kann hier sagen: Er wird eingereiht in die Statistik der ‚Opfer' der Armut und in die Reihe an Männern, die sich selbst töten, da Suizid männlich konnotiert ist.[26]

> *Kasimir* Und dennoch hab ich harter Mann die Liebe schon gespürt – und die ist ein Himmelslicht und macht deine Hütte zu einem Goldpalast – und sie höret nimmer auf, solang du nämlich nicht arbeitslos wirst. Was sind denn das schon überhaupt für Ideale von wegen dem seelischen Ineinanderhineinfließen zweier Menschen? Adam und Eva! Ich scheiß dir was auf den Kontakt – da hab ich jetzt noch ein Kapital von rund vier Mark, aber heut sauf ich mich an und dann häng ich mich auf – und morgen werden die Leut sagen: Es hat einmal einen armen Kasimir gegeben –
> *Der Merkl Franz* Einen Dreck werden die Leut sagen! Da sterben ja täglich Tausende – und sind schon vergessen, bevor daß sie sterben! Vielleicht, daß wenn du ein politischer Toter wärst, nachher tätst noch mit einem Pomp begraben werden, aber schon morgen vergessen – vergessen!
> *Kasimir* Ja man ist ziemlich allein.
> *Der Merkl Franz* Prost Arschloch![27]

[25] Winker/Degele 2009.
[26] Vgl. Staiger/Krumm 2024.
[27] Horváth 1994, 105.

Das Scheitern von Karoline vollzieht sich im Rahmen ihres Frauseins und ihrer sozio-ökonomischen Position. Sie findet zwar kurzzeitig Anschluss an zwei wohlhabende Männer, den Kommerzienrat Rauch und den Landgerichtsdirektor Speer, aber das Verhältnis zerschlägt sich sowohl aufgrund äußerer Umstände – eines Autounfalls – als auch aufgrund der Einsicht von Karoline, dass sie letztlich nicht bereit ist, sich auf eine Beziehung bzw. ein sexuelles Verhältnis unter diesen Bedingungen einzulassen. Der soziale Aufstieg bleibt ihr verwehrt. Dass es den beiden Männern nicht um Liebe geht und dadurch auch diese Suche von Karoline scheitert, wird im Stück an keiner Stelle geleugnet. Karoline resümiert daher auch resignierend in der 113. und 114. Szene ihre Lage:

> *Karoline* Ich habe es mir halt eingebildet, daß ich mir einen rosigeren Blick in die Zukunft erringen könnte – und einige Momente habe ich mit allerhand Gedanken gespielt. Aber ich müßt so tief unter mich hinunter, damit ich höher hinauf kann.
> [...]
> *Karoline vor sich hin* Man hat halt oft so eine Sehnsucht in sich – aber dann kehrt man zurück mit gebrochenen Flügeln und das Leben geht weiter, als war man nie dabei gewesen –[28]

Das Stück endet für Karoline damit, dass sie mit dem Zuschneider Schürzinger mitgeht, der zumindest echtes Interesse an ihr zu haben scheint und sie auch vor den beiden wohlhabenden Männern warnt (77. Szene). Seine Gefühle scheinen ebenso durch die sozio-ökonomische Position geprägt – gegen die besser gestellten Männer hat er eigentlich keine Chance auf eine Beziehung mit Karoline oder ihre romantische Aufmerksamkeit; was diese – zunächst, solange sie an die Möglichkeit einer Beziehung und eines Aufstiegs mit Rauch oder Speer glaubt – auch bestätigt. Seinen niedrigen Status lassen die anderen Männer Schürzinger auch deutlich spüren und markieren damit, wie es auch für Kasimir ein bestimmendes Thema ist, ihre hegemoniale Männlichkeit und die großen Ungleichheiten zwischen Männern.[29]

> *Schürzinger* Und dann sagt er es ganz offen heraus, der Herr Kommerzienrat.
> *Karoline* Was?
> *Schürzinger* Daß er dich haben möchte. Erotisch. Noch heute Nacht.
> *Stille.*
> *Karoline* So. Also haben möchte er mich –
> *Schürzinger* Er sagt es vor mir, als wäre ich ein Nichts. So etwas ist doch keine Gesellschaft für dich. Das ist doch unter deiner Würde. Komm, empfehlen wir uns jetzt auf französisch –

[28] Ebd., 135 f.
[29] Vgl. Scholz 2019.

> [...]
> *Schürzinger* Ich bin nämlich ein schüchterner Mensch. Und zuvor bei den Abnormitäten, da habe ich über eine gemeinsame Zukunft geträumt. Aber das war eben nur eine momentane Laune von einem gewissen Fräulein Karoline.
> *Karoline* Jawohl, Herr Eugen.
> *Schürzinger* Oft verschwendet man seine Gefühle –
> *Karoline* Menschen ohne Gefühl haben es viel leichter im Leben.[30]

Karoline dagegen wählt letztlich den Weg mit Schürzinger vor allem angesichts mangelnder Alternativen und der Aussichtslosigkeit, alleine als Frau in ihrer Position zu bleiben. Kasimir wird ersetzt. Ob die Liebe von Schürzinger stabiler und sein Verhalten besser als jenes von Kasimir sein wird, bleibt offen. Zumindest ist er (noch) nicht von der Deprivation der Arbeitslosigkeit getroffen und dahingehend emotional und in seinem Verhalten stabiler. Von erfüllter Liebe oder einer Beziehung, die auf Augenhöhe stattfinden würde, kann jedoch keine Rede sein. Letztlich bleibt Karoline nur der Ausblick auf etwas stabilere ökonomische Verhältnisse und darauf, dass Schürzinger seine Rolle als Mann besser erfüllen wird als Kasimir. Liebe ist das nicht (115. Szene).

> *Karoline* Es geht immer besser, besser – immer besser – *Schürzinger umarmt sie und gibt ihr einen langen Kuß. Karoline wehrt sich nicht.*
> *Schürzinger* Du brauchst wirklich einen Menschen.
> *Karoline lächelt* Es geht immer besser –
> *Schürzinger* Komm – *Ab mit ihr.*[31]

Was *Kasimir und Karoline* damit zeigt, ist eine oftmals in der politischen Philosophie im Hinblick auf Armut unterschätzte Form der Ungerechtigkeit, nämlich der Einfluss von Armut auf die Gefühle und sozialen Nahbeziehungen armutsbetroffener Menschen, auf ihre Möglichkeiten, gelungene Liebe zu erfahren, zu geben und zu leben. Der Fokus der politischen Philosophie ist, und das entspricht dem ‚großen Denken' der Armutsforschung, auf die ökonomischen Dimensionen von Armut gerichtet, darauf, wie wenig Einkommen oder materielle Güter armutsbetroffene Menschen zur Verfügung haben, während andere Dimensionen wie Liebe, Anerkennung oder Wertschätzung oftmals unbeachtet bleiben.[32] In *Kasimir und Karoline* spielt die konkrete materielle Deprivation der Figuren nur eine hintergründige Rolle, die Situation von Kasimir als arbeitsloser Mann und von Karoline als ‚kleine' Angestellte werden nicht dahingehend verhandelt, wie viel oder wie wenig sie sich leisten können, sondern was ihre Lage mit ihnen macht, welche Gefühle dies auslöst und wie es ihre romantischen Gefühle füreinander und andere

[30] Horváth 1994, 114.
[31] Ebd., 137.
[32] Vgl. Schweiger 2021.

deformiert und überlagert. Dies ist insofern für die politische Philosophie hoch relevant, weil es ein anderer Aspekt der Ungerechtigkeit von Armut, Arbeitslosigkeit und ökonomischer Deprivation ist – vor allem einer, der angesichts der Persistenz und Wirkmächtigkeit ungleicher Geschlechterverhältnisse mehr Aufmerksamkeit verdient. Sowohl Kasimir als auch Karoline bleiben letztlich als verletzte und gescheiterte Menschen zurück. Eine detaillierte Analyse der im Stück ausschnittartig dargestellten Schicksale von Kasimir und Karoline kann hier nicht erfolgen, dafür wäre sowohl tiefere literaturwissenschaftliche Reflexion nötig als auch der Einbezug relevanter empirischer Sozialforschung – etwa zu Liebe und Ökonomie bei Eva Illouz[33] – sowie der Rolle von Liebe im Rahmen politisch-philosophischer Theorien der Gerechtigkeit – etwa bei Anca Gheaus[34], die für romantische Liebe als ein Gut der Gerechtigkeit argumentiert hat. Das Ziel dieses Textes war sehr viel bescheidener, nämlich zunächst nur den potentiellen Nutzen des Zugangs zum Phänomen der Armut über Literatur wie *Kasimir und Karoline* aufzuzeigen.

6 Schluss

Ziel meines Beitrags war es, mit Blick auf *Kasimir und Karoline* die Frage nach dem Zugang der politischen Philosophie zu einem besseren Verständnis von Armut und ihren Auswirkungen erneut zu stellen. Wie Hulme eindrücklich zeigt, geht es hierbei nicht um eine mögliche Konkurrenz zwischen ‚großem' und ‚kleinem Denken', sondern um die Multiperspektivität, die diese beiden erlauben einzunehmen. Literatur kann weder die empirische Sozialforschung noch die Stimmen armutsbetroffener Menschen ersetzen, aber sie kann durch die literarische Verdichtung und durch ihre besondere Medialität diese ergänzen und für die politische Philosophie ein lohnender Reflexionsgegenstand sein.

Abschließend lässt sich festhalten, dass der literarische Zugang zu Armut, wie er durch die Analyse von *Kasimir und Karoline* erschlossen wird, der politischen Philosophie wesentliche Erkenntnisimpulse zu vermitteln vermag. Die literarische Darstellung erlaubt es, Armut nicht als abstraktes sozioökonomisches Problem zu begreifen, sondern sie in ihrer konkreten biographischen und emotionalen Dimension zu verorten, die in den herkömmlichen Ansätzen des ‚großen Denkens' oft in den Hintergrund tritt. Horváths Werk zeigt eindrücklich, wie ökonomische Deprivation nicht nur materielle Defizite erzeugt, sondern auch auf tiefergehende soziale und emotionale Ebenen Einfluss nimmt, die insbesondere zwischenmenschliche Beziehungen und die Möglichkeit gelingender Liebe deformieren und erschweren. Das ‚kleine Denken' führt vor Augen, dass Armut nicht allein als Frage

[33] Vgl. Illouz 2009.
[34] Vgl. Gheaus 2017.

der ungleichen materiellen Ressourcenverteilung zu begreifen ist, sondern vielmehr tief in das Selbstverständnis und die sozialen Interaktionen der Betroffenen eingreift. Horváths literarisches Werk erweist sich in diesem Zusammenhang als ein ergänzender Zugang, der das Erleben von Armut in einer Weise verdichtet und reflektiert, die über die Möglichkeiten klassischer empirischer Sozialforschung hinausgeht. In diesem Sinne appelliert die vorliegende Analyse an die politische Philosophie, das ‚große Denken' durch ein ‚kleines' zu erweitern, ohne dabei die Makroperspektiven aufzugeben. Es geht vielmehr um eine Ergänzung und Vertiefung des Verständnisses von Armut, das die biographischen, emotionalen und intersubjektiven Dimensionen stärker berücksichtigt. Ein solcher Zugang könnte die philosophische Reflexion und normative Bewertung von Armut erheblich bereichern, indem sie den Fokus über die bloße materielle Deprivation hinaus auf die affektiven und sozialen Auswirkungen lenkt. Dies wäre ein wesentlicher Schritt zu einer umfassenderen, epistemisch und ethisch fundierten Kritik von Armut, die die Lebensrealitäten der Betroffenen in all ihrer Vielschichtigkeit ernst nimmt und dadurch auch der politischen Philosophie neue Horizonte eröffnet.

Literatur

Bereswill, Mechthild: Männlichkeit unter Druck? In: Ilse Lenz/Sabine Evertz/Saida Ressel (Hrsg.): *Geschlecht im flexibilisierten Kapitalismus?* Wiesbaden 2017, S. 49–63.

Chambers, Robert: *Whose Reality Counts? Putting the First Last.* London 1997.

Chambers, Robert: Participation, Pluralism and Perceptions of Poverty. In: Nanak Kakwani/Jacques Silber (Hrsg.):*The many dimensions of poverty.* Basingstoke/New York 2008, S. 140–64.

Cloke, Paul/Cooke, Phil/Cursons, Jerry/Milbourne, Paul/Widdowfield Rebekah: Ethics, Reflexivity and Research: Encounters with Homeless People. In: *Ethics, Place & Environment* 3/2 (2000), S. 133–54.

Deveaux, Monique: The Global Poor as Agents of Justice. In: *Journal of Moral Philosophy* 12/2 (2015), S. 125–50.

Dübgen, Franziska: Scientific Ghettos and Beyond. Epistemic Injustice in Academia and Its Effects on Researching Poverty. In: Valentin Beck/Henning Hahn/Robert Lepenies (Hrsg.): *Dimensions of Poverty: Measurement, Epistemic Injustices, Activism.* Cham 2020, S. 77–95.

Fricker, Miranda: *Epistemic injustice: power and the ethics of knowing.* Oxford/New York 2007.

Geertz, Clifford: *Dichte Beschreibung: Beiträge zum Verstehen kultureller Systeme.* Frankfurt am Main 1983.

Gheaus, Anca: Love and Justice: a Paradox? In: *Canadian Journal of Philosophy* 47:6 (2017), S. 739–59.

Gurr, Thomas/Jungbauer-Gans, Monika: Eine Untersuchung zu Erfahrungen Betroffener mit dem Stigma Arbeitslosigkeit. In: *Soziale Probleme* 28/1 (2017), S. 25–50.

Höfer, Günther A.: Armut und Arbeitslosigkeit. In: Nicole Streitler-Kastberger/Martin Vejvar (Hrsg.):*Ödön-von-Horváth-Handbuch.* Berlin 2023, S. 518–21.

Horváth, Ödön von: *Kasimir und Karoline.* Frankfurt a. M. 1994.

Hulme, David: Thinking ‚Small' and the Understanding of Poverty: Maymana and Mofizul's story. In: *Journal of Human Development* 5/2 (2004), S. 161–76.

Hulme, David: *Global poverty: how global governance is failing the poor.* New York 2010.

Illouz, Eva: *Der Konsum der Romantik: Liebe und die kulturellen Widersprüche des Kapitalismus.* Frankfurt a. M. 2009.

Jahoda, Marie: *Wieviel Arbeit braucht der Mensch? Arbeit und Arbeitslosigkeit im. 20. Jahrhundert.* Weinheim/Basel 1983.

List, Christian/Valentini, Laura: The Methodology of Political Theory. In: Herman Cappelen/ Tamar Szabó Gendler/John Hawthorne (Hrsg.): *The Oxford Handbook of Philosophical Methodology*. Bd. 1. Oxford 2016, http://oxfordhandbooks.com/view/https://doi.org/10.1093/oxfordhb/9780199668779.001.0001/oxfordhb-9780199668779-e-10.

Meister, Monika: Kasimir und Karoline (1932). In: Nicole Streitler-Kastberger/Martin Vejvar (Hrsg.): *Ödön-von-Horváth-Handbuch*. Berlin 2023, S. 137–40.

Muders, Sebastian: Würde und Armut. In: Gottfried Schweiger/Clemens Sedmak (Hrsg.): *Handbuch Philosophie und Armut*. Stuttgart 2021, S. 229–36.

Øyen, Else: The Paradox of Poverty Research: Why is Extreme Poverty Not in Focus? In: Elke Mack/Michael Schramm/Stephan Klasen/Thomas Pogge (Hrsg.):*Absolute poverty and global justice: empirical data, moral theories, initiatives*. Farnham/Burlington 2009, S. 259–71.

Pogge, Thomas: Severe Poverty as a Violation of Negative Duties. In: *Ethics & International Affairs* 19/1 (2005), S. 55–83.

Scholz, Sylka: Männlichkeitsforschung: die Hegemonie des Konzeptes ‚hegemoniale Männlichkeit'. In: Beate Kortendiek/Birgit Riegraf/Katja Sabisch (Hrsg.):*Handbuch Interdisziplinäre Geschlechterforschung*. Wiesbaden 2019, S. 419–428.

Schweiger, Gottfried: Subjektivität in der philosophischen Armutsforschung. In: Helmut P. Gaisbauer/Elisabeth Kapferer/Andreas Koch/Clemens Sedmak (Hrsg.): *Armut und Wissen. Reproduktion und Linderung von Armut in Schule und Wissenschaft*. Wiesbaden 2013, S. 159–76.

Schweiger, Gottfried: Epistemic Injustice and Powerlessness in the Context of Global Justice. An Argument for ‚Thick' and ‚Small' Knowledge. In: *Wagadu. A Journal of Transnational Women's and Gender Studies* 15 (Summer 2016), S. 104–26.

Schweiger, Gottfried: Anerkennung und Armut. In: Gottfried Schweiger/Clemens Sedmak (Hrsg.): *Handbuch Philosophie und Armut*. Stuttgart 2021, S. 258–63.

Sedmak, Clemens: „Sollen sie doch Kuchen essen". Wissen von Armut. In: Helmut P. Gaisbauer/ Elisabeth Kapferer/Andreas Koch/Clemens Sedmak (Hrsg.): *Armut und Wissen. Reproduktion und Linderung von Armut in Schule und Wissenschaft*. Wiesbaden 2013, S. 177–97.

Sedmak, Clemens: Erkenntnis- und Wissenschaftstheorie der Armutsforschung. In: Gottfried Schweiger/Clemens Sedmak (Hrsg.): *Handbuch Philosophie und Armut*. Stuttgart 2021, S. 56–61.

Staiger, Tobias/Silvia Krumm: Depression und Männlichkeit – theoretische Ansätze, empirische Befunde und Erfordernisse sozialpsychiatrischer Versorgung. In: Karin E. Sauer/Sebastian Klus/Rahel Gugel (Hrsg.):*Studienbuch Gender und Diversity für die Soziale Arbeit*. Wiesbaden 2024, S. 157–78.

Wieland, Norbert: Männlichkeit in prekären Lebenslagen. In: Margherita Zander/Luise Hartwig/ Irma Jansen: *Geschlecht Nebensache?* Wiesbaden 2006, S. 220–44.

Winker, Gabriele/Degele, Nina: *Intersektionalität. Zur Analyse sozialer Ungleichheiten*. Bielefeld 2009.

Staunen, Neugier und Exzess im Informationszeitalter. Ludwig Wittgensteins unsagbare Ethik und deren ästhetische Transformation bei Lukas Bärfuss

Tanja Angela Kunz

1 Ethik als semiotischer Überschuss

„Wo Andere weitergehn, dort bleib ich stehn“[1], schreibt Ludwig Wittgenstein in seinen *Vermischten Bemerkungen* in einem Aphorismus aus dem Jahr 1948. Was den Philosophen hier zum Stehenbleiben bewegt, nennen Platon und Aristoteles *thaumazein*, den Anfang der Philosophie im Staunen.[2] *Thaumazein* bezeichnete eine Welterfahrungsweise, in der sich eine Differenz zum Gewöhnlichen und eine Suspendierung des Vertrauten vollzieht. Dieses Staunen initiiere, laut Aristoteles, den Weg zur *theoria*, als der höheren Einsicht, mit der denn auch das Staunen in der Erkenntnis zur Ruhe gebracht werde.[3]

In der christlichen Theologie kam es zu einer Hibernation des platonischen Staunens, wobei an die Stelle der Erkenntnis ein „Reich des Mirakulösen, Numinosen und Unfassbaren“[4] trat. Das mystisch-religiöse Erlebnis ist gekennzeichnet

[1] Wittgenstein 1984, 543.

[2] Platon bestimmt *thaumazein* in seinem Dialog *Theaitetos* zum Anfang der Philosophie, aber auch zu deren Endziel im Sinne der bewundernden Schau der Erkenntnisgegenstände (vgl. dazu auch Knell 2015, 28).

[3] Aristoteles betrachtet in seiner *Metaphysik*, anders als Platon, das Staunen nicht als Ziel des Erkenntnisstrebens, sondern als Ausgangspunkt des Erklärungssuchenden in dem Sinne, dass dem bestaunten Phänomen im Moment des Staunens noch der Status des Unerklärten zukommt (vgl. dazu auch ebd.).

[4] Kroß 2013, 300.

T. A. Kunz (✉)
Bielefeld, Deutschland
E-Mail: tanja.kunz@uni-bielefeld.de

© Der/die Autor(en), exklusiv lizenziert an Springer-Verlag GmbH, DE, ein Teil von Springer Nature 2026
B. Beck und E.-M. Konrad, *Imaginationen eines besseren Lebens?*,
Techno:Phil – Aktuelle Herausforderungen der Technikphilosophie 11,
https://doi.org/10.1007/978-3-662-72857-4_5

durch Ineffabilität und Verwischung von Unterscheidungen.[5] Ein mystisches, ein – wenn auch von ihm selbst nie so benanntes – quietistisches Element ist auch in Wittgensteins Frühwerk enthalten. So muss denn beispielsweise das Urteil, das Wittgenstein selbst im Vorwort zu seinem *Tractatus logico-philosophicus* über sein philosophisches Werk fällt, verwundern: „Ich bin also der Meinung, die Probleme im Wesentlichen endgültig gelöst zu haben. Und wenn ich mich hierin nicht irre, so besteht nun der Wert dieser Arbeit zweitens darin, daß sie zeigt, wie wenig damit getan ist, daß diese Probleme gelöst sind."[6] Mit dieser vergleichsweise knappen Schrift sollen demzufolge sämtliche philosophischen Probleme gelöst sein? Dieser erste Teil von Wittgensteins Behauptung muss Staunen erregen und lässt Staunen während und nach der Lektüre erwarten. Der zweite Teil hingegen macht neugierig: Was bedeutet Wittgensteins Hinweis, dass mit der Lösung aller philosophischen Probleme wenig getan sei?

Dieses Thema sei am Beispiel der Ethik verdeutlicht. Im *Tractatus logico-philosophicus* heißt es dazu schlichtweg: „Es ist klar, daß sich die Ethik nicht aussprechen läßt."[7] Unter Hinzuziehung der bereits zitierten einleitenden Bemerkung Wittgensteins ließe sich also schlussfolgern, *ein* Wert des *Tractatus logico-philosophicus* liege u. a. darin, gezeigt zu haben, dass sich die Ethik nicht aussprechen lässt. In seinem im November 1929 vor der *Heretics Society* in Cambridge gehaltenen *Vortrag über Ethik*, der schon Wittgensteins Spätwerk, mindestens aber einer Übergangsphase zwischen Früh- und Spätwerk zugerechnet wird,[8] kommt Wittgenstein auf diese Unaussprechlichkeit der Ethik zurück. Dort führt er aus, dass die Ethik es mit Absolutem zu tun habe, die notwendig sprachlich vermittelte Logik hingegen und alle Dinge der Welt inklusive des menschlichen Bewusstseins, sofern es beschreibbare Tatsachen betrifft, nur Relatives ausdrücken könnten. Die Ethik ist in diesem Sinne „übernatürlich"[9]. Sie kann nicht sinnvoll in Sprache überführt werden. Wittgenstein trifft hier implizit eine Unterscheidung zur Moral und ihren den Tatsachen zuzurechnenden Lehrsätzen und weist damit auch auf die Relativität der Verbindlichkeit moralischer Normen hin.

Es sei daran erinnert, dass im Gegensatz dazu in der sich von der antiken Philosophie herschreibenden Tradition einer Verbindung von Erkenntnis und Glückseligkeit im Leben – Voraussetzung eines gelingenden Lebens – die Verhaltensnorm (Moral) aus der persönlichen Einsicht in die Struktur der Wirklichkeit hervorgeht.[10] Wenn nun aber mit Wittgenstein die Struktur der Wirklichkeit (welche nach Wittgenstein die Sprache ist) keinen absoluten Wert sinnvoll artikulieren

[5] Vgl. ebd.,303.
[6] Wittgenstein 2003, 8.
[7] Ebd., 108.
[8] Vgl. z. B. Kroß 2013, 305.
[9] Wittgenstein 1989, 13.
[10] Vgl. Blumenberg 1973, 19.

lässt, so entbehrt auch die aus ihr hervorgehende Verhaltensnorm jeglicher allgemeiner Präskriptivität. Gleichwohl gibt es einen semiotischen Überschuss in der menschlichen Erfahrung, den Wittgenstein in seinem *Vortrag über Ethik* als einen Drang im Menschen beschreibt, als Versuch eines aussichtslosen „Anrennens gegen die Wände unseres Käfigs“[11], d.i. gegen die Grenzen der Sprache.[12] Nimmt man die Äußerungen aus dem *Tractatus* und diejenigen aus dem *Vortrag zur Ethik* zusammen, so lässt sich sagen: Wittgenstein zieht prinzipiell in Zweifel, dass die wesentlichen Probleme kognitiv durch logisch-philosophische Argumentation behandelt werden können. Stattdessen sollen sie ausschließlich durch sinnliche Wahrnehmung erfahrbar sein. Analog dazu findet sich bei Wittgenstein der folgende Gedanke: „Zum Staunen muß der Mensch – und vielleicht Völker – aufwachen. Die Wissenschaft ist ein Mittel, um ihn wieder einzuschläfern“[13]. In diesen Sätzen spricht sich deutlich Wittgensteins Wissenschaftsskeptizismus aus, der bereits im *Tractatus logico-philosophicus* anklang und dem das Staunen als Alternative entgegengehalten wird. Wittgenstein nimmt dadurch eine Umwertung vor, die sich letztlich gegen den Entwicklungsgang der Moderne hin zur Verwissenschaftlichung der Welt richtet.

2 Moderne Wissenschaft, Neugier und Exzess

Hans Blumenberg hat im dritten Band seiner *Legitimität der Neuzeit* mit dem Titel *Der Prozess der theoretischen Neugier* den zentralen Antrieb der modernen Wissenschaften in der positivierten Neugier gesehen: Sie werde zu „einer der Motivationen des wissenschaftlichen Prozesses“[14]. Neugier stehe am Beginn der Moderne und an der Schwelle zur naturwissenschaftlichen Überwindung des Staunens. Das kontemplative und in diesem Sinne passive Staunen weicht dabei der mit Aktivität verbundenen Neugier. Damit wird zwischen Staunen und Neugier eine historische Sukzession vertreten, die Wittgenstein nicht nur kritisch sah, sondern bestenfalls umkehren wollte. Denn Wittgensteins Umwertung verlagert das ‚Licht der Erkenntnis‘ auf die Seite des zum Staunen Aufwachenden, während das Neugier geleitete Wissen der Wissenschaft einschläfert.

[11] Wittgenstein 1989, 19.

[12] Vgl. ebd., 18.

[13] Wittgenstein 1984, 457. Hier heißt es z. B. auch: „Es ist z. B. nicht unsinnig, zu glauben, daß das wissenschaftliche und technische Zeitalter der Anfang vom Ende der Menschheit ist; daß die Idee vom großen Fortschritt eine Verblendung ist, wie auch von der endlichen Erkenntnis der Wahrheit; daß an der wissenschaftlichen Wahrheit und Erkenntnis nichts Gutes oder Wünschenswertes ist und daß die Menschheit, die nach ihr strebt, in eine Falle läuft. Es ist durchaus nicht klar, daß dies nicht so ist“ (ebd., 529).

[14] Blumenberg 1973, 7.

Als fragendes Welt- und Selbstverhältnis[15] ist die Neugier am Diesseits orientiert und steht damit m. E. in Konkurrenz zur Lehre des Christentums. Aus historischer Perspektive mussten sich die Naturwissenschaften gegen die tabusetzende christliche Tradition behaupten. Prototypisch für diese Tradition ist Augustinus' Verachtung und Verurteilung der Neugier als sinnenbezogene „Augenlust"[16]. Unter der Kapitelüberschrift „Eitle Wißbegier, Vorwitz, Neugier" schreibt er: „So wird denn, wie ich sagte, alle Lust an sinnlicher Wahrnehmung Augenlust genannt, weil auch die übrigen Sinne, wenn sie etwas erkunden, gewissermaßen das Amt des Sehens, bei dem die Augen den Vorrang haben, vertretungsweise ausüben."[17] Augustinus richtet sich in der Folge dezidiert gegen die „Wißbegier"[18] u. a. der Anatomie und der Naturwissenschaften. Das Christentum vollzieht dagegen eine „Verschiebung der möglichen Einheit von Wahrheitsbesitz und Glückseligkeit [der Antike] in einen jenseitigen Zustand"[19]. Wissenwollen wird so zur frevlerischen Betriebsamkeit des irdisch orientierten Menschen, zur Störung der ihm zugewiesenen Teleologie und Ökonomie, zum Vertrauensmissbrauch.[20] Neugier ist Sünde, bzw. ethisch gesprochen: Laster. Odo Marquard bezeichnet die Religion daher als „Neugierzügler" und „Denkhemmer".[21] Die moderne Wissenschaft habe die Neugier von religiösen Legitimationszwängen befreit, sie dem Lasterkatalog entbunden und zur wissenschaftlichen Antriebstugend erhoben. Sie rehabilitierte die Neugier gegen ihre christliche Ächtung. Marquard betrachtet die Neugierlizenz der modernen Wissenschaften als eine Errungenschaft des aus den theologischen Heilsüberforderungen zu flüchten gezwungenen Menschen.[22] Nobert Bolz nennt diesen Vorgang „verzweifelte Selbstermächtigung"[23] durch Technisierung. Marquard wiederum erklärt aus dieser Errungenschaft der Neugier die Entstehung der Mehr- oder Vieldeutigkeit der hermeneutischen Wissenschaften ebenso wie die wissenschaftliche Trennung von menschlich-experimenteller Erfahrung und göttlichem Verstand.[24]

Anders ausgedrückt: Vieldeutigkeit wird aus dieser Perspektive historisch zur Wohltat angesichts der Unfehlbarkeitspflichten bei der Lektüre des absoluten

---

[15] Vgl. Pohlmann 2008, 835 f.
[16] Augustinus 2004, 503.
[17] Ebd., 503–505.
[18] Ebd., 505.
[19] Blumenberg 1973, 25.
[20] Vgl. ebd.
[21] Marquard 1984, 20.
[22] Vgl. ebd., 18 f.
[23] Bolz 2008, 753.
[24] Vgl. Marquard 1984, 19.

Buchs: der Bibel, in deren Exegese zwar die Hermeneutik ihren Ursprung hat, die aber lange Zeit wesentlich durch dogmatische Auslegung geprägt war und den Naturwissenschaften erhebliche Grenzen setzte (vgl. z. B. das vorgenannte Augustinus-Zitat). Durch den Rückgang religiöser Macht werden die Naturwissenschaften häresieunfähig durch Entlastung vom Absoluten.[25] Theorie, die in der Antike im eingangs erwähnten Verständnis Bedingung der Eudaimonie war – und zwar unter der Voraussetzung einer individuellen Verfügbarkeit der Wahrheit in ihrer Totalität – wurde bei der Entstehung der methodisch gesicherten Wissenschaft zu Beginn der Neuzeit aktualisiert.[26] Allerdings ist mit Zunahme des Wissens ein Missverhältnis zwischen dem vorhandenen Wissen und der Vermittelbarkeit an den Einzelnen entstanden. Blumenberg schreibt dazu: „[W]ir wissen mehr über die Welt als irgendeine Zeit vorher, aber ‚wir' heißt in keinem Fall ‚ich'"[27]. Hinzu kommt, nach Blumenberg, die immer stärker zunehmende „Beschleunigung des Verfalls"[28] von Wissen, die zu einem stets provisorischen Umgang nötigt und jede Verwendung eines Wahrheitsbegriffs ironisiert. An dieser Stelle habe, so Blumenberg weiter, die Beschleunigung des theoretischen Prozesses gleichsam die Überfunktion der theoretischen Neugier überholt.

Die Rede ist also von einer Zeit rasanter Verdichtung, und dies führt u. a. dazu, dass die exzessive Tendenz der Neugier aus der Perspektive ihrer Gefahren (statt aus der ihres Nutzens) betont wird.[29] Exzesse sind Grenzüberschreitungen, die ein bestimmtes Urteil über eine Situation implizieren. Sie sind gerade nicht ‚bloße' Überschreitungen einer oder mehrerer Grenzen, nicht nur Maßlosigkeit, sondern Übermäßigkeit, Ausschweifung, Überreizung. Wenn Helga Nowotny also davon spricht, die Neugier sei „amoralisch"[30], so verweist sie damit gerade auf die Indifferenz, die neugierige Weltbezüge gegenüber ethischen Fragen aufweisen (können). Die weltverändernde Tendenz der Neugier unterwirft – insbesondere im technischen Handeln – bereitwillig alles ihren Zwecken.[31]

Ist heute verstärkt die Rede von der „entgrenzten Neugier"[32], so sei im Folgenden ein Element dieser Entgrenzung genauer betrachtet, das unter dem Stichwort ‚Informationsgesellschaft' gefasst wird. Dabei soll es auch um die Frage gehen, was die Handlungen und Werte im Informationszeitalter strukturiert.

---

[25] Vgl. ebd., 20.

[26] Vgl. Blumenberg 1973, 19.

[27] Ebd., 18.

[28] Ebd.

[29] Vgl. Koller/Schrödl/Schwantner 2009, 9.

[30] Nowotny 2008, 841.

[31] Vgl. Pohlmann 2008, 839.

[32] Müller 2008, 903.

3 Begehren im Informationszeitalter

Wenn es darum gehen soll, die Gegenwart und die ihr zugrundeliegenden Mechanismen zu verstehen, scheint ein Blick auf die ökonomischen Funktionsweisen der Informationsgesellschaft gewinnbringend. Und versteht man die Neugier, wie Helga Nowotny, als unersättlich[33] oder, wie Friedrich Pohlmann, als „vitalen Triebüberschuss, der sich selbst permanent befeuert"[34], so lässt sich in ihr *das* zentrale begehrensökonomische Element der Gegenwart erkennen. Georg Franck spricht von einer neuen Ökonomie des Informationszeitalters, an der die Neugier einen wesentlichen Anteil habe.[35] Er bezeichnet die neue Ökonomie mit dem Begriff der Aufmerksamkeitsökonomie. Aufmerksamkeit kann man auch, mit Alois Hahn als Technik der Selektion bezeichnen, eine ausschnitthafte Informationsverarbeitung, die zu einer „selektive[n] Investition von Aufmerksamkeit"[36] führt. Das, was Bewusstsein genannt wird, lässt sich dann als „selbstverursachte Selektion, eine aktive Zuwendung"[37] beschreiben.

Wie steht nun die Neugier in Beziehung zur Aufmerksamkeit? Hierzu schreibt Franck:

> Neugier und das Verlangen nach Zuwendung sind Geschwister: Sie sind die beiden freischwebenden Arten des Begehrens. Sie werden wie leibliche Bedürfnisse verspürt, haben sich aber vom physischen Anlaß des Begehrens emanzipiert. [...] Die Lust auf Neues und das Verlangen nach Zuwendung sind unermüdliche Antriebe zur Findigkeit. Gemeinsam ist ihnen der ausgesprochen erotische Einschlag [...].
>
> Neugier und das Verlangen nach der Rolle im anderen Bewußtsein sind die Arten der Begehrlichkeit, die das Bewußtsein von sich aus entwickelt. Ihre Zeit ist gekommen, wenn für die leiblichen Bedürfnisse gesorgt ist. Ganz folgerichtig sind sie es, die in nachindustriellen Gesellschaften die Führungsrolle übernehmen.[38]

Neugier als Element der Informationsgesellschaft kommt folglich eine systemstabilisierende Rolle zu, sie ist von einem „hohe[n] Wert an sich"[39]. Und daran hat, so zeigt Gernot Böhme in seiner Untersuchung *Ästhetischer Kapitalismus* in Anlehnung an die Kritische Theorie, die Ästhetik einen wesentlichen Anteil: Der sogenannte „fortgeschrittene[] Kapitalismus"[40], in dem wir, ihm zufolge, leben, sei im Vergleich zum Kapitalismus früherer Provenienz durch eine „Transformation von Bedürfnissen in Begehrnisse"[41] gekennzeichnet. Bedürfnisse werden dabei als

---

[33] Vgl. Nowotny 2005.
[34] Pohlmann 2008, 833.
[35] Vgl. Franck 1998.
[36] Hahn 2001, 25.
[37] Ebd.
[38] Franck 1998, 11 f.
[39] Schwantner 2009, 13.
[40] Böhme 2018, 14.
[41] Ebd., 17.

stillbar, Begehrnisse als prinzipiell unstillbar erachtet: „Begehrnisse sind letztlich nicht zu befriedigen, allenfalls zur Ruhe zu bringen, weil sie, wenn man ihnen entspricht, gerade gesteigert werden.“[42] Hatte demnach die Wirtschaft im Kapitalismus traditionell die Funktion, als Instrument zur Befriedigung der menschlichen Bedürfnisse im Sinne von Notwendigkeiten zu fungieren, so sei der fortgeschrittene Kapitalismus mit Blick auf die Ausstattung des Lebens, die Sicht- und Hörbarkeit im öffentlichen Raum, den Ruhm und die Mobilität auf Lebenssteigerung aus. Böhme benennt dies als einen „Surplus-Konsum“[43], der dem Prinzip der Verschwendung folgt. Indem also die Verschwendungswirtschaft nicht mehr als Distinktionsmittel und als Mittel zur Realisierung eines bestimmten gesellschaftlichen Status einzelner Privilegierter fungiert, sondern die gesamte Gesellschaft erreicht hat, wird die anthropologische Bedeutung dessen erkennbar, was Georges Bataille Anfang des 20. Jahrhunderts als die „Aufhebung der Ökonomie“[44] bezeichnet hat. Im Übrigen verstand Bataille diese ohnehin weniger als Gegenökonomie denn als *eine* Seite der allgemeinen Ökonomie.

In der Verschwendungswirtschaft aber werde, so Böhme weiter, ein Großteil der Produktion zu ästhetischer Produktion. Ein „quantitativ bedeutender Sektor der Gesamtwirtschaft [ist] auf die Produktion von Inszenierungswerten ausgerichtet“ und „ein wesentlicher Teil der Warenproduktion [besteht darin], die Ware mit Inszenierungswert zu versehen“[45]. Inszenierungswerte aber sind Werte, die man eigentlich nicht braucht, d. h. sie haben nichts mit Dienlichkeit oder Zweckmäßigkeit zu tun. Sie entstehen durch die Herstellung ästhetischer Werte, die allerdings keine qualitative Wertung im Sinne der Zweckdienlichkeit enthalten.[46] Von dieser Entwicklung ist das Kunstwerk, das längst zur Ware geworden ist, nicht ausgenommen. Vielmehr geht es dem Kunstwerk in der Gegenwart, so befindet auch Aleida Assmann, „weniger darum, das verborgene Geheimnis der alltäglichen Dinge zu enthüllen“, wie dies beispielsweise in der Kunstdefinition der Romantik vorgesehen war, „als zunächst einmal die eigene Sichtbarkeit zu garantieren.“[47]

Böhme hebt mit seinem Begriff des ästhetischen Kapitalismus die grundlegend exzessive Stoßrichtung der Überflussgesellschaft heraus. Mit Blick auf die Produktionsebene werden nichtqualitativ relevante Werte erzeugt, mit Blick auf die Konsumebene gilt es, die Konsumenten:innen in eine Begehrnisschleife hineinzuziehen, in der es (vermeintlich) nur Steigerung ohne Ausweg gibt. Es komme

---

[42] Ebd., 11.

[43] Ebd., 9.

[44] Bataille 1985.

[45] Böhme 2018, 27.

[46] Unter ästhetischen Werten versteht Böhme in Anlehnung an Theodor W. Adorno Inszenierungswerte, mit denen Waren im fortgeschrittenen Kapitalismus versehen werden, um ihren Tauschwert mittels Attraktivität, Ausstrahlung oder Atmosphäre über ihren Gebrauchswert hinaus zu erhöhen (vgl. ebd.).

[47] Assmann 2001, 16.

dabei zu einer Abkehr von der protestantischen Ethik, zu einer Überwindung asketischer Werte, zu einer Rehabilitierung der Begehrnisse und folglich zu einer veränderten Einstellung zum Lustprinzip.[48]

Kurz: Das Triebhafte steht im Dienst der herrschenden Ökonomie oder anders gesagt, die herrschende Ökonomie favorisiert den Exzess. Um nicht in den durch Neugier und Begehren bestimmten exzessiven Strudel der Surplus-Ökonomie zu geraten, schlägt Böhme ein altbekanntes Prinzip vor: die Selbstsorge durch Widerstand gegen die unstillbaren Begehrensmechanismen des Markts.

> Es bedarf [...] einer gewissen Zurückhaltung und Achtsamkeit in Bezug auf die Ausstattung des eigenen Lebens. [...] Ferner sollte man lernen, so wie die Vermeidung von Süchten, auch die Transformation von Bedürfnissen in Begehrnisse im eigenen Gefühlshaushalt nicht zuzulassen. Dieser Akt der Selbstsorge ist zwar der klassischen Askese verwandt. Doch bedeutet er keineswegs einfach Verzicht auf Konsum und Genuss, wohl aber die Disziplin, nicht in eine nach oben offene Steigerungsspirale hineinzugeraten, wie sie die Konsumwelt in der ästhetischen Ökonomie nahelegt.[49]

Maßhalten wird also auch von Böhme als Heilmittel gegen zum Exzess verleitende Strukturen propagiert.

Mit diesen Vorüberlegungen zur Differenz von Staunen und Neugier, von Wissenschaft und ihrem sinnlichen Überschuss, von Moral und Ethik sowie zu den ökonomischen und ästhetischen Mechanismen der Informationsgesellschaft sind die Grundlagen geschaffen, von denen aus eine Analyse von Lukas Bärfuss' Erzählung *Hagard* aus dem Jahr 2017 möglich wird. Denn *Hagard* hat die Frage nach dem Verhältnis von Archaik und Moderne, nach der (Un-)Vereinbarkeit von Maß und Exzess und nach dem Unterschied zwischen Trieb und zeitgenössischen Begehrnisstrukturen zum zentralen Thema. Im Folgenden soll gezeigt werden, dass diese Fragen in Bärfuss' Erzählung unmittelbar mit Neugier und Staunen in Verbindung gebracht werden.

4 Libidinöse und monetäre Aspekte in Lukas Bärfuss' *Hagard*

In der Erzählung *Hagard* von Lukas Bärfuss folgt der Protagonist Philip nach einem fehlgeschlagenen Business-Meeting einem Mädchen mit pflaumenblauen Ballerinas, lässt anstehende Meetings ausfallen, Anrufe und Nachrichten unbeantwortet. Philips selektive Aufmerksamkeit ist ganz auf das Mädchen konzentriert. Alle Meldungen, die ihn aus seinem bisherigen Leben per Telefon erreichen, sind für ihn unwillkommene Störungen seiner neuen Existenzweise – einer Existenzweise des mehr oder minder bereitwilligen Verlorengehens. Da Philip von seinem

---

[48] Vgl. Böhme 2018, 39.

[49] Ebd., 22.

einmal fixierten Objekt nicht ablassen kann, befindet er sich bald in einem Zustand von Vigilanz.

Hagard handelt somit zwar über weite Teile von einer Steigerungsspirale des Begehrens. Allerdings lässt sich das, was in Bärfuss' Erzählung vorfällt, im Vergleich zu den bisherigen Ausführungen zur Struktur der Ökonomie des Informationszeitalters nur als tragisches Widerfahrnis bezeichnen. Es handelt sich eigentlich um einen ‚klassischen' Durchbruch von Triebhaft-Unbewußtem, durch den der Protagonist aus der kapitalistischen Ordnung herausgedrängt wird, was gleichbedeutend damit ist, dass er der Gesellschaft verloren geht. Symbolisiert wird der Triebdurchbruch z. B. dadurch, dass Philip auf animalische Instinkte zurückgreift, indem er z. B. die Witterung des Mädchens mal aufnimmt, mal verliert, dann wieder aufnimmt, was sukzessive die visuelle Fixierung auf die pflaumenblauen Ballerinas ersetzt.[50] Nicht Surplus-Konsum, sondern gerade sein Gegenteil wird erzeugt: eine Absage an kapitalistische Strukturen durch ein der Geldwirtschaft gegenläufiges, d. h. unproduktives Begehren. Erzählt wird also auf den ersten Blick die klassische Geschichte einer Maßlosigkeit, die gerade nicht mehr an der Ausstattung des eigenen Lebens interessiert ist, sondern in welcher der archaische Trieb die Sorge um die eigene Sichtbarkeit auflöst.

Gleichwohl ist Philips Geschichte eingebettet in die Strukturen der modernen Ökonomie, sodass sie als Kontrasterfahrung vor dem Hintergrund der Surplus-Ökonomie erscheint; denn sie wird durch wiederholte Verweise auf die eigentlichen Mechanismen, Funktionsweisen und Pflichten innerhalb der gegenwärtigen Gesellschaft gespiegelt. Zunächst geschieht dies dadurch, dass Philip mit seinem gegenzivilisatorischen, im Folgenden auch als archaisch bezeichneten, Verhalten die eigene ökonomische Sicherheit sowie die seiner Angestellten gefährdet. Die Erträge langer Vorarbeiten einzustreichen, verliert für ihn angesichts der Faszination durch das Mädchen jegliche Bedeutung.[51]

Und je mehr Philip der Gesellschaft verloren geht, desto stärker treten Beschreibungen in den Vordergrund, die das konformistische Rollenverhalten der Mitmenschen (nicht selten auf ironisierende Weise) vorführen. So ist die Erzählung durchsetzt von Momentaufnahmen aus dem Alltagsleben von Passant:innen, insbesondere von deren Anpassungsverhalten und Hierarchieaushandlungssituationen, zu denen Philips selbstzerstörerisches Begehren quer steht.[52] Die beschriebene Gesellschaft schwankt dabei zwischen Zahlungsforderungen – erwähnt werden u. a. Lohnpfändungen, offene Rechnungen, Inkasso oder Konkurs[53] Zahlungsvorgängen – in diversen Situationen des Geldtransfers[54] – sowie

[50] Vgl. z. B. Bärfuss 2017, 25; 33; 63.

[51] Vgl. ebd., 29; 52 f.

[52] Vgl. z. B. ebd., 88 f.

[53] Vgl. ebd., 109 f.

[54] Vgl. z. B. ebd., 15; 39; 44; 69; 87 u. a. m.

Gelderwerb – z. B. durch Einkommen[55], Akquise[56] oder Kreditverträge[57]. Auf diese Weise gerät die Nebenerzählung zu einer panoptischen Schau auf die monetär durchstrukturierte Gesellschaft, ihre Deformierungen und Herrschaftsstrukturen sowie auf die Abhängigkeiten, in denen sich derjenige befindet, der (wie Philip) aktiv, d. h. durch wiederholte reflektierte Entscheidungen, versucht, diesem System verlorenzugehen. Geldwirtschaft bildet folglich von Beginn an einen großen, stets präsenten Themenschwerpunkt innerhalb der Erzählung. Dafür ist zudem bezeichnend, dass Philip der pflaumenblauen Ballerinas des Mädchens erstmals vor dem Eingang eines Warenhauses ansichtig wird. Der Raum vor dem Eingang kann dabei als die Schwelle gelesen werden, auf der sich Philip zu dieser Zeit befindet und die er im darauffolgenden Erzählmoment zugunsten der Außenseiterposition verlässt.

5 Existentielle Verstrickungen: Neugier in *Hagard*

Wie Philip sich über weite Strecken der Erzählung haltlos und zugleich bereitwillig der Faszination des Mädchens ergibt, so steht auch der Erzähler innerhalb der Geschichte zu seiner eigenen Figur und dem Versuch, deren Geschichte narrativ zu erfassen, in einem obsessiven Verhältnis. Von den Bildern der Geschichte wird er heimgesucht[58] und meint, dass seine Existenz an der Geschichte Philips hinge.[59] Dabei gilt, wie er in Anlehnung an Rousseaus *Bekenntnisse* angibt,[60] seine Obsession der Wahrhaftigkeit[61], nicht der Erfindung.

Zunächst erscheint die Erzählung als Fetisch-Geschichte. Als typische Merkmale können u. a. die Faszination durch die pflaumenblauen Ballerinas des Mädchens, die gedankliche Fixierung auf den von ihr aus einem Geschäft abgeholten Pelzmantel sowie die Verfolgung des Mädchens zu ihrer Wohnung und später weiter zu ihrer Arbeit gelten. Doch die Fetischobjekte treten im Laufe der Erzählung immer weiter in den Hintergrund und tauchen erst am Ende wieder auf, dann aber fehlt das Mädchen. Durch dieses Vorgehen wird der Fokus auf die Neugier gelegt, die Philips Verhalten antreibt und die sich in dem unaufhörlichen Fluss der Fragen äußert, die er sich über das Mädchen stellt, z. B.: „Wohin war sie unterwegs? Was

[55] Vgl. ebd., 125.
[56] Vgl. ebd., 92.
[57] Vgl. ebd., 24.
[58] Vgl. ebd., 7.
[59] Vgl. ebd., 8.
[60] Vgl. ebd., 9 f.
[61] Vgl. ebd., 12.

wollte sie mit dem Pelz? Jetzt, im Frühling? War sie ein Au-pair, aus dem Osten vielleicht?“[62]

Die Neugierstruktur bei Philip wird gespiegelt durch eine ebensolche beim Ich-Erzähler, der sich permanent Fragen zu Philips Beweggründen, seinen Gedanken und Verhaltensantrieben stellt, etwa: „Was wollte Philipp von dieser Frau? Kannte er sie, oder meinte er sie zu kennen? Erinnerte sie ihn an jemanden von früher? Falls er sie kannte: Mit welchen Absichten verfolgte er sie? Wollte er sie ansprechen? Zu welchem Zweck?“[63] Doch nicht immer sind die gestellten Fragen eindeutig der Erzählstimme zuzuordnen. An vielen Stellen ist nicht klar erkennbar, welche der beiden Instanzen fragend spricht.

Einmal wird innerhalb der Erzählung die Neugier auch selbst thematisiert, als nämlich der Erzähler seinen narrativen Versuch vorübergehend als gescheitert erklärt und stattdessen eine Reise nach Venedig antritt, wo er sich unversehens in der Architektur-Biennale wiederfindet. Über sie fällt das Urteil des Erzählers vernichtend aus:

> [Ü]ber allem lag Wehmut und die Frage, warum es der heutigen Generation an dieser Kraft, diesem Geist fehlte, am Willen voranzuschreiten, neue Formen zu entdecken. Die Neugier war verflogen, das venezianische Lebensgefühl, die Morbidität, schien sich auf die gesamte europäische Befindlichkeit ausgebreitet zu haben [...].[64]

An dieser Stelle wird Neugier als positive Kraft vorgestellt, wobei behauptet wird, dass diese gerade der gegenwärtigen Kunst verloren gegangen sei. Die erwähnte Morbidität kann dabei als kunstproduktionsbezogenes Äquivalent zur rezeptionsbezogenen „Apathie“[65] verstanden werden, welche Bärfuss in seinem Essay „Stil und Moral“ als unethischen Aspekt des Lesevorgangs versteht: Im Lesen komme es nämlich zu einer „Absonderung von den Bedürfnissen [der] Umwelt“[66] und zu einer Abwesenheit von engagierter Intervention.

Hagard erweist sich vor diesem Hintergrund als Versuch, die Neugier als Strukturelement in die Kunst (wieder) aufzunehmen, was sich in den sie durchziehenden, unbeantwortet bleibenden Fragen äußert. Auf diese Weise kommt es zu einem Fragen um des Fragens willen: Philip stellt sich Fragen über das Mädchen, der Erzähler stellt sich Fragen über Philip. Dieses Fragen um seiner selbst willen aber entspricht jener eingangs erwähnten Grundbedingung des modernen Menschen in seiner Befangenheit zwischen Wissenwollen und ökonomischem Aufmerksamkeitsbegehren, das bis zu einem gewissen Grad durchaus einer Steigerungsspirale unterliegt. Letztlich geht es in *Hagard* jedoch um Unwissen und die Unmöglichkeit seiner Beseitigung.

---

[62] Ebd., 45.
[63] Ebd., 29.
[64] Ebd., 52.
[65] Bärfuss 2018, 226.
[66] Ebd., 227.

Nur einmal, in der mystisch-prophetischen Schlusssequenz der Erzählung, kommt es zu einer Antwort. Der Ich-Erzähler spricht hier wie folgt:

> Was sehe ich? Nichts, das Zimmer ist leer. Kein Bett, weder Tisch noch Stuhl, kein Lebenszeichen. Der letzte Ort vor dem Nirgendwo. Von draußen dringt der Schimmer der Vorstadt herein. In einem Türrahmen hängt der Schatten eines Pelzes. Alles liegt bereit. Auch die Schuhe sind da. Der Mantel ist weich, er wärmt, man will ihn anziehen und nach draußen, in die Kälte, in die Nacht, auf den Balkon. Jetzt ist es still. Der schwarze Himmel, blinkende Positionslichter, dieses Bild sehe ich, aber was da leuchtet, sind keine Sterne. Es sind kalte ferne Augen, die mich betrachten und auf eine Antwort warten. Hier ist sie. Hier ist meine Nachricht. Eine Nachricht an das Universum. Ich sterbe, aber ich verschwinde nicht. Dies ist das Ende, und hier will ich beginnen.[67]

Mit diesem narrativen Ende wird kein Abschluss gefunden, sondern das Erfassen von Wirklichkeit durch Narration in das Prinzip eines zirkulären Erzählens überführt, wie dies bereits das Parmenides-Motto vor Beginn der Erzählung nahelegte: „Es ist für mich das Gleiche, von wo ich anfange; denn dahin kehre ich wieder."[68] Diese zirkuläre Struktur aber speist sich sowohl aus dem Fehlen eines geschlossenen hermeneutischen Zugriffs auf die Disparatheit einer (/dieser) Geschichte, als auch aus der dadurch stets weiter erwachsenden, sodann unstillbaren Neugier.

6 Abgebrochene Erzählmodelle

Wie die Fetisch-Geschichte letztlich nicht konsequent weitergeführt wird, so erweisen sich in *Hagard* auch andere mögliche Erzählmuster als ungeeignet zur Erfassung von Philips Geschichte. Die sexuelle Obsession, die sich dem Erzähler zufolge an die Ballerinas des Mädchens bindet, wird nie ausagiert. Zunächst angedeutete Perversionen und Obszönitäten verlieren sich nahezu unbemerkt im Laufe der Erzählung. Trotz mehrfacher Ankündigungen geschieht keinerlei Handlung, bei der die beiden Personen in einen persönlichen Kontakt träten: Weder wird Philips Verfolgung durch das Mädchen entdeckt, noch gibt sich Philip zu irgendeinem Zeitpunkt als Verfolger/Verehrer zu erkennen. Und so bleibt auch die angedeutete Liebesgeschichte aus, auch wenn der Erzähler mit Andeutungen in diese Richtung nicht spart. So heißt es beispielsweise: „Keine Geschichte, schon gar keine Liebesgeschichte, kommt ohne Übertretung aus. Keine Eroberung ist erfolgreich ohne die Anmaßung"[69].

Besonders deutlich wird das Prinzip des Erzählmodellabbruchs schließlich, als das Ende der Akkuladung von Philips Telefon völlig unvermittelt bewirkt, dass er nach der langen Verfolgung und zahlreichen Entbehrungen und nachdem

---

[67] Bärfuss 2017, 173.

[68] Ebd., 5.

[69] Ebd., 26.

der Ich-Erzähler mehrfach versichert hat, wie wehrlos Philip in sein Begehren verstrickt und dem Mädchen willenlos ergeben sei, buchstäblich augenblicklich das Mädchen Mädchen sein lässt und versucht, in sein altes Leben zurückzufinden.[70] Nebenbei sei erwähnt, dass der Effekt, den die Entleerung des Akkus an dieser Stelle zeitigt, darauf verweist, dass bei Philipp der Angst vor dem Abgeschnittensein von der Welt durch Unerreichbarkeit eine größere Bedeutung zukommt als der Befriedigung der leiblichen Bedürfnisse. Und damit ließe sich auch das abrupte Ende seiner Neugier auf das Mädchen erklären, wenn – wie Georg Franck erwähnt – davon ausgegangen wird, dass Neugier erst einsetzt, wenn für die leiblichen Bedürfnisse gesorgt sei. Dadurch aber gibt sich Philips Geschichte als eine zeitgenössische, den Mechanismen der Informationsgesellschaft und den Begehrnisstrukturen der Aufmerksamkeit verpflichtete zu erkennen. Das Ende der Akkuladung wird außerdem als aktiver Entzug der Welt (nicht etwa von der Welt) bezeichnet[71]. Damit wird deutlich, dass erst an dieser Stelle Ohnmacht im Sinne des Verlusts von Handlungsmacht einsetzt. Zuvor war Philip demnach trotz seines Ausgeliefertseins an sein Begehren noch immer in der Position des mehr oder minder willentlich Entscheidenden. In jedem Fall endet an dieser Stelle der Erzählentwurf eines klassischen Triebdurchbruchs, wobei bereits die nächste narrative Wendung Rätsel aufwirft, bei der Philips versuchte Rückkehr in sein altes Leben durch eine willkürliche Verkettung äußerer Umstände verhindert wird.

Der Erzähler begründet dieses Vorgehen der Abbrüche indirekt bereits früh, wenn er bekennt, seine eigene Obsession sei Wahrhaftigkeit, die der Erfindung einer Narration entgegenstehe.[72] Einer willentlichen Stilisierung der Geschichte Philips in Richtung eines Genres oder eines bestimmten Erzählmodells wird dadurch eine Absage erteilt. Effekt dieses Vorgehens ist, dass der Fokus der Erzählung auf die Spannungserzeugung selbst fällt. Denn die Erwartungen der Leserschaft werden durch immer neue dramatische Vorausdeutungen[73] wach gehalten, die sich zwar letztlich nicht erfüllen, die Geschichte aber mittels Aufmerksamkeitserzeugung weiter tragen. Es handelt sich hierbei um eine der spannungserzeugenden Erzähltechniken, die Bärfuss in seinem Essay „Storytelling" als aufmerksamkeitsbindende Methode erwähnt. Hier geht er ein auf „Techniken, um den Leser an den Haken zu bekommen" und bemerkt weiter: „Ankündigungen etwa sind sehr wirksam, oder wenn man die Erwartungen des Lesers bricht."[74]

[70] Vgl. ebd., 137–139. Bereits zu Beginn der Erzählung wurde das „kluge" Telefon (ebd., 21) als „Freund" (ebd., 20) und das Netzteil als Werkzeug der Epoche bezeichnet, von dem eine fundamentale Abhängigkeit bestehe (vgl. ebd.). Auf diese Weise bestimmt die Netzladung des Telefons den temporalen Gang des Erzählens.

[71] Vgl. ebd., 137.

[72] Vgl. ebd., 12.

[73] Vgl. z. B. ebd., 12.

[74] Bärfuss 2020, 9. Der Artikel ist zuvor am 19.01.2019 im digitalen Magazin „Republik" unter dem Titel „Hört auf mit euren Geschichten" erschienen und dort online abrufbar (1.7.2023).

Schicksal betonende und Katastrophen heraufbeschwörende Wendungen kommen in *Hagard* ebenso zum Einsatz wie vermeintliche Neigungen zu Extremen.[75] Zugleich wird im Erzählverlauf den Genres der Schicksals- oder der Katastrophenerzählung eine Absage erteilt. Philips Geschichte erweist sich als unbegreiflich, weil keines der genannten Modelle eine adäquate Wiedergabe des Geschehens ermöglicht. Und so stellt die Erzählung die grundlegendere Frage nach der strukturellen Mach- und Bauart von Narrationen, von denen wir gewohnt sind, dass sie einen mehr oder minder kohärenten Zusammenhang einer Geschichte präsentieren. In seinem Essay „Storytelling" bringt Bärfüss dies direkt mit Wittgenstein in Verbindung, wenn er schreibt:

> Die Welt, die uns begegnet, ist die Gesamtheit der Tatsachen, wie es beim Philosophen Ludwig Wittgenstein heißt. Auf welche Weise diese Tatsachen verbunden sind, erklären sie nicht aus sich selbst heraus. Um zu verstehen, wie das eine mit dem anderen zusammenhängt, brauchen wir eine Geschichte, die darlegt, was Ursache und was Wirkung ist.[76]

Eben dieser Darstellung eines kausalen Zusammenhangs entzieht sich die Erzählung *Hagard.* Durch ein solches Verfahren wird auch die emotive und affektive Überzeugungsmacht, die kohärenten Geschichten eignet und die Bärfuss mitunter als gefährlich begreift, gezielt unterminiert: „Eine Geschichte, die in der Welt ist, wird selbst zur Tatsache. Das ist das Gefährliche an ihr."[77] Bärfuss betont weiter, dass eine packende Geschichte den Leser:innen „im Grunde keine Wahl, keine Freiheit"[78] lässt.

Die Überzeugungsmacht von Geschichten ist, wie z. B. Marcus Düwell gezeigt hat, unmittelbar mit der Genussperspektive verbunden, die durch rezeptionsbezogene Nähe zum Erzählten und Identifikation entsteht. Sie kann ein starkes amoralisches Potential in sich bergen.[79] Denn ästhetische Erfahrung, die sich z. B. aus der Lektüre eines literarischen Textes ergibt, weist tendenziell die Neigung auf, durch ihre Anschaulichkeit und Unmittelbarkeit das kritische Bewusstsein bei den Rezipierenden zu umgehen.[80] Ähnlich bemerkt auch Bärfuss: „Natürlich ist es wichtig, Geschichten kritisch zu hinterfragen – aber das ist äußerst schwierig, um nicht zu sagen unmöglich. [...] Geschichten sind mächtiger als unser kritisches Bewusstsein."[81]

Eine Erzählung, die sich dieser Überzeugungsmacht zu entziehen sucht, fokussiert stärker die lebensweltliche Kontingenz von Ereignissen und verzichtet – wie im Falle *Hagards* – auf Affizierung. Inkohärenz des Erzählens ist eine von vielen

---

[75] Vgl. z. B. Bärfuss 2017, 12; 15–19; 25.
[76] Bärfuss 2020, 7.
[77] Ebd., 14.
[78] Ebd., 12.
[79] Vgl. Düwell 2000, 18–25.
[80] Vgl. ebd., 12.
[81] Bärfuss 2020, 8 f.

Möglichkeiten zur narrativen Repräsentation von Kontingenz und kann bei den Leser:innen ethisch wirksam werden, indem es die Komplexität der Welt ins Bewusstsein ruft, eindimensional wertendes Denken verhindert und Raum für eine kritische Reflexion der Geschichte schafft. Bärfuss' Erzählkonstruktion und -weise in *Hagard* lässt sich vor diesem Hintergrund als ethisches Wirkungsziel dieser Narration begreifen, da es die korrumpierende Macht von Geschichten bewusst zu machen und zumindest für diese eine Erzählung auszuschalten trachtet.

7 Ethische Aspekte in *Hagard*

Literatur kann moralische Ansichten thematisieren, durch Argumentation erörtern, durch Brechung perspektivieren, durch den Einzelfall infrage stellen, ethische Lebensentwürfe verhandeln vor allem aber Problemfälle ästhetisch erfahrbar machen. Auch in *Hagard* werden ethische Lebensentwürfe, nämlich der des Erzählers und der seines Protagonisten Philip, kontrastierend gegenübergestellt. Dabei handelt es sich um Maß und Exzess:

> Ich dachte nach der Stoa oder nach den fernöstlichen Geisteslehren, was auf dasselbe herauskam. Bekämpfe deine Leidenschaften! Unterdrücke die Triebe! Sie machen dich unglücklich! Ich kontrollierte meine Gedanken, ertüchtigte den Körper, hielt den Haushalt in Ordnung, den Genuss in Grenzen […, ich] führte alles in allem ein Leben in Bescheidenheit und Mäßigung. Obwohl ich mir jede Ausschweifung hätte leisten können. Aber gerade weil ich die Mittel besaß, dazu eine anständige Bildung, ein vernünftiges Einkommen, gerade deshalb nahm ich mir die Freiheit, meine Passionen im Zaum zu halten. […] Einen Sud aus Epiktet und Gautama trank ich täglich, mahnte mich, dass jede Begierde ein Trugbild war und in Abhängigkeit und ins Unglück führte. Wenn einer, wie dieser Philip, seine Energie verschwendete, betrachtete ich ihn mit Unverständnis und Mitleid.[82]

Hier zeigt sich, dass sich der Erzähler in einem entfremdeten Verhältnis zu seinem Protagonisten befindet und daher keinen schlüssigen Zugang zu dessen Archaik findet. Die hier beschriebene selbstsorgende Lebensweise des Ich-Erzählers entspricht einer gesellschaftlichen Zähmung, die letztlich dem Prinzip der Neugier, dem der Erzähler an anderen Stellen, wie gezeigt, durchaus frönt, widerspricht. Bescheidenheit und Mäßigung führen in keine der beiden Gefahrenrichtungen: weder in die Regression in Triebverfallenheit noch in eine dem Prinzip der Surplus-Ökonomie folgende Lebensweise. Zugleich aber bemerkt der Erzähler an anderer Stelle auch die grundlegende Problematik, die mit dem Prinzip des Maßhaltens verbunden ist: „Wer etwas von der Welt erfahren will, einen Zugang zu den verborgenen Geheimnissen gewinnen, der muss durch die Tür gehen, unaufgefordert, er kann nicht warten, bis er die Erlaubnis erhält."[83] Maßhalten weist also

---

[82] Bärfuss 2017, 124 f.

[83] Ebd., 26.

einen nicht unerheblichen Bezug zu dem von Bärfuss als unmoralisch verschmähten Stillstand der Morbidität/Apathie auf, während die Grenzüberschreitung (oder auch die Neugier) erst einen erfahrenden und erkennenden Weltbezug ermöglicht. Hierin liegt das ethische Spannungsfeld, das *Hagard* grundiert und das sich auch in den sprachlichen Möglichkeiten innerhalb der Erzählung widerspiegelt: Während nämlich das Maßhalten des Erzählers als kalkulierbare, sprachlich zu erfassende Maßgabe erscheint, erweist sich Philips Exzess als unartikulierbarer Überschuss.

Beide ethischen Modelle stehen in der Erzählung bis zuletzt unverbunden nebeneinander, d. h. die artikulierte Alterität zwischen Ich-Erzähler und Protagonist wird bis zum Ende nicht aufgelöst. Sie bleiben relational und sinken somit, mit Wittgenstein gelesen, auf die Ebene moralischer Lehrsätze herab.

8 Bärfuss und Wittgenstein

Die Wittgenstein-Lektüre hatte und hat auf das Denken und Schreiben von Lukas Bärfuss einen bedeutenden Einfluss. Von ihm habe er sich, „das Rüstzeug der Präzision und der Fragen“[84] geholt, unter denen z. B. die folgenden rangieren: „Wie unterteilt man die Welt in Geschichten? Wie viele gibt es, wo ist ein Anfang?“[85] Die Frage nach dem Anfang von Geschichten beschäftigt auch den Erzähler in *Hagard*:

> Niemand kann bestimmen, mit welchem Ereignis eine Geschichte beginnt. [...] [I]n der Wirklichkeit gibt es seit dem ersten Anfang keine Anfänge mehr. Und vorläufig auch kein Ende, falls das ein Trost sein soll. Das Eine fließt ins Andere, doch wie das Ende der einen Geschichte mit dem Anfang der anderen zusammenhängt, bleibt dem menschlichen Geist unzugänglich.[86]

Auch die bereits erwähnte Struktur der Abbrüche narrativer Muster sowie das zirkuläre Erzählen in *Hagard* sind ästhetischer Ausdruck jener an Wittgenstein geschärften Fragen.

Ebenfalls unter explizitem Verweis auf Wittgenstein argumentiert Bärfuss in der bereits zitierten Stelle aus seinem Essay „Storytelling“, dass die „Welt, die uns begegnet, [...] die Gesamtheit der Tatsachen“[87] sei, wohingegen Geschichten nur im Kopf existierten und durch eine willkürliche Auswahl realer Tatsachen und deren imaginärer Verknüpfung entstünden. Dabei sei es „nicht die äußere Struktur,

[84] Surber 2012.

[85] Zit. nach ebd.

[86] Bärfuss 2017, 11.

[87] Bärfuss 2020, 7 f.

die Geschichten erfolgreich macht, sondern das behauptete, aber ungeklärte Verhältnis zwischen den Tatsachen. Das ist es, was uns gefangen nimmt.“[88]

Eines der Kernthemen von *Hagard* besteht gerade in dem ungeklärten Verhältnis zwischen den Tatsachen: Die Erzählung beginnt mit dem Vorhaben des Erzählers, das Geheimnis von Philips Geschichte durch narrativen Nachvollzug lüften zu wollen. Was dem Erzähler hierfür zur Verfügung steht, ist eine Fülle von Tatsachen, die aber, so bemerkt der Erzähler, zur Lüftung des Geheimnisses von Philips Geschichte nichts beitragen, denn „[d]ie Umstände […], die Bedingungen, die jene Ereignisse ermöglicht haben, bleiben verborgen.“[89] Dies zeigt sich auch daran, dass – im Gegensatz zur Unfasslichkeit von Philips Begehren – die Erzählung der Nebenschauplätze, bei denen es sich um Konkreta der Wirklichkeit handelt, keinen vergleichbaren narrativen Brüchen und Schwierigkeiten unterliegt.

Der Ich-Erzähler befindet sich folglich von Beginn an in einem problematischen Verstehensverhältnis zur Geschichte seines Protagonisten. Und der Erzähler gibt an, dass sein nun erfolgender Erzählvorgang der letzte Versuch sein wird, die Geschichte seines Protagonisten sprachlich-narrativ zu fassen:

> Seit viel zu langer Zeit versuche ich, Philips Geschichte zu verstehen. Ich will das Geheimnis lüften, das in ihr verborgen ist. Ein ums andere Mal bin ich gescheitert und konnte das Rätsel jener Bilder nicht entschlüsseln, die mich heimsuchten, Bilder der Grausamkeit und der Komik, wie in jeder Erzählung, in der das Begehren auf den Tod trifft.[90]

Alles also, was sich – mit Wittgenstein – aussprechen lässt, liegt klar vor dem Erzähler, sein Erzählproblem aber, so ließe sich – ebenfalls in Anlehnung an Wittgenstein – sagen, liegt jenseits der Tatsachen. Und der Entdeckung dieses Numinosen gilt die gesamte Anstrengung der Narration.

Dem Erzählproblem des Erzählers aber entspricht in Philips Geschichte das Geheimnis, welches das Mädchen umgibt und das durch Philips Aufmerksamkeit und sein Begehren aufrechterhalten wird. Entscheidend ist nun, dass Philip an einer Stelle der Erzählung die Möglichkeit hat, das Geheimnis, das ihn an das Mädchen fesselt, zu lüften, indem er sie direkt ansieht (bis dato hat er sie nur von hinten oder durch Fokussierung auf Details wie ihre Ballerinas im Visier gehabt). Und hier nun fordert der Erzähler seinen Protagonisten vehement auf:

> Darum geht es doch. Sieh sie an, um Gottes willen. Was ist auch dabei? Aber du kannst nicht. Du hast Angst. Angst vor ihrem Blick. Dass sie es nicht wert war. Die letzte Nacht. Die Verfolgung. Solange sie ein Geheimnis bleibt, so lange kannst du glauben. Wenn du

---

[88] Ebd., 11.

[89] Bärfuss 2017, 7. Offen bleibt für den Erzähler wie für die Leser:innen, was genau die Ursache von Philips Faszination ist. Die Geschichte enthält nicht einmal den Ansatz des Versuchs einer lebensgeschichtlichen Auflösung. Offen bleibt auch, was genau Philip in dem Mädchen sucht, wonach genau er sich sehnt oder welches Ziel er mit seinem exzessiven Begehren verfolgt.

[90] Ebd.

> ihr Gesicht siehst, wirst du alles wissen und nichts mehr erfahren. Du wirst ihr Gesicht entschlüsseln. Du wirst deuten. Und wenn du deutest, dann siehst du nicht mehr. Du wirst wissen, was sie denkt. Wie sie die Welt anschaut. Du wirst verstehen, aber du wirst nicht mehr sehen. In allen Dingen muss ein Geheimnis bleiben, das uns zum Sehen bringt. Was wir verstanden haben, ist verloren.[91]

Der letzte Satz kann als der zentrale programmatische Satz der Erzählung verstanden werden: Das Geheimnis kann durch Anschauung und Prüfung in Wissen überführt werden, aber damit hat man nicht das Geheimnis, sondern man hat es zerstört. Philip widersteht somit an entscheidender Stelle der Neugier und entscheidet sich für das Nicht-Wissen. Und damit steht der anfänglichen Idee des Erzählers, schreibend ein Rätsel lösen, ein Geheimnis lüften zu können, die Wahrung eines Geheimnisses gegenüber, das seinerseits erst durch Narration erzeugt wurde.

9 Fazit

Die Analyse von *Hagard* hat offengelegt, dass Bärfuss in dieser Erzählung zeitgenössische Neugierstrukturen und ökonomische Grundbedingungen der modernen Existenz mit archaischen Formen des Begehrens verflicht. Gezeigt konnte auch werden, wie stark *Hagard* sich an Bärfuss' Wittgenstein-Lektüre orientiert. Dies soll abschließend unter Rückgriff auf Wittgensteins eingangs ausgeführten philosophischen Grundgedanken zur Ethik durch einen weiteren Aspekt ergänzt werden: Leitend hierfür ist die Annahme, dass die ästhetische Auseinandersetzung mit Wittgenstein in *Hagard* unter Bezugnahme auf die Differenz zwischen und Koexistenz von Neugier und Staunen erfolgt.

Das Entscheidende an der Geschichte von Philip und dem Ich-Erzähler scheint darin zu liegen, dass die beiden vorgestellten Lebensweisen – Maß und Exzess – sich nicht in einen Sinn auflösen lassen. So besehen ist der Erzähler in seinem Versuch, Philips Geheimnis zu lüften, erneut gescheitert. Am Ende der Erzählung ist dasselbe Problem weiterhin gültig, das der Erzähler zu Beginn wie folgt ausformuliert hat:

> Ich weiß alles und ich begreife nichts. [...] Die Umstände [...], die Bedingungen, die jene Ereignisse ermöglicht haben, bleiben verborgen. Und je gründlicher ich die Einzelheiten kläre, umso schemenhafter wird die Welt, in der sich die Geschichte ereignete. Man könnte meinen, es ginge mir wie jenem, den die Redensart beschreibt; doch der Wald, darauf bestehe ich, ist eine reine Behauptung, ein abstraktes System, das in der Wirklichkeit nicht zu finden ist.[92]

Der Wald lässt sich hier als Abstraktum lesen – mit Blick auf die einführenden Überlegungen zu Wittgenstein ließe sich auch vom Absolutum sprechen. Dieser

[91] Ebd., 105.

[92] Ebd., 17.

sei nun, so der Erzähler in *Hagard*, in der Wirklichkeit nicht zu finden. Die Einzelheiten – die sprichwörtlichen Bäume, nach Wittgenstein wären dies die Tatsachen – entfernen den Erzähler von der Welt, anstatt ihn ihr anzunähern. Und am Ende der Erzählung bleibt ‚nur' ein Aufwachen zum Neuanfang, nämlich zum zirkulären Erzählen, das letztlich das Geheimnis umkreist, statt es zu lüften. Und dieses Umkreisen lässt sich als Entsprechung zu jenem aussichtslosen Anrennen gegen den inneren Käfig verstehen, das Wittgenstein in seinem *Vortrag über Ethik* als Kennzeichen des semiotischen Überschusses in unserer sprachlich nicht vollständig zu erfassenden Existenz begreift. Dieses Anrennen selbst wiederum versteht Wittgenstein als Ethik.[93] Für ihn ist der Aphorismus die Form, in der sich dieses Anrennen zu Sprache verdichten lässt,[94] während Bärfuss es in der inkonsistenten Narration realisiert sieht.

Literatur erweist sich bei Bärfuss folglich als Ort, an dem Alogisches seinen Platz findet – mit Wittgenstein ließe sich vom reflexiv nicht einholbaren Arationalen sprechen – und sinnliche Wahrnehmung durch Sprache ermöglicht wird. Ethisches kann zur Sache der Ästhetik werden, weil sich im ästhetisch Geformten Sprache zu gesteigerter sinnlicher Wahrnehmung verdichtet. Der so entstehende Ausdruck ist dann mehr als die Summe seines semantischen Aussagewerts. Literatur kann folglich die Semantik ihres Materials – der Sprache – transzendieren oder in Anlehnung an Wittgenstein: In Literatur kann die Sprache ihre Möglichkeiten zur Transzendierung ihrer selbst offenbaren. Dadurch können schematisierte Einstellungen und Perspektiven auf die Lebenswelt verunsichert werden. Die Erfahrung hat dabei Vorrang vor dem wissenschaftlich-philosophischen Argument. Philosophische Gedankenexperimente werden zu ästhetischen Sprachexperimenten oder zu einer Flut unbeantworteter Fragen und ungelöster Probleme, die in Wittgensteins Spätwerk ebenso vorzufinden sind wie in Bärfuss' Erzählung.

In einem Brief an Ludwig von Ficker von 1919 schreibt Wittgenstein zu seinem *Tractatus*, dass dieser aus zwei Teilen bestünde,

> aus dem, was hier vorliegt, und aus alledem, was ich *nicht* geschrieben habe. Und gerade dieser zweite Teil ist der Wichtige. Es wird nämlich das Ethische durch mein Buch gleichsam von Innen her begrenzt; und ich bin überzeugt, daß es, *streng*, NUR so zu begrenzen ist. Kurz, ich glaube: Alles das, was *viele* heute *schwafeln*, habe ich in meinem Buch festgelegt, indem ich darüber schweige [...].[95]

Wittgenstein schweigt demzufolge über das am beharrlichsten, was am wichtigsten ist, wobei das Ethische als Abstraktum, über das er schweigt, als eine Haltung zur Welt verstanden sein will.[96] Was anderes aber bedeutet ein gewahrtes Geheimnis wie in Bärfuss' Erzählung *Hagard*? Auch darin liegt eine Haltung zur Welt,

---

[93] Vgl. Waismann 1967, 68–69.

[94] Vgl. Gabriel 2021, 494.

[95] Zit. nach ebd., 493.

[96] Vgl. ebd.

der zufolge sich die Wirklichkeit zwar als durch Neugier ausforschbar, aber nicht restlos erkennbar erweist. Im Schweigen über das Wesentliche liegt also die Gemeinsamkeit zwischen Wittgensteins Ansichten zur Ethik und Bärfuss' Erzählung *Hagard.* Dichtung wird zur Repräsentation der semantischen Unbezwingbarkeit der Lebenswelt. Bärfuss' Erzählung schweigt aber nicht einfach, sonst gäbe es sie schlichtweg nicht. Vielmehr bringt sie das Schweigen-Müssen angesichts der wesentlichen Dinge als ontologischen Weltbezug zur Erfahrung. Und damit umkreist auch sie das Prinzip des Ethischen im Sinne Wittgensteins.

Der Titel *Hagard* bedeutet dem französischen Adjektiv zufolge ‚wild' und ‚unzähmbar'. Und alles, worüber geschwiegen werden muss, bleibt in der Tat aus rationaler Perspektive unzähmbar. Letztlich aber ist es das dauerhaft Unzähmbare, was uns staunen macht. Durch die Wahrung des Geheimnisses wird somit in *Hagard* die Neugier in Staunen überführt.

Aleida Assmann schreibt: „Wenn für die Philosophie gilt, daß sie mit dem Staunen anfängt und zur Erkenntnis fortschreitet, so kann man sagen, daß die Kunst einen anderen Weg nimmt, der zum Staunen hinführt."[97] Eine Philosophie, die zum Staunen hinführte, läge demnach in einer „am Künstler orientierte[n] Sprachpraxis [...] eines auf das sich-Zeigende zielenden Philosophierens"[98]. Oder mit Wittgenstein gesprochen: „Philosophie dürfte man eigentlich nur dichten"[99].

Literatur

Assmann, Aleida: Einleitung. In: Aleida Assmann/Jan Assmann (Hrsg.): *Aufmerksamkeiten. Archäologie der literarischen Kommunikation VII.* München 2001, S. 11–23.

Augustinus, Aurelius: *Bekenntnisse.* Übers. v. Wilhelm Thimme. Düsseldorf/Zürich 2004.

Bärfuss, Lukas: *Hagard.* Göttingen 2017.

Bärfuss, Lukas: *Stil und Moral. Essays.* München 2018.

Bärfuss, Lukas: Hört auf mit euren Geschichten! Die Welt besteht aus Tatsachen, nicht aus Geschichten. Aber Geschichten haben Macht – fatale Macht. In: *Republik* (19.1.2019), https://www.republik.ch/2019/01/19/hoert-auf-mit-euren-geschichten (16.4.2022).

Bärfuss, Lukas: *Die Krone der Schöpfung. Essays.* Göttingen 2020.

Bataille, Georges: *Die Aufhebung der Ökonomie.* Übers. v. Traugott König/Heinz Abosch/Gerd Bergfleth. Berlin 1985.

Blumenberg, Hans: *Legitimität der Neuzeit.* Bd. 3: *Der Prozess der theoretischen Neugierde.* Frankfurt a.M. 1973.

Böhme, Gernot: *Ästhetischer Kapitalismus.* Berlin ^{3}2018.

Bolz, Nobert: Der Prothesengott. Über die Legitimität der Innovation. In: *Merkur. Deutsche Zeitschrift für europäisches Denken* 62/9,10 (2008), S. 753–761.

Düwell, Marcus: Ästhetische Erfahrung und Moral. In: Dietmar Mieth (Hrsg.): *Erzählen und Moral. Narrativität im Spannungsfeld von Ethik und Ästhetik.* Tübingen 2000, S. 11–35.

[97] Assmann 2001, 15.

[98] Göppelsröder 2008, 74.

[99] Wittgenstein 1984, 483.

Franck, Georg: *Ökonomie der Aufmerksamkeit. Ein Entwurf.* München 1998.
Gabriel, Gottfried: Wittgenstein: *Tractatus*. In: Andrea Allerkamp/Sarah Schmidt (Hrsg.): *Handbuch Literatur und Philosophie*. Berlin/Boston 2021, S. 492–496.
Göppelsröder, Fabien: Der Rest ist Schweigen – Wittgensteins Philosophie als Sprechverweigerung. In: Emmanuel Alloa/Alice Lagaay (Hrsg.): *Nicht(s) sagen. Strategien der Sprachabwendung im 20. Jahrhundert*. Bielefeld 2008, S. 61–78.
Greenblatt, Stephen: Resonanz und *Staunen*. In: Stephen Greenblatt: *Schmutzige Riten. Betrachtungen zwischen Weltbildern*. Übers. von Jeremy Gaines. Berlin 1991, S. 7–29.
Hahn, Alois: Aufmerksamkeit. In: Aleida Assmann/Jan Assmann (Hrsg.): *Aufmerksamkeiten. Archäologie der literarischen Kommunikation VII*. München 2001, S. 25–56.
Knell, Sebastian: Thaumazein. Über das Staunen als philosophische Haltung. In: *Information Philosophie* 4 (2015), S. 28–37.
Koller, Edeltraud/Schrödl, Barbara/Schwantner, Anita: Einleitung. In: Dies. (Hrsg.): *Exzess. Vom Überschuss in Religion, Kunst und Philosophie*. Bielefeld 2009, S. 7–12.
Kroß, Matthias: Aufwachen zum Staunen. In: Josef G. F. Rothhaupt/Wilhelm Vossenkuhl (Hrsg.): *Kulturen und Werte. Wittgensteins „Kringel-Buch" als Initialtext*. Berlin/Boston 2013, S. 299–315.
Marquard, Odo: Neugier als Wissenschaftsantrieb oder die Entlastung von der Unfehlbarkeitspflicht. In: Elisabeth Ströker (Hrsg): *Ethik der Wissenschaften? Philosophische Fragen*. München/Paderborn/Wien/Zürich 1984, S. 15–27.
Müller, Hans-Peter: Über das Verhältnis von Tradition und Modernität. In: *Merkur. Deutsche Zeitschrift für europäisches Denken*. Sonderheft: *Neugier: Vom Europäischen Denken* 712/713 (September 2008), S. 903–910.
Nowotny, Helga: *Unersättliche Neugier: Innovation in einer fragilen Zukunft*. Berlin 2005.
Nowotny, Helga: Die kulturelle Vielfalt der Neugier. In: *Merkur. Deutsche Zeitschrift für europäisches Denken*. Sonderheft: *Neugier: Vom Europäischen Denken* 712/713 (September 2008), S. 840–847.
Pohlmann, Friedrich: Neugier und Kreativität. In: *Merkur. Deutsche Zeitschrift für europäisches Denken*. Sonderheft: *Neugier: Vom Europäischen Denken* 712/713 (September 2008), S. 833–839.
Schwantner, Anita: Vom Sinn und Unsinn maßloser Neugierde. In: Edeltraud Koller/Barbara Schrödl/Anita Schwantner (Hrsg.): *Exzess. Vom Überschuss in Religion, Kunst und Philosophie*. Bielefeld 2009, S. 13–28.
Surber, Peter: Bärfuss unterwegs zu sich. In: *Tagblatt* (14.03.2012), https:/www.tagblatt.ch/kultur/baerfuss-unterwegs-zu-sich-ld.163166 (16.4.2022).
Waismann, Friedrich: *Wittgenstein und der Wiener Kreis*. In: Ludwig Wittgenstein: *Schriften*. Bd. 3. Hrsg. von Brian McGuinness. Frankfurt a.M. 1967.
Wittgenstein, Ludwig: Vermischte Bemerkungen. In: Ludwig Wittgenstein: *Werkausgabe*. Bd. 8: *Bemerkungen über die Farben, über Gewißheit, Zettel, vermischte Bemerkungen*. Hrsg. von Georg Henrik von Wright/Gertrude Elizabeth Margaret Anscombe. Frankfurt a. M. 1984, S. 445–573.
Wittgenstein, Ludwig: *Vortrag über Ethik und andere kleine Schriften*. Hrsg. von Joachim Schulte. Frankfurt a. M. 1989, S. 9–19.
Wittgenstein, Ludwig: *Tractatus logico-philosophicus. Logisch-philosophische Abhandlung* [1963]. Frankfurt a. M. 2003.

Genese und Geltung künstlicher Menschen. Eine historisch-epistemologische Analyse technischer Optimierung am Beispiel von Goethes Homunculus

Kevin Liggieri

1 Das Prekariat des ‚Menschlichen'?

Philosophische Visionen und literarische Narrative künstlicher Menschen zeigten bereits vor den biotechnischen Experimenten am Ende des 20. Jahrhunderts auf eindrückliche ethische Weise, wie prekär es um das Begriffsgerüst des ‚Menschlichen', ‚Geistigen' oder ‚Körperlichen' steht.[1] „[T]echnologische Objektkulturen"[2], bestehend aus Automaten, Cyborgs oder Klonen,[3] sind es, die die Souveränität des menschlich-autonomen Subjekts immer weiter infrage stellen und die es philosophisch und literaturwissenschaftlich zu reflektieren gilt. Dabei rückt immer wieder die Frage in den Mittelpunkt, ob nicht vielleicht die Maschinen und künstlichen Menschen einen Ansatzpunkt bieten, den Menschen neu zu begreifen und ihn anhand dieser technischen Kontrastfolie anders zu konstruieren. ‚Anders' meint hier aber nicht, wie oft im Trans- und Posthumanismus, effizienter,

[1] Vgl. Liggieri/Tamborini (Hrsg.) 2023. Die vorliegende Forschung wurde durch die Deutsche Forschungsgemeinschaft (DFG) gefördert, Projekt „Ko-Konstruktionen von Lernen und Technik. Zum Wandel von ‚Lernsubjekten' im 20. Jahrhundert", Projektnummer 492533313. Ich bedanke mich für die sehr produktiven Anmerkungen bei Birgit Beck und Eva-Maria Konrad.

[2] Hörl 2011, 12. Vgl. besonders zur literarischen Möglichkeit, marginalisierten Gruppen eine Stimme zu geben, die Aufsätze von Latendorf, Schweiger und Sternberg im vorliegenden Band, sowie zu einflussreichen Perspektiven der Fiktionalität Konrad 2014.

[3] Vgl. Brandt 2010.

K. Liggieri (✉)
TU Darmstadt, Deutschland
E-Mail: kevin.liggieri@tu-darmstadt.de

© Der/die Autor(en), exklusiv lizenziert an Springer-Verlag GmbH, DE, ein Teil von Springer Nature 2026

B. Beck und E.-M. Konrad, *Imaginationen eines besseren Lebens?*,
Techno:Phil – Aktuelle Herausforderungen der Technikphilosophie 11,
https://doi.org/10.1007/978-3-662-72857-4_6

optimierter oder leistungsfähiger. Vielmehr geht es im Folgenden abseits eines neoliberalen Beschleunigungsimperativs um geradezu konträre Fragen: Kann man von künstlich geschaffenen Geschöpfen, technischen Artefakten auch nicht-instrumentelles Denken, oder besser: nicht-instrumentelle Seinsweisen lernen? Noch plakativer: Kann ein technisch geschaffenes Objekt nicht-technische Ziele und Zukünfte haben? Kann aus der Kurz- und Schnelllebigkeit der technischen Moderne eine natürliche Langsamkeit erwachsen? Kann aus der technischen Revolution eine Evolution werden?

Die Problematisierungen sollen an einem aussagekräftigen literarisch-philosophischen Beispiel erläutert werden: Goethes Figur Homunculus. An diesem vielseitigen Exempel können die sich wandelnden Grenzen zwischen Mensch und Technologie genauer dargestellt werden.[4] In einem ersten Schritt soll dafür auf die Experimentalsysteme und -objekte geschaut werden, die Wissen über das künstliche ‚Menschlein' produzieren. In einem zweiten Schritt wird die Frage gestellt, wie und ob technische Objekte sich in lebendige Evolutionen einfügen lassen können – und was am Ende epistemologisch und ethisch dabei entstehen könnte.

2 Experimentalsystem und Experimentalobjekt

In der Szene „Laboratorium" des zweiten Aktes von *Faust II* taucht das künstlich produzierte Wesen Homunculus auf.[5] Der Name weist auf eine menschliche Beziehung hin, da *homunculus* das Diminutiv vom lateinischen Begriff *homo* ist. Sprachlich wird hier bereits ein Menschlein eingeführt.[6] Dieser Definition wird Goethes Homunculus allerdings nur bedingt gerecht, da er zwar ein kleines menschenartiges Wesen darstellt, aber keinesfalls einen realen Menschen *verkörpert*.[7] Homunculus ist vielmehr ein künstliches Wesen – gerade ohne ‚Verkörperung' –, welches von Wagner aus „viel hundert Stoffen" am „Herde" ‚zusammengebraut' wurde.[8] Vorsichtig, jedoch nicht ohne Pathos, kann der nun zur experimentellen

---

[4] Vgl. zu der vorliegenden Forschung frühere Arbeiten des Autors: Liggieri 2015a; Liggieri 2020.

[5] Die Handschriften dieser Szene weisen auf den Herbst 1827 hin, siehe dafür Goethe, HA, Bd. 3, 616. Vgl. die umfangreiche Literatur zu diesem Thema, hier nur Osten 2002; Arendt 2007; Drux 2005. Zur metrischen Gestaltung der Szene „Laboratorium" sei angemerkt, dass sie überwiegend im Madrigalvers gehalten wurde, wobei Homunculus als „höhere[s]" Wesen fünfhebige Verse gebraucht, was das „Gehoben-Ernste" sowie die erhöhte Entrückung dieses Wesens noch mehr unterstreicht (Ciupke 1994, 112).

[6] Vgl. Schmidt-Möbus/Möbus 1999, S. 69.

[7] Vgl. Goethe, HA, Bd. 3, 250, V. 8252. Zum Kontext: Goethe 1985, 1889–1896, 1960, 1982–2008.

[8] Ebd., 210, V. 6849. Wieweit hierbei auch Mephisto seine Hände im Spiel hat, kann durch seinen Ausspruch „Ich bin der Mann, das Glück ihm zu beschleunigen" (ebd. 205, V. 6684), nur vermutet werden. Ähnliches äußert auch Goethe gegenüber Eckermann (vgl. Eckermann 1998, 388, vom 16.12.1829).

Tat schreitende Wagner mit wissenschaftlichem Impetus verkünden: „Es wird ein Mensch gemacht.“[9] Mephisto, der ebenfalls der Szene beiwohnt, ist dabei noch ganz in der klassischen Tradition der Zeugung und Natalität gefangen, wenn er naiv nachfragt: „Ein Mensch? Und welch verliebtes Paar / Habt ihr ins Rauchloch eingeschlossen?“[10] Die Technik überholt in dieser Szene ‚veloziferisch‘ rasant selbst noch den leibhaftigen Teufel.[11]

Die traditionelle Homunculus-Figur, die in der Schrift *De generatione rerum naturalium* (1572) des Naturphilosophen Paracelsus alchemistisch und mythisch eingeführt wurde,[12] hat bei Goethe eine experimental-biologische Grundlage bekommen. Demzufolge vollzieht Goethe bei seiner Behandlung der Homunculus-Thematik nicht die paracelsische Deutungsrichtung eines ‚chemischen Menschen‘ als Produkt spätmittelalterlicher Alchemie nach, sondern lässt sich von neuer organisch-technischer Forschung inspirieren.[13] Dem Chemiker Friedrich

[9] HA, Bd. 3, 209, V. 6835. Wagner definiert zwar nicht direkt, was ein ‚Mensch‘ sein soll, sieht aber wohl besonders die kognitiven Fähigkeiten des Sprechens und Denkens als anthropologische Grundeigenschaften an, und weniger den Körper.

[10] Ebd., 210, V. 6836 ff.

[11] Goethe prägt für die teuflische Ungeduld den Begriff des Veloziferischen. Hierfür verbindet der Dichter in einem Brief das lateinische Wort ‚Eile‘ („velocitas“) mit Luzifer (vgl. Goethe an seinen Neffen Nicolovius im November 1825, in: Goethe, FA, Bd. 10, 333 f.).

[12] Vgl. Paracelsus 1971. Paracelsus verweist auf zwei Zeugungsmöglichkeiten: „Die Generation oder Erzeugung aller natürlichen Dinge ist eine zweiartige, eine, die *ohne alle Kunst*, von Natur, geschieht; die andere geschieht *durch Kunst, nämlich durch alchimiam*“ (ebd., 43, Hervorhebung K.L.). Zur Zeit des Paracelsus ging man davon aus, dass der männliche Samen zur Fortpflanzung benötigt werde, die Frau dagegen nur als Brutkasten diene. Nach dieser Theorie bestünde sogar die Möglichkeit einer Verleiblichung des künstlichen Wesens, eines Kindes, welches wie ein natürliches Kind sei, nur kleiner. Paracelsus selbst geht davon aus, dass Leben durch ‚Putrefaction‘ (Verwesung durch Feuchte und Wärme) entstehen kann. Mithilfe dieser Methode wäre sogar die Wiederbelebung von toten Organismen denkbar. Auf Grundlage dieser Theorie entwickelte Paracelsus auch seine Idee des Homunculus: „Nun ist aber auch die Generation der homunculi keineswegs zu vergessen. [...] [Ob] der Natur und Kunst auch möglich sei, daß ein Mensch außerhalb des weiblichen Leibs und einer natürlichen Mutter geboren werden könnte? Darauf geb ich die Antwort, daß es der Kunst spagirica und der Natur keineswegs zuwider[,] sondern gar wohl möglich sei. Wie aber solches zugehe und geschehen mag, ist nun sein Prozeß also: nämlich daß das sperma eines Manns im verschlossenen Cucurbiten per se mit der höchsten Putrefaction, ventre equino, auf vierzig Tag putreficiert werde, oder so lang, bis es lebendig werde und sich bewege und rege, was leicht zu bemerken ist. Nach dieser Zeit wird es einem Menschen einigermaßen gleich sehen, doch durchsichtig, ohn ein corpus. Wenn es nun nach diesem täglich gar weislich mit dem arcano sanguinis humani gespeist und bis auf vierzig Wochen ernährt wird, und in steter gleicher Wärme ventris equini erhalten, wird ein recht lebendig menschlich Kind daraus, mit allen Gliedmaßen wie ein ander Kind, das von einem Weibe geboren wird, doch viel kleiner. Das selbige nennen wir ein homunculum, und es soll hernach nit anders als ein ander Kind mit großem Fleiß und Sorg aufgezogen werden, bis es zu seinen Tagen und Verstand kommt“ (ebd., 48 f.). Für die wissenschafts- und medizinhistorischen Anregungen danke ich Julia Gruevska.

[13] Das Labor als historische Semantik ist dabei ein Intertopos, der zwischen vormoderner Alchemie bzw. Apothekerwissenschaft und moderner Humangenetik oszilliert, vgl. dazu Liggieri 2015b.

Wöhler gelang nämlich 1828 erstmals die Umwandlung anorganischer in organische Stoffe in Gestalt der Harnstoffsynthese.[14] Wöhler sah durch sein gelungenes Experiment eine Zeit der Humantransformation aufziehen, in der organische Produkte hergestellt werden könnten, „ohne“, so Wöhler, „dazu Nieren oder überhaupt ein Tier, sey es Mensch oder Hund, nöthig zu haben.“[15] Der Chemiker, der durch diese „künstliche Bildung von Harnstoff“ aus „Cyansaure Ammoniak“ für Goethe ein beeindruckendes wie erschreckendes Beispiel einer Bildung „organische[r] Substanz[en] aus unorganischen Stoffen“[16] darstellte, regte zu einem modernisierten Mythos des paracelsischen ‚Menschleins‘ an. Mit Wöhlers Synthese von Harnstoff schien der Beweis erbracht zu sein, dass im Laboratorium ohne die Zuhilfenahme einer „Lebenskraft“ („vis vitalis“) organische Verbindungen synthetisiert werden können.[17] Aus Alchemie wurde organische Synthesechemie. Ob nun, wie der Literaturwissenschaftler Manfred Osten behauptet, Goethe durch diesen ‚Schock‘ einer radikalen Emanzipation des Menschen von der Natur „postmodern[e] Züchtungsutopien“[18] in die Homunculusfigur einfließen ließ, sei dahingestellt, zutreffend ist jedoch, dass Goethe seinen Homunculus nach Wöhlers Experiment umschrieb[19] und weitaus organisch-reproduktiver ansetzte, als es noch bei Paracelsus mit seinem „recht lebendig menschlich Kind“[20] zu lesen war.

Mit Blick auf das Experimentalsystem kann man also mit gewissem Recht sagen, dass Homunculus im Kern eine künstliche Generierung des Menschen darstellt, da er als ‚Lebewesen‘ eben keinen „unverursachten ‚Sprung‘ vom Werden ins Dasein“[21] vollzog. Durch die literarische Figur scheinen die Grenzen zwischen Natur und Kunst, Leben und Technik, geboren und gemacht, zu verschwimmen. Die Philosophin Birgit Beck führt zu Recht an, dass „die Unterscheidung zwischen ‚natürlichen‘ und ‚künstlichen‘ oder auch ‚technischen‘ Entitäten offenbar von einer Art ‚Alltags-Aristotelismus‘“ geprägt ist. Dabei wird davon ausgegangen, dass

---

[14] Vgl. Osten 2003, 51.

[15] Wallach 1901, Bd. 1, 206, Brief vom 22.2.1828.

[16] Ebd.

[17] Vgl. Uray 2009. Hierbei geht Wöhler nicht weiter auf das Vitalismus-Problem ein. Er schreibt in diesem Sinne an Berzelius: „[E]in Naturphilosoph würde sagen, daß sowohl aus der thierischen Kohle, als auch aus den daraus gebildeten Cyanverbindungen, das Organische noch nicht verschwunden, und daher immer noch ein organischer Körper daraus wieder hervorzubringen ist“ (Wallach 1901, Bd. 1, 206). Wie weit Wöhler als Vitalist gelten kann, scheint bei derartigen Formulierungen allerdings fragwürdig.

[18] Osten 2003, 53.

[19] Vgl. zu einem Vorentwurf von Goethes ‚Homunculus‘ vom 17. Dezember 1826: Kerner 1963, 28.

[20] Paracelsus 1971, 49.

[21] Karafyllis 2006, 557.

> [n]atürliche Wesen […] von Natur aus gewachsen [sind], sie sind lebendig, ihr Antrieb und ihre Zwecke liegen in ihnen selbst bzw. sie sind – mindestens im menschlichen Fall – Selbstzwecke. Als ihre charakteristischen Eigenschaften werden also eine bestimmte Genealogie (natürliches Wachstum), eine inhärente Teleologie und ggf. Selbstzwecklichkeit angesehen. Künstliche Dinge dagegen sind nicht von Natur aus gewachsen, sondern von Menschen gemacht, sie haben und sind keine Selbstzwecke, sondern lediglich instrumentelle Zwecke für menschliche Ziele. Sie sind nicht lebendig und tun nichts aus eigenem Antrieb.[22]

Homunculus sprengt nun diesen „Alltags-Aristotelismus", da er, so die Philosophin Nicole C. Karafyllis, ein „Biofakt" darstellt[23], welches nicht unmittelbar, sondern vermittelt durch Dritte (Wagner, Mephisto) ins Dasein tritt. Die traditionelle Zeugung wird hierbei durch den Versuch Wagners als „eitel[e] Poss[e]"[24] abgewertet, da der Mensch, der „künftig höhern […] Ursprung haben"[25] werde, es nun nicht mehr nötig habe, sich wie das Tier zu paaren. In der Technisierung seiner eigenen Zeugung emanzipiere sich der Mensch also von seinen tierischen Ahnherren. Die technische Emanzipation, die sich aus einer aufklärerischen Weltanschauung entwickelte, hat auch etwas mit einem neuen Machtgefüge zu tun. Denn durch Homunculus hat der Forscher der Natur „das Geheimnis der Zeugung entrissen"[26] und es in die eigenen Hände gelegt.

Was macht nun das biologisch-technologische Experimentalobjekt ‚Homunculus' im Besonderen aus? Homunculus ist zwar ein Kompositum aus menschlichen Stoffen,[27] dennoch aber kein Mensch, da er „nur halb zur Welt gekommen"[28] ist. Hier liegt das maßgebliche Defizit: Homunculus ist personifizierter Geist sowie abstrakte Aktivität.[29] Als „Hirn, das trefflich denken soll"[30], fehlt ihm das Materiell-Menschliche: der Körper bzw. der Leib. Lebendig-Sein heißt Körper haben. Ohne Geburt – so die nachvollziehbare Einsicht einer vorgenetischen Epoche – gibt es keinen Körper, ohne festen Ort keine Identität. Die Beschaffenheit der Phiole deutet auf diese defizitäre und fragile Existenz hin. Sie ist die Nabelschnur des Experimentallabors, von der Homunculus sich nicht lösen kann, und damit das

---

[22] Beck 2023, 85 (Hervorhebung des Originals entfernt).

[23] Vgl. Karafyllis (Hrsg.) 2003.

[24] Goethe, HA 3, 210, V. 6839.

[25] Ebd., V. 6846 ff.

[26] Müller 1969, 195.

[27] Vgl. Goethe, HA 3, 210, V. 6850–6852.

[28] Ebd., 250, V. 8248.

[29] Vgl. ebd., 211, V. 6888 ff. Zu dieser geläufigen Deutung gab Goethe selbst Anlass, wie die Aufzeichnungen Riemers (vom 30.3.1833, Vgl. Düntzer 1850/51, 525), aber auch Eckermanns zeigen (vom 6.1.1830, Vgl. Houben 1925, Bd. 1, 448). Dieser Deutung folgt die Forschungsliteratur zumeist, so wird Homunculus von Kommerell „Geist schlechthin" (Kommerell 1944, 41 ff.), von Gundolf „Kopf-Mensch" (Gundolf 1916, 769 ff.) und von Hermann „unbedingte Geistigkeit" genannt (Hermann 1916, 316).

[30] Goethe, HA 3, 210, V. 6869.

Stigma seiner Künstlichkeit. Homunculus fehlt folglich ein „Recht" auf autonome „Existenz"[31]. Daher ist es sein Ziel, „gern im besten Sinne [zu] entstehn."[32] Dieser Wunsch gestaltet sich allerdings schwierig, da Homunculus eine biotechnische Züchtung außerhalb des Mutterleibes darstellt, die den ‚Ballast' des Körperlichen (zwangsweise) abgeworfen hat und schon durch ihre reine Präsenz organische Grenzen zur Disposition stellt, die eigentlich im 18. Jahrhundert noch als fest galten und selbst im 19. Jahrhundert als nur in langen Zeiträumen veränderbar angesehen wurden. In Anbetracht dessen ist Homunculus ein Wesen, welches keine Phylogenese durchlaufen hat, sondern vom Forscher Wagner durch einen „Kolben"[33] in die Welt geworfen wurde. Angesichts dieser Figur stellt sich die klassische anthropologische Frage erneut: Was macht den Menschen aus? Der Körper oder der Geist?

Bereits der erwähnte Raum, in dem Homunculus vor- und hergestellt wird, ist paradigmatisch für diesen neuen Blick auf den Menschen sowie seine Reproduktion. Die Regieanweisung führt in eine Szenerie, die mit „weitläufige[n], unbehülfliche[n] Apparate[n] zu phantastischen Zwecken"[34] bestückt ist. Das Labor wird als Experimentalsystem zum neuen Ort der Reproduktion. Der Wissenschaftshistoriker Hans-Jörg Rheinberger umreißt dieses Denken gezielt, wenn er anmerkt, dass der „Organismus selbst [...] damit in ein Labor, einen locus technicus verwandelt [wird]."[35] Homunculus ist nicht nur in einem abgeschlossenen Raum entstanden, er lebt sogar durch seine Phiole in einem und steht damit in Distanz zur Natur. Die Phiole als Heterotopie (als räumlich und zeitlich „anderer Ort")[36] wird zum einen die Bedingung der Möglichkeit seiner Existenz, zum anderen ist sie aber auch das Mahnmal der Künstlichkeit. „Das ist die Eigenschaft der Dinge: / Natürlichem genügt das Weltall kaum, / Was künstlich ist, verlangt geschloßnen Raum."[37] Das künstliche Menschlein ist demnach allein schon von der Räumlichkeit her Experiment und Symbol für die moderne Einschreibung des Labors in den Körper sowie für die Verwissenschaftlichung bzw. Medikalisierung der Zeugung. Das Labor mit seinem praktischen Experiment, wie Wagner es anpreist, ist hier das Gegenbild zur Natur: „Was man an der Natur Geheimnisvolles pries, / Das wagen wir verständig zu probieren, / Und was sie sonst organisieren ließ, / Das lassen wir kristallisieren."[38] Das Labor ist nicht nur

---

[31] Ebd., 238, V. 7830, siehe auch Böhme 2005, 104.

[32] Goethe, HA 3, 238, V. 7830.

[33] Ebd., 210, V. 6852.

[34] Ebd., 209.

[35] Rheinberger/Müller-Wille, 2009, 14. Für das Labor als Grundlage der Wissenschaften vgl. auch Latour 2008, 31–36; Latour/Woolgar 1986.

[36] Foucault [1967] 1993, S. 43.

[37] Goethe, HA 3, 211, V. 6882–6884. Vgl. die häufigen Äußerungen bzgl. der Brüchigkeit der Phiole (V. 6881, V. 7832, V. 8093, V. 8236, V. 8251, V. 8472).

[38] Ebd., 210, V. 6857–6860.

der Geburtsort des Homunculus als reinem Geist, sondern ebenfalls der Geburtsort des modernen Wissens als solchem: Homunculus bildet dabei ein „epistemisches Ding" im wahrsten Sinne des Wortes.[39] Homunculus ist als wissenschaftliches Wesen nicht nur weitsichtiger als Faust, sondern sogar als der heidnische Teufel, dem das „freie", ungetrübte Auge fehlt und der nur „im Düstern […] zu Hause"[40] ist. Was Homunculus an Körperlichkeit fehlt, gleicht er also mit seinem Wissen aus.[41] Damit ist Homunculus auch Symbol einer rationalen Aufklärung, die gleichzeitig das naturwissenschaftlich-operationalisierende Denken vorantrieb und die Leiblichkeit vernachlässigte. Homunculus hat demnach symbolisch wie programmatisch Recht, wenn er sagt: „Ich leuchte vor"[42]. Dadurch, dass Homunculus in Faustens unbewusste Träume und Gedankenwelt Einsicht hat, erlangt er Herrschaftswissen gegenüber Faust und Mephisto, die von diesem Wissen ausgeschlossen sind.[43] Faust und Mephisto müssen folgen und hängen damit praktisch „[v]on Kreaturen [ab], die [sie] machten."[44]

3 Geltung und Genese

All das holistische Wissen einer rationalen Aufklärung („Ich leuchte vor") hilft dem mikro-genetischen Menschlein allerdings wenig, da es „voll Ungeduld"[45] zum naturhaften Sein gelangen will. Sein Ziel kann nichts weniger sein als die Menschwerdung mittels Verkörperung – das kann analog zur Gelehrtentragödie in *Faust I* gelesen werden. Homunculus kann seinem Sein nur Geltung verleihen durch Menschwerdung. Dabei manifestiert sich das Menschliche nicht nur am Körper, sondern besonders auch in seiner Genese. Das Wort ‚Genese' ist in diesem Kontext überaus treffend, da es (griech. γένεσις und lat. genesis) ‚Geburt', ‚Ursprung' und ‚Entstehung' vereint. Damit umfasst es Geburt sowie Werden, eben beide Defizite Homunculus', denn „[w]er Leben sagt", so schließt ein zentraler Pionier der Genforschung, François Jacob, „sagt Fortpflanzung."[46] Diese anthropologische Komponente des Werdens und (Aus-)Bildens hat Homunculus nicht durchlaufen und muss sie jetzt phylogenetisch als aktiven Handlungsakt

[39] Vgl. Rheinberger 2001.

[40] Goethe, HA 3, 212, V. 6923–6936.

[41] Er blickt *in* den Kopf des besinnungslosen Faust und decodiert seine Träume. Dabei zeigt sich eine „außerordentlich enge Verbindung von Sprache und Technologie" (vgl. Haraway 1995, 170).

[42] Goethe, HA 3, 214, V. 6987.

[43] Vgl. ebd., 213, V. 6945–6947; Erll 2017.

[44] Ebd., 214, V. 7003 f.

[45] Ebd., 238, V. 7832.

[46] Jacob 2000, 32. Vgl. Blumenberg [1963] 1996, 39.

wieder-holen. Das ‚Menschlein' besitzt damit, und das ist vielleicht der grundlegende Unterschied zu technischen Artefakten, die menschliche Eigenschaft der Freiheit eines Neu-Anfangens. Erst durch diesen selbstgewählten Anfang kann der Mensch aber, will man Hannah Arendt folgen, frei werden:

> Die Lösung besteht nun ohne allen Rückbezug auf ein Vergangenes darin, dass man versteht, dass der Mensch für die logisch unlösbare Aufgabe, einen neuen Anfang zu setzen, gleichsam existentiell vorbestimmt ist, insofern er ja selbst einen Anfang darstellt: Insofern der Mensch in die Welt hineingeboren ist, in ihr als ein ‚Neuer' durch Geburt erscheint, ist er mit der Fähigkeit des Beginnens begabt. Weil er ein Neuer ist, kann er etwas Neues anfangen.[47]

So liegt für Arendt in der „Natalität" (ein Lebend-Geboren-Sein), die sie als Grundbedingung menschlichen Lebens ansieht und die bei Goethes Homunculus übergangen wurde, die existentielle Bedingung dafür, dass Menschen etwas Neues anfangen können. Bei Homunculus ist dieses Anfangen-Können komplex, da er zwar „menschenähnlich"[48] ist, jedoch kein vollkommener Mensch. Er muss demzufolge über Umwege zu einem *neuen* Anfang gelangen, den er jedoch frei wählt – ohne (bisher) richtig geboren zu sein. Hier liegt eine verstrickte anthropologische, aber auch ethische Lage vor.

Da auch der künstliche Mensch in seinem Drang „zu entstehen"[49] in dieser Problemlage folglich Führung bzw. philosophische Ratschläge braucht, begibt er sich in die Antike zu zwei Vorsokratikern, Thales und Anaxagoras.[50] Beide vertreten unterschiedliche philosophische Denkrichtungen. Anaxagoras geht davon aus, dass das Feuer die Grundkraft des Lebens ist, Thales dagegen sieht das Wasser als Urstoff.[51] Als sich Homunculus an Thales wendet, rät dieser ihm den evolutionären Gang zurück zum Ursprung: „Gib nach dem löblichen Verlangen, / Von vorn die Schöpfung anzufangen! / Zu raschem Wirken sei bereit! / Da regst du dich nach ewigen Normen, / Durch tausend, abertausend Formen, / Und bis zum Menschen hast du Zeit."[52] Wagner bzw. das technische Equipment hat ein Wesen erschaffen, das, um den Philosophen Hans Blumenberg anzuführen, die „Geschichte aus[ließ]."[53] Die Wissenschaft hat demnach ein Geschöpf zu schnell entstehen

---

[47] Arendt 1994, 272.

[48] Goethe, HA 3, 246, V. 8104.

[49] Ebd., 238, V. 7858.

[50] Interessant ist hier zu erwähnen, dass Homunculus natürlich auch zeitgenössische Philosoph:innen oder vielleicht sogar zukünftige Forscher:innen hätte nach Rat fragen können. Er aber entscheidet sich für den Rückwärtsgang, vgl. Mommsen 1992.

[51] Hier zeichnet sich die Differenz von Neptunismus und Vulkanismus ab, die jedoch nicht exakt festgemacht werden kann. Siehe hierfür Böhme 2005, S. 133 ff.

[52] Goethe, HA 3, 252, V. 8321–8326. Bezeichnend für Goethes Ansicht ist, dass Homunculus nicht seinen Forschervater Wagner fragt, sondern den antiken Philosophen Thales.

[53] Blumenberg [1963] 1996, 34. Blumenberg bezieht sich hier auf Husserls Theorie einer Technisierung.

lassen, sodass dieses Wesen sich selbst organisch kompensieren muss, indem es sich ‚Zeit lässt'. Erst durch dieses ‚Zeit-lassen' kann es an den „ewigen Normen" partizipieren.[54] Durch die Homunculusfigur präsentiert Goethe eine auch für heutige Vorstellungen immer noch interessante Bildungsvorstellung, die sich technischen Beschleunigungsideen entzieht. So präferiert Goethe in seiner Naturvorstellung Evolution statt Revolution, weil ihm „jedes Gewaltsame, Sprunghafte [...] in der Seele zuwider [ist], denn es ist nicht naturgemäß."[55]

Am Ende muss die Frage gestellt werden, inwiefern sich in dieser literarischen Figur eine Anregung zum Umdenken in der technischen Moderne zeigt. Folgt man der Deutung Ostens, so ist Homunculus nicht nur die Form einer genetischen Neuproduktion, sondern gleichzeitig auch ein Abschied vom, wie der Philosoph Günther Anders es nannte, ‚antiquierten Menschen'[56] und damit eine Optimierung desselben.[57] Auch Goethe bezeichnet gegenüber Eckermann Homunculus als „geistiges Wesen", welches den Vorzug habe, „durch eine vollkommene Menschwerdung noch nicht verdüstert und beschränkt"[58] zu sein. Der Mensch wird damit von Goethe als defizitäres Wesen begriffen, welches zwischen „Übereilung" und „Versäumnis" schwankt.[59] Könnte Homunculus, dieser „sehr ernst[e] Scher[z]"[60], somit vielleicht einen neuen, ‚vollkommenen' Menschentypus darstellen?

Mit dem Zerschellen seiner Phiole am Muschelwagen der Galatea und seinem Ergießen ins Meer, welches die Evolution von neuem lostritt („Vermähle dich dem Ozean"[61]), geht gleichzeitig eine andersartige Optimierung des ‚Menschen' einher.[62] Im Prozess des Liquidwerdens kann Homunculus ein ‚besserer' – weil aus Goethes Sicht nicht übereilter – Mensch werden, und damit durch neue Schöpfung eine Erhöhung anstreben.[63] „Sein [Homunculus'] Eingehen in die hier magisch-bereinigten Elemente [...] [als] Verwirklichung in der Natur" wird zur „Voraussetzung einer ‚Verkörperlichung' seiner Möglichkeiten."[64] Goethe verortet damit in der literarischen Gestalt einer In-vitro-Züchtung einen Gegenentwurf zur fortschrittlichen und sich übereilenden Anthropotechnik: Gegen ein analytisches

[54] Ebd.

[55] Eckermann 1998, 591 (vom 27.4.1825).

[56] Vgl. Anders 1956.

[57] Vgl. Osten 2003.

[58] Eckermann 1998, 388 (vom 16.12.1829).

[59] Goethe, BA, Bd. 1, 446.

[60] Goethe, HA, Bd. 4, 481 (Brief an Wilhelm von Humboldt, am 17.3.1832).

[61] Goethe, HA 3, 252, V. 8320.

[62] Vgl. ebd., 256, V. 8465–8486. Goethe hatte am Ende seines Lebens Vorstellungen von solchen „Verwandlungen" der Menschheit und ihrer Optimierung. Erst hier, wo Homunculus beginnt, Körper zu werden und mit anderen Körpern zu agieren, herrscht „Eros", „der alles begonnen" und verbindet (ebd., V. 8477–8479).

[63] Vgl. Osten 2007.

[64] Lange 1980, 298.

Zergliedern im Laborexperiment steht eine synthetische Symbiose und ein hegelsches ‚Aufheben'. In diesem Sinne lässt sich mit Goethe eine Vervollkommnung des Menschen denken, die sich einer rasanten Fortschrittsmaxime entzieht und damit nicht das Ziel, sondern den Weg im Blick hat.

An Homunculus als künstliches Objekt lässt sich mit dem Technikphilosophen Gilbert Simondon gesprochen nicht nur eine Entwicklung, sondern auch die Evolution technischer Existenzweisen an sich nachvollziehen, die auf ihre Weise zu Autonomie streben: Das künstliche

> Objekt bedurfte Anfangs eines äußeren regulierenden Milieus, des Labors oder der Werkstatt [...]; wenn es nach und nach an Konkretisation gewinnt, wird es in den Stand versetzt, ohne das künstliche Milieu auszukommen, denn seine interne Kohärenz nimmt zu, seine funktionale Systematik schließt sich, indem es sich organisiert.[65]

Organisiert kann bei Homunculus wörtlich verstanden werden: Er tritt vom Labor ins Leben und wird zum Organismus. In diesem Sinne vollzieht Homunculus mit seiner Evolution neben einer Humanisierung auch eine aufklärerische Selbstsozialisierung (eben eine Bildung), da er sich von seinem isolierten und heteronomen Anfangsstadium befreit und durch die Verbindung mit einem Ganzheitlichen zu einem autonomen Subjekt wird.

4 Entschleunigung und Enhancement

Zusammenfassend lässt sich konstatieren, dass Homunculus eine Figur der anthropoetischen Optimierung darstellt, die einen neuen Menschen heraufbeschwören soll. Jedoch ist die Methode (*technè*), die dieses biotechnologische Menschlein anwendet, paradoxerweise eine Entschleunigung und damit Loslösung von einer menschlichen Ungeduld.[66] Die Literatur propagiert hier im wahrsten Sinne Rückschritt *als* Fortschritt. Es mutet typisch für Goethe an, dass er sich gegen die moderne, beschleunigte Naturwissenschaft wendet und fast ironisch den durch Wissenschaft gezeugten Menschen, der im Inneren selbst „Tätigkeitsdrang"[67] verspürt, langsam in der Natur wirklich zur Gestalt kommen lassen will, um ihn damit aus der Artifizialität wieder ins Leben zu entlassen und ihm Form zu geben. Da sich

---

[65] Simondon 2012, 43. Vgl. dazu genauer del Fabbro 2021.

[66] Latimer spricht bei dieser Entstehung von einem „new creation myth" (Latimer 1974, 814). Dazu sei kurz angemerkt, dass Goethe Homunculus hier in den Versen vor 8327 ff. auch nicht mehr im gehobenen fünfhebigen Madrigalvers sprechen lässt wie noch im Laboratorium, sondern nun zusammen mit Proteus (Goethe, HA 3, 255, V. 8464–8479) jambisch-alternierende Dreiheber, also Schweifreimstrophen gebraucht und damit auch eine sprachliche Modifikation vornimmt (vgl. Ciupke 1994, 123).

[67] Holscher-Lohmeyer 1987, 94. Damit stellt Homunculus das Gegenmodell zu Faust dar, der sich im Enhancement selbst übereilt.

die Grenzen zwischen Lebendigkeit und Artefakt, Künstlichkeit und Natürlichkeit gerade bei Homunculus aufzulösen beginnen, kann man diesen als ‚Biofakt' bezeichnen, welches ein semiartifizielles Lebewesen beschreibt, begrifflich gefasst als Verschmelzung von Leben (gr. *bios*) und Artefakt.[68] Das Biofakt ist eben jenes „natürlich-künstliche Mischwesen", welches zwar werden bzw. wachsen kann, aber nicht geboren, sondern geschaffen wurde.[69]

Nach Goethes Maxime soll man folglich der Natur ihr langes „Präludium" lassen.[70] Wie kann sich, so die Grundfrage vom Anfang, etwas durch Technik ‚Aus-der-Welt-Gefallenes' wieder in eine für Goethe naturgemäße Harmonie eingliedern? Homunculus, der ein Symbol genau dieser transgenetischen bzw. chimären Grenzüberschreitung darstellt, wird am Ende wieder dem Kreislauf des Lebens zugeführt und stellt damit nicht durch seine fortschrittlich-beschleunigte, labortechnische Geburt eine Optimierungsfigur und einen Maßstab für einen ‚neuen' Menschentypus dar, sondern weil er wieder natürlich entschleunigt an den evolutionären Anfang zurückkehrt.[71]

Obwohl diese goethesche Entschleunigung im Bild der langsamen Leitfigur Homunculus das Vorbild für das Posthumane bildet, sollte man die Warnung der Meeresgottheit Proteus gegenüber Homunculus nicht unbeachtet lassen: „Nur strebe nicht nach höheren Orden: / Denn bist du erst ein Mensch geworden, / Dann ist es völlig aus mit dir."[72] Der Mensch ist selbst als posthumanes Ziel für den Gott der Liquidität noch zu starr. Im Aggregatzustand des Humanen kann es keine dynamische Optimierung mehr für Homunculus geben: Verkörperung bedeutet Kristallisierung und damit Fixierung. Homunculus dagegen ist als ein Drittes im ‚Dazwischen' noch vollkommen indifferent und nicht in binären Codierungen, mit denen die menschliche Ratio operiert, zu fassen. Dies bemerkt auch der Philosoph Thales, wenn er sagt: „Auch scheint es mir, von andrer Seite kritisch: / Er [Homunculus, K.L.] ist, mich dünkt, hermaphroditisch."[73]

Literatur

Anders, Günther: *Die Antiquiertheit des Menschen.* Band I: *Über die Seele im Zeitalter der zweiten industriellen Revolution.* München 1956.

Arendt, Dieter: Homunculus – der Geist ‚in der Flasche' oder: ein mephistophelisches Märchen. In: Sascha Feuchert u. a. (Hrsg.): *Literatur und Geschichte. Festschrift für Erwin Leibfried.* Frankfurt a. M. 2007, S. 35–60.

[68] Vgl. Karafyllis (Hrsg.) 2003.

[69] Vgl. Karafyllis 2006, 547.

[70] Goethes Gespräche, Bd. 2, 114.

[71] Goethe ging davon aus, dass im Wasser alles Leben entstand (vgl. Goethe, HA 3, 255, V. 8435–8437).

[72] Ebd., 251, V. 8330–8332.

[73] Ebd., 250, V. 8255.

Arendt, Hannah: *Über die Revolution*. München [4]1994.
Beck, Birgit: Es ‚menschelt' in der KI. Was besagt die Rede von ‚künstlicher Intelligenz' für das menschliche Selbstverständnis? In: Kevin Liggieri/Marco Tamborini (Hrsg.): *Homo technologicus. Menschenbilder der Technowissenschaften des 21. Jahrhunderts*. Stuttgart/Weimar 2023, S. 81–92.
Blumenberg, Hans: Lebenswelt und Technisierung unter Aspekten der Phänomenologie [1963]. In: Hans Blumenberg: *Wirklichkeiten, in denen wir leben*. Stuttgart 1996, S. 7–64.
Böhme, Gernot: *Faust als philosophischer Text*. Reutlingen 2005.
Brandt, Christina: Zeitschichten des Klons. Anmerkungen zu einer Begriffsgeschichte. In: *Berichte zur Wissenschaftsgeschichte* 33 (2010), S. 123–146.
Ciupke, Markus: *Des Geklimpers vielverworrner Töne Rausch. Die metrische Gestaltung in Goethes „Faust"*. Göttingen 1994.
Drux, Rudolf: Homunculus oder Leben aus der Retorte. Zur Kulturgeschichte eines literarischen Motivs seit Goethe. In: Richard Görner (Hrsg.): *Tales from the Laboratory*. München 2005, S. 91–104.
Düntzer, Heinrich: *Goethe's „Faust". Erster und Zweiter Theil. Zum erstenmal vollständig erläutert*. Leipzig 1850/51.
Eckermann, Johann Peter: *Gespräche mit Goethe in den letzten Jahren seines Lebens*. Stuttgart 1998.
Erll, Astrid: *Kollektives Gedächtnis und Erinnerungskulturen*. Stuttgart/Weimar [3]2017.
Fabbro del, Olivier: *Philosophieren mit Objekten*. Frankfurt a. M. 2021.
Foucault, Michel: Andere Räume [1967]. In: Karlheinz Barck (Hrsg.): *Aisthesis: Wahrnehmung heute oder Perspektiven einer anderen Ästhetik*. Leipzig [5]1993, S. 34–46.
Goethe, Johann Wolfgang: Goethes Werke. Hamburger Ausgabe (HA). Hrsg. von Erich Trunz. München 1982–2008.
Goethe, Johann Wolfgang: Werke. Berliner Ausgabe (BA). Hrsg. von Siegfried Seidel. Berlin 1960ff.
Goethe, Johann Wolfgang: Goethes Gespräche. Bd. 2. Hrsg. von Woldemar Freiherr von Biedermann. Leipzig 1889–1896.
Goethe, Johann Wolfgang: Sämtliche Werke. Briefe, Tagebücher und Gespräche. Frankfurter Ausgabe (FA). Hrsg. von Hendrik Birus u. a. Frankfurt a. M. 1985ff.
Gundolf, Friedrich: *Goethe*. Berlin 1916.
Haraway, Donna: Die Biopolitik postmoderner Körper. In: Donna Haraway: *Die Neuerfindung der Natur*. Frankfurt a. M. 1995, S. 160–199.
Hermann, Helene: Faust, 2. Teil. Studien zur inneren Form. In: *Zeitschrift für Ästhetik* 12 (1916), S. 311–351.
Holscher-Lohmeyer, Dorothea: Natur und Gedächtnis. Reflexionen über die klassische Walpurgisnacht. In: *Jahrbuch des Freien Deutschen Hochstifts* 1987, S. 85–113.
Hörl, Erich: Die Technologische Bedingung. Zur Einführung. In: Erich Hörl (Hrsg.): *Die technologische Bedingung. Zur Einführung*. Frankfurt a. M. 2011, S. 7–53.
Houben, Heinrich Hubert: *Johann Peter Eckermann. Sein Leben für Goethe*. Bd. 1. Leipzig 1925.
Jacob, François: *Die Maus, die Fliege und der Mensch. Über moderne Genforschung*. Übers. von Gustav Roßler. München 2000.
Karafyllis, Nicole C. (Hrsg.): *Biofakte – Versuch über den Menschen zwischen Artefakt und Lebewesen*. Paderborn 2003.
Karafyllis, Nicole C.: Biofakte – Grundlagen, Probleme, Perspektiven. In: *EWE* 17 (2006), S. 547–558.
Kommerell, Max: *Geist und Buchstabe der Dichtung*. Frankfurt a. M. [3]1944.
Kerner, Dieter: Das Homunculus-Motiv bei Paracelsus und Goethe. In: *Gesnerus: Swiss Journal of the history of medicine and sciences* 20 (1963), S. 22–33
Konrad, Eva-Maria: *Dimensionen der Fiktionalität. Analyse eines Grundbegriffs der Literaturwissenschaft*. Münster 2014.
Lange, Victor: Faust. Der Tragödie Zweiter Teil. In: Walter Hinderer (Hrsg.): *Goethes Dramen. Neue Interpretationen*. Stuttgart 1980, S. 281–312.

Latimer, Dan: Homunculus as Symbol: Semantic and Dramatic Functions of the Figure in Goethe's Faust. In: *Modern Language Notes* 89 (1974), S. 812–820.
Latour, Bruno. *Wir sind nie modern gewesen*. Frankfurt a. M. 2008.
Latour, Bruno/Woolgar, Steve: *Laboratory Life. The Construction of Scientific Facts*. New Jersey 1986.
Liggieri, Kevin/Tamborini, Marco (Hrsg.): *Menschenbilder in den Technikwissenschaften des 21. Jahrhunderts*. Weimar/Stuttgart 2023.
Liggieri, Kevin: „Am Ende hängen wir doch ab / Von Kreaturen, die wir machten." Goethes Homunculus als Modell der Entschleunigung. In: Jan Röhmert (Hrsg.): *Technische Beschleunigung. Ästhetische Verlangsamung*. Wien/Köln u. a. 2015a, S. 261–274.
Liggieri, Kevin: Diskursive Materialität. Das Labor als Ort ästhetischer Aufschreibesysteme. In: Anna-Sophie Jürgens (Hrsg.): *LaborARTorium*. Bielefeld 2015b, S. 5–19.
Liggieri, Kevin: *Man as pet. Breeding and Optimization in Philosophy and Literature*. Münster/Wien 2020.
Mommsen, Katharina: Homunculus und Helena. In: Werner Keller (Hrsg.): *Aufsätze zu Goethes Faust II*. Darmstadt 1992, S. 138–156.
Müller, Joachim: Die Figur des Homunculus in der Faustdichtung. In: Joachim Müller (Hrsg.): *Neue Goethe-Studien*. Halle a.d.Saale 1969, S. 189–207.
Osten, Manfred: *Homunculus, die beschleunigte Zeit und Max Beckmanns Illustrationen zur Modernität Goethes*. Mainz 2002.
Osten, Manfred: *„Alles veloziferisch" oder Goethes Entdeckung der Langsamkeit*. Frankfurt a. M. 2003.
Osten, Manfred: Dr. Faust – ein Auslaufmodell der Evolution? Goethes Tragödie und die Verheißungen der Lebenswissenschaften. In: *Goethe-Jahrbuch* (2007), S. 161–166.
Paracelsus: De generatione rerum naturalium. In: Klaus Völker (Hrsg.): *Künstliche Menschen. Dichtungen und Dokumente über Golems, Homunculi, Androiden und liebende Statuen*. München 1971, S. 43–52.
Rheinberger, Hans-Jörg/Müller-Wille, Staffan: Technische Reproduzierbarkeit organischer Natur – aus der Perspektive einer Geschichte der Molekularbiologie. In: Martin G. Weiß (Hrsg.): *Bios und Zoe. Die menschliche Natur im Zeitalter ihrer technischen Reproduzierbarkeit*. Frankfurt a. M. 2009, S. 11–33.
Rheinberger, Hans-Jörg: *Experimentalsysteme und epistemische Dinge. Eine Geschichte der Proteinsynthese im Reagenzglas*. Göttingen 2001.
Schmidt-Möbus, Friederike/Möbus, Frank: *Who is Who in Goethes Faust?* Leipzig 1999.
Simondon, Gilbert: *Die Existenzweise technischer Objekte*. Zürich 2012.
Uray, Johannes: *Die Wöhlersche Harnstoffsynthese und das wissenschaftliche Weltbild, Analyse eines Mythos*. Graz 2009.
Wallach, Otto: *Briefwechsel zwischen J. Berzelius und F. Wöhler im Auftrage der Königl. Gesellschaft der Wissenschaften zu Göttingen*. Bd. 1. Leipzig 1901.

Selbstvervollkommnung, Enhancement und Fiktion

Jan-Hendrik Heinrichs und Sandra Scholl

1 Einführung

Die Debatte um Human Enhancement wird nun schon seit über 30 Jahren geführt. Erörtert werden u. a. die Bereiche des kognitiven (Neuro-)Enhancements (z. B. *smart drugs*)[1], des physischen Enhancements (z. B. Doping im Sport, plastische Chirurgie), der Ausweitung der gesunden Lebensspanne und sogar des moralischen Enhancements, bei dem es um die Regulierung und Beeinflussung der mit Moral verknüpften Emotionen geht. Verwandte Debatten thematisieren die Technisierung des Gehirns, das *genetic engineering* oder die Prozessoptimierung im biologischen Organismus.[2] Auch futuristisch anmutende Visionen über Mind-Uploading, Unsterblichkeit, die Besiedlung anderer Planeten durch körperlich modifizierte Astronauten oder eine vollständige Ausmerzung der *human limitations*

[1] Insbesondere der Bereich des Neuro-Enhancements, in dem es um die Verbesserung von kognitiven Fähigkeiten und die Beeinflussung von Stimmungen geht, steht im Fokus der Debatte. Vgl. Heinrichs/Rüther/Stake/Ihde 2022, 35–38.

[2] Vgl. dazu Giubilini/Sanyal 2015; Heilinger 2010, 24 ff.; Ach 2009, 107–108; Persson/Savulescu 2012.

J.-H. Heinrichs (✉)
Institut für Neurowissenschaften und Medizin 7: Gehirn und Verhalten, Forschungszentrum Jülich, Jülich, Deutschland
E-Mail: j.heinrichs@fz-juelich.de

S. Scholl
Deutsches Referenzzentrum für Ethik in den Biowissenschaften, Bonn, Deutschland
E-Mail: scholl@drze.de

© Der/die Autor(en), exklusiv lizenziert an Springer-Verlag GmbH, DE, ein Teil von Springer Nature 2026

B. Beck und E.-M. Konrad, *Imaginationen eines besseren Lebens?*,
Techno:Phil – Aktuelle Herausforderungen der Technikphilosophie 11,
https://doi.org/10.1007/978-3-662-72857-4_7

sind als Themen vertreten.[3] In der Debatte werden ethische Argumente für und gegen den Einsatz von Enhancement-Technologien, Analysen möglicher sozialer und wirtschaftlicher Auswirkungen, Fragen der distributiven und korrektiven Gerechtigkeit und zahlreiche andere moralische Detailfragen ausführlich erörtert. Zugleich sind die inhaltlichen Spezifikationen der möglichen Ziele von Enhancement, wie zum Beispiel konkrete Formen der Selbstverbesserung, Selbstvervollkommnung und des Strebens nach Spitzenleistungen, seltsam blass geblieben.[4]

Bei den Befürwortenden von Enhancement-Technologien scheint es einen Konsens darüber zu geben, dass die wichtigsten Formen des Enhancements dasjenige verbessern sollen, was man als ‚Allzweckmittel' bezeichnet. Das bedeutet, dass es *per se* als gut angesehen wird, Fähigkeiten wie etwa Intelligenz oder Gedächtnisleistung zu verbessern. Nick Bostrom und Rebecca Roache formulieren dies im Kontext des genetischen Enhancements bei zukünftigen Kindern. Eltern sollten sich bei der Auswahl der Eigenschaften zurückhalten und nur die beeinflussen, „that are likely to benefit the child regardless of her eventual preferences and values, and regardless of her cultural context"[5]. Diese Hinwendung zu Allzweckmitteln kann als eine tiefere Enttäuschung über die Ideale der menschlichen Selbstvervollkommnung gedeutet werden, die einen großen Teil der aufklärerischen ethischen Theorien ausmachten.

Anstelle von konkreten Vorstellungen menschlicher Selbstvervollkommnung finden sich in einschlägigen philosophischen Werken oft mehr oder minder knappe fiktionale Darstellungen individueller oder kollektiver Zukünfte vor dem Hintergrund der Verwendung und Verbreitung von Enhancement-Verfahren.[6] In diesem Beitrag argumentieren wir dafür, dass der Literatur, insbesondere der Science-Fiction, in diesem Bereich der Debatte eine wichtige Rolle zukommen kann. Dafür werden zunächst zwei Vorschläge zum Umgang mit fiktionalen Darstellungen biologisch-menschlicher Veränderung und Verbesserung vorgestellt. Beide Vorschläge sind zunächst insofern überzeugend, als sie sowohl an etablierte Theorien – einerseits die Kasuistik, andererseits den Perfektionismus – anschließen, als auch Elemente tatsächlicher Praxis im Umgang mit Science-Fiction-Literatur widerspiegeln. Diese spielt eine wichtige Rolle als Inspiration für technologische Entwicklungen und tatsächlich greifen ethische Argumente zuweilen auf fiktive Zukunftsszenarien zurück, um das Für und Wider bestimmter Entwicklungen zu erwägen. Trotz ihrer anfänglichen Überzeugungskraft wird sich zeigen, dass beide Vorschläge Schwachstellen in der Ausarbeitung aufweisen. Sie erkennen zwar das Potential von Science-Fiction-Literatur, schätzen aber ihre Rolle für die Ethik falsch ein. Aufbauend auf der Kritik an den beiden Vorschlägen werden wir eine

[3] Vgl. z. B. Bostrom 2005, 4–7.

[4] Vgl. Vallor 2016.

[5] Bostrom/Roache 2007, 147.

[6] Vgl. u. a. Bostrom 2008 sowie Buchanan 2011.

alternative Vorgehensweise vorschlagen, die Science-Fiction sehr viel stärker als Teil der Auseinandersetzung mit Bedingungen und Grenzen möglicher Formen eines guten Lebens versteht denn als Entwurf spezifischer Lebensformen.

2 Zwei Vorschläge zur Rolle von Science-Fiction

Welche Rolle fiktionale Texte tatsächlich spielen können, ist Thema einer erst langsam aufkommenden philosophischen Diskussion.[7] Einem Vorschlag von Ian Stoner in seinem Artikel „Stable Strategies for Personal Development: On the Prudential Value of Radical Enhancement and the Philosophical Value of Speculative Fiction“[8] zufolge dient die fiktionale Form in solchen Passagen ebenso wie in literarischen Werken als eine Form von Kasuistik möglicher Fälle, im Gegensatz zur Verwendung realer Fälle etwa in der kasuistisch arbeitenden Medizinethik.

Stoner diskutiert neben dem prudentiellen Wert von extremen Enhancement-Maßnahmen insbesondere die Rolle fiktionaler Texte in der spekulativen Ethik. Mit ‚spekulative Ethik‘ bezieht er sich auf die Analyse moralischer Kontroversen, die es noch nicht gibt. Exemplarisch nennt er Kontroversen über die Richtung technischer, sozialer, politischer und Umweltentwicklungen. Stoner macht drei methodische Vorschläge für die spekulative Ethik: 1) Das geeignete Thema bestehe in der Evaluation von tiefliegenden Wertvorstellungen und nicht in *policies*, 2) es seien Fall- und nicht Prinzipien-basierte Methoden geeignet und 3) die geeigneten Fallbeschreibungen finden sich in den dichten, komplexen Darstellungen der Literatur und nicht in den konstruierten Szenarien philosophischer Gedankenexperimente. Demnach biete die *speculative fiction* einen idealen Anknüpfungspunkt:[9]

> Speculative ethics should not focus on developing policies governing future, as yet speculative, technology; rather, speculative ethics should focus on uncovering and evaluating the values that are likely to be salient in a broad range of possible futures. Speculative ethics should take care to maintain a bright distinction between imaginary scenarios and the real world. And speculative ethics should proceed using case-based methods, not through the application of prepackaged principles.[10]

Knapp gefasst argumentiert Stoner dafür, dass Science-Fiction-Literatur für die spekulative Ethik die gleiche Rolle einnehmen soll, die echte Fallbeschreibungen für die kasuistisch orientierte Medizinethik spielen. Obwohl wir diese Herange-

---

[7] Vgl. De Cruz/De Smedt/Schwitzgebel 2021.

[8] Stoner 2020.

[9] Vgl. ebd.

[10] Ebd., 142.

hensweise für interessant halten, sehen wir ein schwer zu umschiffendes methodisches Problem. Dieses resultiert ausgerechnet aus der Eigenschaft, die Science-Fiction-Szenarien Stoner zufolge hierfür geeignet erscheinen lässt. Diese Eigenschaft ist die Detailtiefe in der Beschreibung.[11] In der Medizinethik erlauben feine Details einer Vignette, Analogien zu ähnlichen Fällen zu ziehen. Dass diese Analogien bestehen, wird aber durch die Ähnlichkeiten realer Fälle gewährleistet; und zwar durch die Ähnlichkeit der Situationen, Bedürfnisse und Nöte realer Personen.

Die Übertragbarkeit zwischen Vignetten und ähnlichen Fällen kann für fiktive Zukunftsszenarien aber nicht einfach angenommen werden. Je detaillierter dort die Beschreibung von zukünftigen erfundenen Enhancement-Verfahren ausfällt, desto schwieriger wird die Analogiebildung zu anderen fiktiven Kontexten und noch mehr zu realen Kontexten. Die Details fiktionaler Darstellungen sind nicht in derselben Weise in Eigenschaften von realen oder auch nur möglichen Personen und Situationen verankert wie diejenigen der medizinethischen Kasuistik. Sie entspringen eben nicht der Beobachtung eines realen Falles, sondern der – sei es noch so geschulten – Erfindung der Autorin. Deshalb ist die Übertragbarkeit moralischer Urteile von Science-Fiction-Szenarien auf reale Kontexte auch nicht in derselben Weise – falls überhaupt – gegeben. Will man moralische Urteile über Science-Fiction-Szenarien auf andere Kontexte transferierbar machen, so muss man von diesen Details gerade absehen.

Stoners eigenes Beispiel führt dies sehr gut vor. Er diskutiert die Kurzgeschichte „Stable Strategies for Middle Management“[12] von Eileen Gunn, in der die Protagonistin Margaret eine Form von insektoider biotechnologischer Transformation wählt, die geeignet sein soll, eine Position im mittleren Management zu garantieren: „[T]he No. 2 Insect Option is supposed to make me into a successful competitor for a middle-management niche, with triggerable responses that can be useful in gaining entry to upper hierarchial levels.“[13] Die Autorin geizt nicht mit Details körperlicher Veränderung – besonderer Fokus liegt auf der Zunge in Form eines Stilettos – und mit fantastischen Darstellungen psychischer Effekte. In Stoners Interpretation der Geschichte bleibt nur eine einzige Eigenschaft dieser Transformation als ethisch relevant übrig: der Umstand, dass sie die Ziele der Person künstlich stabilisiert. Das bedeutet, dass nicht bloß die physische Unumkehrbarkeit des Eingriffs problematisch ist, sondern insbesondere die psychische Unumkehrbarkeit. Denn Margaret erhält in der Geschichte durch den Eingriff zwar genau das Ergebnis, das sie zuvor wollte, dies bedeutet aber nicht automatisch ein besseres Leben für sie:[14] „Whatever had made me think I wanted to get into management anyway?“[15] Wir sollten, so Stoner, kein Enhancement verwenden, das

[11] Vgl. ebd., 142 ff.

[12] Gunn 2004.

[13] Ebd., 28.

[14] Vgl. Stoner 2020, 128 ff.

[15] Ebd., 31.

verhindert, dass sich unsere Ziele fortentwickeln können. Um zu diesem Ergebnis zu gelangen, bedarf es allerdings nicht der Science-Fiction-Geschichte und schon gar nicht deren Details, von denen wir gerade abstrahieren müssen, um zu Stoners Konklusion zu gelangen.

Eine alternative methodische Einbindung von fiktionaler Literatur führen – wenn auch hinsichtlich der literarischen Texte teilweise implizit – Roduit, Heilinger und Baumann vor.[16] Ihnen zufolge können Vorstellungen menschlicher Perfektion sowohl eine begrenzende als auch eine leitende Rolle in der Diskussion um Human Enhancement spielen: „Indeed, an ideal can be used both to limit and to be action-guiding."[17] Sie greifen auf den Nussbaum'schen *capability approach* zurück und deuten dessen Liste von Fähigkeiten als Charakteristika eines menschlichen Ideals – als Vorstellung menschlicher Perfektion. Dabei gehen die Autoren nicht auf das Verfahren ein, mit dem diese Liste gewonnen wird. Je nach Phase des Nussbaum'schen Denkens handelt es sich dabei um die Analyse fiktionaler Texte oder politischer Partizipationsprozesse. Die Idee von Roduit und Kollegen scheint zu sein, dass durch die Analyse (auch) fiktionaler Texte eine Vorstellung menschlicher Perfektion in Form einer Liste von idealtypischen Fähigkeiten generiert wird. Diese Vorstellung menschlicher Perfektion soll dann geeignet sein, individuelle Enhancement-Techniken derart anzuleiten, dass jene als moralisch problematisch gelten, welche die aufgeführten Fähigkeiten negativ beeinflussen. Darauf aufbauend gilt das als moralisch akzeptabel, was diese Fähigkeiten maximiert:[18] „[A] given human enhancement is morally acceptable if it maximizes the central capabilities in a holistic manner."[19]

Der Gedanke, den Nussbaum'schen *capability approach* für die Enhancement-Debatte nutzbar zu machen, scheint uns verfolgenswert. Allerdings darf man dabei nicht in die von Nussbaum selbst für den perfektionistischen Liberalismus identifizierte Falle gehen, die Autonomie individueller Vorstellungen vom Guten zu unterlaufen. Nussbaum äußert an verschiedenen Stellen,[20] dass eine philosophische Theorie des Guten nicht ohne Bezug auf individuelle Vorstellungen des Guten formuliert werden sollte. Genau das droht aber, wenn man wie Roduit und Kollegen und wie auch Marc Cockelbergh[21] die von Nussbaum als Minimalbedingungen eines guten Lebens gefassten *capabilities* als gehaltvolle Perfektionsvorstellung ausdeutet. Im Falle von Roduit und Kollegen resultiert das beispielsweise darin, dass sie die gezielte Perfektionierung nur einer einzelnen Fähigkeit von Nussbaums Liste bei Beibehaltung eines akzeptablen Minimums der anderen Fähigkeiten für problematisch halten – umso mehr gilt dies für Fähigkeiten, welche die Liste nicht umfasst. Selbst wenn eine Person sich so spezialisieren wollte, wür-

[16] Vgl. Roduit/Heilinger/Baumann 2015.
[17] Ebd., 626.
[18] Vgl. ebd., 627 ff.
[19] Ebd., 629.
[20] Vgl. etwa Nussbaum 1997; Nussbaum 2011.
[21] Vgl. Coeckelbergh 2012.

den Roduit und Kollegen darauf beharren, dass nur ein gleichmäßiges Verfolgen aller Fähigkeiten der Liste dem von ihnen entwickelten Perfektionsideal entspricht und damit moralisch akzeptabel ist. Wir glauben nicht, dass diese Position die Autonomie individueller Vorstellungen vom Guten hinreichend respektiert. Personen, die sich auf einige Fähigkeiten spezialisieren und in anderen nur ein hinreichendes Minimum pflegen, machen unseres Erachtens keinen vorwerfbaren – wenn überhaupt einen – Fehler. Dies dürfte auch der Grund dafür sein, dass Nussbaum selbst keine Maximierung von Befähigungen, nicht einmal eine Rawls'sche Maximin-Verteilung[22] vorschlägt, sondern bei einer Schwellenwertkonzeption bleibt. Seien die Befähigungen so ausgeprägt, dass eine Person ein gutes Leben führen kann, dann bleibe es ihr überlassen, welche Vorstellungen eines guten Lebens sie im Weiteren verfolgt. Das gilt auch dann, wenn die Person Ziele verfolgt, die jenseits von Nussbaums Liste liegen.

3 Ein konstruktiver Vorschlag

Es gibt gute Gründe für die Annahme, dass fiktionale Beiträge über technologisch verbesserte Personen zunächst eine andere Funktion haben, als zukünftig mögliche Fälle zu konstruieren (Stoner) oder ein wertvolles Ziel menschlicher Entwicklung zu illustrieren (Roduit und Kollegen). Für einen auf den im vorherigen Kapitel dargestellten Ansätzen aufbauenden Vorschlag orientieren wir uns ebenfalls an Martha Nussbaum, die in ihren frühen Arbeiten gezeigt hat, dass Geschichten über Götter und Tierwesen, modern ausgedrückt über Übermenschen und Tiere, nicht wirklich von diesen ‚Anderen' handeln, sondern eher davon, wie es ist oder was es bedeutet, ein Mensch zu sein.[23] Indem wir Geschichten darüber erzählen, was diese Anderen nicht brauchen, wie sie in ihren Möglichkeiten nicht eingeschränkt sind, reflektieren wir eigentlich die Bedürfnisse und Grenzen von Menschen. Indem wir uns Leiden und Fehler jener Anderen ausdenken, arbeiten wir heraus, was das Gute am Menschsein ist und wohin uns menschliche Spitzenleistungen bringen können. Kurz gesagt, Geschichten über Tierwesen und Götter, über Tiere und Übermenschen, dienen als Kontrast zu Vorstellungen von menschlichem Gedeihen und von menschlicher Vortrefflichkeit oder Vollkommenheit.

---

[22] Vgl. Rawls 1971.

[23] Vgl. Nussbaum 1988; Nussbaum 1992; Nussbaum 1995.

3.1 *Zur Nussbaum'schen Methode (und deren vermeintlicher Revision)*

Der Kerngedanke von Nussbaums Theorie des guten menschlichen Lebens ist, dass die wichtigsten Informationen darüber, was ein gutes Leben ausmacht, in unserem kulturellen Verhalten enthalten sind. Sie untersucht und vergleicht in verschiedenen Epochen, Kulturen und Plätzen auf der Welt Intuitionen darüber, was es bedeutet, ein Mensch zu sein und als solcher ein gutes Leben zu führen.[24] Ihre Theorie „fußt keineswegs auf einer metaphysischen Biologie [...], sondern auf gemeinsamen Mythen und Geschichten unterschiedlicher Zeiten und Orte, Geschichten, die sowohl den Freunden als auch den Fremden erklären, was es bedeutet, ein Mensch und nicht etwas anderes zu sein."[25] Im Laufe der Entwicklung ihres Denkens verändert sich ihre Position dazu, welcher Teil unseres kulturellen Verhaltens die wichtigsten Informationen liefern kann. Dabei bleibt der normative Bezugspunkt jedoch immer die menschliche Natur. In ihrem Frühwerk betont sie die Literatur und insbesondere Mythen. Diese, so nimmt sie an, liefern uns einen Kontrast zwischen dem menschlichen Leben und den nicht-menschlichen Existenzformen der Göttinnen und Götter, der fiktiven Bestien und anderer Kreaturen der Erzählung. In ihrem späteren Werk legt sie den Schwerpunkt auf das politische Verhalten und insbesondere darauf, was Menschen über das gute menschliche Leben sagen, wenn sie konkret gefragt werden. Auf dieser Basis könnten wir, so Nussbaum, zu einem übergreifenden Konsens darüber gelangen, was ein gutes menschliches Leben erfordert, wenn wir über diese spezifische Frage in verschiedenen diskursiven Gemeinschaften nachdenken.[26]

Was von ihr selbst und von vielen ihrer Interpret:innen als eine wesentliche Verschiebung in ihrem Denken beschrieben wurde, weg von der Hermeneutik der Literatur und der Mythologie hin zu politischen Prozessen, kann somit als eine Verlagerung der Aufmerksamkeit auf andere Bereiche der kulturellen Praxis – nämlich der politischen statt der literarischen – gesehen werden.[27] Es ist nicht so, dass sich die Literatur und Mythologie als minderwertige Informationsquellen erwiesen hätten. Es hat sich vielmehr herausgestellt, dass sie Informationsquellen für ganz bestimmte Fragen nach einem guten menschlichen Leben sind. Wenn wir nach einem Kontrast suchen, also nach den Grenzen und Abgrenzungen dessen, was noch ein gutes menschliches Leben ist, sind fiktionale Literatur und Mythen die besten Informationsquellen, die wir haben. Wenn wir jedoch an den Kerneigenschaften eines guten menschlichen Lebens interessiert sind, ist es sinnvoller, die Menschen in diskursiven Situationen zu fragen, was ihrer Meinung nach ein gutes menschliches Leben für sie wäre.

---

[24] Vgl. Jömann/Kurbacher/Suhm 2000, 66.
[25] Nussbaum 1999, 46 f.
[26] Vgl. z. B. Nussbaum 1992, 215 f.
[27] Vgl. Nussbaum 2000.

Die Rede vom Kern und den Grenzen eines guten menschlichen Lebens ist eindeutig metaphorisch. Wir gehen aber davon aus, dass die Metaphern von Kern und Grenze den Unterschied erhellen, worüber die beiden verschiedenen Informationsgruppen Auskunft geben können. Die Diskussion über ein gutes Leben in politischen Prozessen bezieht sich meist auf das kurz- und mittelfristige tägliche Leben und seine Notwendigkeiten. Fiktionale Gegensätze zwischen Menschen auf der einen Seite und Göttern und Göttinnen, sprechenden Tierwesen, Superheld:innen – und Posthumanen – auf der anderen Seite beschäftigen sich eher mit den Extremen menschlicher Fähigkeiten und Kapazitäten sowie mit deren Grenzen; Extreme und Grenzen, die im Alltag der meisten Menschen kaum ins Gewicht fallen. Für die spekulative Ethik spielen sie jedoch eine entscheidende Rolle.

3.2 Eine Nussbaum'sche Lesart von Science-Fiction

Wenden wir diesen methodischen Zugriff auf die Geschichten über Transhumane, Posthumane und Übermenschen an, so scheint es in diesen Erzählungen zunächst nicht um erreichbare Ziele oder künftige Richtungen der Menschheit zu gehen. Vielmehr geht es um die Grenzen des menschlichen Gedeihens und, was noch interessanter ist, darum, was ein gelingendes Leben für einen Menschen im Gegensatz zu jenen Posthumanen und Übermenschen sein könnte. „Gelingendes Leben" bezieht sich auf die Realisierung der individuellen Vorstellungen vom Guten. Ein Teil dieser Vorstellungen bezieht sich auf die eigene Person, auf die eigenen angestrebten Eigenschaften und Fähigkeiten. Diese sind es, die Roduit und Kollegen als Perfektionsvorstellungen beschrieben haben. Die Geschichten und Überlegungen zu trans- und posthumanen Perfektionsvorstellungen würden dann mindestens so sehr einen Kontrast zu den Vorstellungen von einem gelingenden menschlichen Leben und menschlicher Perfektion bilden wie ein Vorbild.

Exemplarisch für einen solchen Umgang mit fiktionalen Darstellungen von Enhancement – in diesem Fall von lebensspannenverlängernden Maßnahmen – *avant la lettre* ist Bernard Williams' Ausführung in „Die Sache Makropulos"[28]. Williams diskutiert das gleichnamige Stück von Karel Čapek, in dem eine Frau mittels eines Serums aufhört zu altern. Sie ist zum Zeitpunkt der Erzählung 342 Jahre alt, oder besser: Sie ist seit 302 Jahren 40 Jahre alt. Aber dieses vermeintlich erfolgreiche lebensverlängernde Enhancement wird von ihr nicht mehr als Vorteil wahrgenommen. Sie empfindet an und in diesem verlängerten Leben keine Freunde mehr, setzt das Serum ab und verstirbt. Man muss dazu wissen, dass Williams den Artikel recht explizit als Kritik an Vorstellungen von einem ewigen Leben formuliert hat, wie es in den Vorstellungen mancher Religionen nach dem Tod beginnt. Williams argumentiert also nicht dafür, dass Lebensspannenverlängerung kein Gut oder gar moralisch problematisch sei. Er zeigt aber auf, dass Vorstellungen eines

[28] Williams 1993.

ewigen Lebens entgegen verbreiteter Überzeugungen eben keine Vorstellungen eines gelingenden menschlichen Lebens sind. Das gelingende Leben verstorbener Seelen steht im Kontrast zum gelingenden Leben lebender Menschen.

Blickt man unter derselben methodischen Vorgabe auf die von Stoner präsentierte Geschichte, dann fällt umgehend auf, dass deren Enhancement-Techniken als Transformationen jenseits des Humanen präsentiert werden. Alle Modifikationen dort bestehen darin, dass menschliche Personen tierische Charakteristika annehmen. Der Verdacht liegt also nahe, dass es auch dort um eine kontrastive Darstellung möglicher Lebensführungen und Entwicklungen geht, nämlich von solchen, die für Menschen geeignet sind, und solchen, die es nicht sind. Passenderweise zeichnet sich die einzige in der Geschichte näher vorgeführte Person ohne biotechnologische Modifikation dadurch aus, dass ihre Vorstellungen vom Guten unabhängig von den Vorgaben der ansonsten dominierenden Konzernstrukturen sind und sich im Verlauf ihres Lebens weiterentwickeln.[29] Damit steht sie im Gegensatz zu den anderen beschriebenen Figuren, die sich auch durch die Wahl von biotechnologischen Veränderungen eng an die Konzernstrukturen anpassen. Die biotechnologisch veränderten Figuren fungieren wiederum als Kontrast dazu, wie menschliches Leben gelingen und sich entwickeln kann. Man gelangt also mit sparsameren Annahmen zu demselben Ergebnis wie Stoner, wenn man die Nussbaum'sche Analysemethode verwendet: Enhancement ist dann problematisch, wenn es die Fortentwicklung der eigenen Vorstellungen vom Guten behindert.

Man kann in derselben Weise auf die eher fiktionalen Bestandteile post- und transhumanistischer Beiträge schauen. Berühmt für solche fiktionalen Einlassungen ist Nick Bostrom und insbesondere sein Aufsatz „Why I want to be a posthuman when I grow up“[30]. Bostrom erzählt dort von der möglichen Fortentwicklung einer menschlichen Person über Jahrzehnte und Jahrhunderte kognitiven und körperlichen Enhancements und versteht dies als eine Vorstellung eines gelingenden Lebens, als eine Perfektionsvorstellung im Sinne von Roduit und Kollegen. Interessant daran ist vor allem, was diese Erzählung konkret zu einer Vorstellung gelingenden menschlichen Lebens macht. Die von Bostrom konzipierte Person erlangt ihre Erfolge und Leistungen nämlich gerade nicht durch die Verwendung von Enhancement-Technologien, sondern indem sie ihr erweitertes Potential durch ein aktives, strebendes Leben realisiert.[31] Der oder die von Bostrom konzipierte Posthumane ist in dieser Hinsicht extrem human.

Aus philosophischer Perspektive wünscht man sich normalerweise generalisierbare Ergebnisse. Genau das ist aber schwierig, wenn man versucht, konkrete fiktionale Darstellungen von Posthumanen als Kontrastfolie für Perfektionsvorstellungen oder Vorstellungen von einem guten Leben für Menschen zu verstehen. Das ist deshalb schwierig, weil die Informationen darüber, was ein gutes Leben oder

[29] Vgl. Gunn 2004, 25 ff.

[30] Bostrom 2008.

[31] Vgl. ebd.

menschliche Perfektion ausmacht, respektive gerade nicht ausmacht, in den Konkreta der einzelnen Darstellungen zu suchen sind. Sie finden sich eventuell noch in häufig geteilten Komponenten solcher Darstellungen, nicht aber in allgemeinen Eigenschaften oder immer wiederkehrenden Elementen entsprechender Geschichten. Das ermöglicht es immerhin, Häufungen darin zu suchen, welche Figuren aus welchen Gründen als Kontraste verwendet werden. Es fällt beispielsweise auf, dass gegenwärtig zahlreiche Kontrastfiguren aus dem Bereich von KI und Robotik gewählt werden und jene sich insbesondere aufgrund ihrer weniger gebrochenen Rationalität – und auch Moralität – vom Menschen abgrenzen.[32] Künstliche Intelligenzen entscheiden in vielen fiktionalen Werken konsistenter und werden in ihrer Anwendung von rationalen und moralischen Regeln nicht durch ungezügelte Leidenschaften oder Fehlkalkulationen behindert. Solche Häufungen sind informativ, aber nicht in einem transtemporalen Sinn verallgemeinerbar. Das liegt daran, dass der Gegenstand der Abgrenzung, nämlich die Vorstellung vom guten menschlichen Leben, sich mit und durch diese Abgrenzung weiterentwickelt. Will man sich dennoch auf die Suche nach generalisierbaren Ergebnissen machen, so wird man nur relativ einfache All-Aussagen darüber treffen können, ob Formen technischer Optimierung notwendige oder hinreichende Elemente von Vorstellungen eines gelingenden Lebens oder von Perfektionsvorstellungen des Menschen sind.

3.3 Das Posthumane als Kontrastfolie gelingenden menschlichen Lebens

Der Umstand, dass die in Erzählungen vorkommenden Posthumanen oft einen Kontrast zu Vorstellungen gelingenden menschlichen Lebens und menschlicher Perfektion bilden, bedeutet zunächst, dass die für Posthumane typische Eigenschaft, nämlich die Steigerung von Fähigkeiten durch technologische Eingriffe, nicht hinreichend für Vorstellungen vom menschlichen Guten sind. Wir setzen einmal voraus, dass technologische Leistungsverbesserung im Sinne des Human Enhancement auch kein notwendiger Bestandteil solcher Vorstellungen des guten Lebens ist. Wir wollen aber für noch mehr argumentieren, nämlich dass technologische Leistungsverbesserung kein *unabhängiger* Bestandteil von Perfektionsvorstellungen ist. Genau das impliziert die Rede vom Kontrast: Dasjenige, was den Posthumanen ausmacht, also die technologisch verbesserte Leistung, ist kontrastiert und klar unterschieden von Vorstellungen gelingender menschlicher Entwicklung.

Dafür spricht das gängige Verständnis davon, was es bedeutet, seine Fähigkeiten zu entwickeln. Die Entwicklung der eigenen Fähigkeiten wurde zwar immer als echter Bestandteil gelingenden Lebens angesehen. Dies war aber durchweg

[32] Vgl. exemplarisch McEwan 2019.

eine Behauptung über spezifische Prozesse dieser Entwicklung, beispielsweise die lange gesuchte Einsicht, das Training, das Studium, den kognitiven Wettbewerb usw. Geschichten, in denen Individuen ihre Fähigkeiten ohne diese spezifischen Prozesse entwickeln, etwa durch die Verwendung von Wunderdrogen, durch technische Übertragung von Informationen in das Gehirn oder durch Telepathie, bilden einen Kontrast dazu.

4 Beispiele

Das lässt sich an zahlreichen literarischen Beispielen vorführen. Man denke exemplarisch an den vor lauter Aufmerksamkeit auf die drei Robotergesetze gern vergessenen Protagonisten von Isaac Asimovs *Foundation*-Universum, den Roboter R. Daneel Olivaw.[33] Obwohl er ansonsten von einem Menschen nicht zu unterscheiden ist, beherrscht er, anders als sein Polizei-Kollege Elijah Baley, die sogenannte *cerebroanalysis,* d. h. die Fähigkeit, den emotionalen Zustand einer Person durch eine Art von Distanzwahrnehmung von deren Gehirnaktivität zu ermitteln. Er muss sich also nicht mit dem Erlernen der Interpretation von Mimik und Gestik zufriedengeben. Die zusätzliche Fähigkeit zur Manipulation von Emotionen anderer erwirbt Olivaw im Band *Robots and Empire* auch nicht durch Übung oder Training, sondern durch Reprogrammierung. Eingestandenermaßen erlernt der Roboter durch die Interaktion mit dem Menschen Baley komplexere moralische Urteile, doch jenseits dessen ist die Art, wie er ein gutes Leben verfolgt, gänzlich von derjenigen der ihn umgebenden Menschen unterschieden.

Ein weiteres passendes Beispiel dürfte Iain Banks mit seiner *Culture*-Serie geliefert haben.[34] Die Culture ist eine Zivilisation, in der Menschen extrem umfangreiche technische und biologische Modifikationen erfahren haben, die ihnen ein hedonisch kaum noch zu ergänzendes Leben ermöglichen. Dennoch wird der Autor nicht müde, uns vorzuführen, wie seine Protagonist:innen den Rahmen ihrer so erweiterten Fähigkeiten durch Einübung, Training und harte Anstrengung ausreizen. Sie stehen damit im krassen Gegensatz zu den sogenannten ‚Minds', d. h. überlegenen künstlichen Intelligenzen, die zwar die dominanten Akteure der *Culture* sind, aber weder relevanten kognitiven Grenzen unterliegen, noch Anstrengungen auf sich nehmen müssen, um ihre Fähigkeiten auszuschöpfen. Sie werden mit voller kognitiver Kapazität gebaut und können hernach Informationen beliebig auslesen oder kopieren, statt lernen oder üben zu müssen.

Etwas versteckter wird dasselbe Thema in William Gibsons *Neuromancer*-Serie angesprochen.[35] Im ersten Band ist die Fähigkeit, sich im Cyberspace zu bewegen, eine unter Mühen und Gefahren erlernte. Im zweiten Band verursacht der Um-

---

[33] Eingeführt in Asimov 1954.

[34] Vgl. exemplarisch den ersten Band: Banks 1987.

[35] Vgl. Gibson 1984; Gibson 1986; Gibson 1988.

stand, dass dies nun einige Personen aufgrund der verborgenen Unterstützung – und eventuell Manipulation – durch künstliche Intelligenzen ohne diese Übung können, nicht nur eine Krise in der Szene der *Computerjockeys* und *Hacker*, sondern auch religiöse Deutungen dieses Phänomens. Dennoch wird diese extern erworbene Fähigkeit anders als bei den Hackern des ersten Bandes nicht zu etwas, was die Charakterentwicklung der neu auftretenden Figuren ausmacht, sondern eher zu einem Lebensumstand, mit dem sie sich arrangieren müssen.

Spätestens an dieser Stelle muss man fragen, welche Texte es denn sind, die uns Auskunft über die Grenzen gelingenden menschlichen Lebens geben. Wer Nussbaums Werke gelesen hat, verfällt leicht dem Verdacht, dass darin nur ausgewählte literarische Werke eine große Rolle spielen. Die obigen Beispiele könnten denselben Verdacht nähren, denn sie sind durchweg Klassiker der Science-Fiction-Literatur, die als anspruchsvoll gelten dürfen. Wir wollen aber gerade nicht behaupten, dass die fiktionale Auseinandersetzung mit den Grenzen gelingenden menschlichen Lebens auf eine enge Auswahl von anspruchsvollen Werken begrenzt ist oder dass man nur aus solchen etwas über das Thema lernen kann. Im Gegenteil: Die Pointe des von Nussbaum inspirierten Ansatzes ist es gerade, *verbreitete* Erzählungen als Quelle ernst zu nehmen. Diese, und nicht die Diskurse einer gebildeten Elite, sind es, die uns eine interne Perspektive darauf geben, wie Menschen sich selbst verstehen.

Deshalb seien hier noch einige Beispiele aus einer der gegenwärtig wohl meistrezipierten Erzählungen, aus dem Marvel-Universum angeführt.[36] Nicht nur die klassische Science-Fiction, sondern auch an ein größeres Publikum adressierte Erzählungen setzen sich – vielleicht wirkungsmächtiger – mit den Grenzen eines guten menschlichen Lebens auseinander. Zunächst gehen wir auf den Fall kognitiven Enhancements ein: Es gibt einen interessanten Disput zwischen den Menschen Captain America und Tony Stark, ob es sinnvoll ist, ein künstlich intelligentes System zur Erhaltung des Friedens zu erschaffen, den späteren Vision, nachdem der erste Versuch – in Form des Film-Antagonisten Ultron – bereits dramatisch gescheitert ist. Beide führen Argumente an, beide versuchen ihre intellektuellen Fähigkeiten so weit auszureizen wie möglich. Nicht so der *Gott* Thor, der schlicht eine visionäre Einsicht hat und einfach weiß, was das Richtige ist. Ersteres, d. h. der intellektuelle, auf Lernen und Argumentieren basierende Disput, ist eine Variante gelingenden menschlichen Lebens, letzteres, die wunderhafte Einsicht, ist es nicht, sie bildet eine Kontrastfolie. Das ist möglicherweise auch der Grund, warum gerade diese Szene in Rezensionen häufig kritisch diskutiert wurde.

Etwas Ähnliches gilt im Falle körperlichen Enhancements, zu dem sich erneut Beispiele aus dem Marvel-Universum finden lassen: Der Grund dafür, dass die Figur des Captain America durchaus als Beispiel für ein gelingendes menschliches

---

[36] Wir sehen für die gegenwärtige Darstellung von den Besonderheiten der jeweiligen Mediengattungen (Roman, Film, Comic) ab. Diese wären für eine medientheoretische Analyse der jeweiligen Werke zwar wichtig, tragen für deren Rolle als Form der Verständigung über ein gelingendes menschliches Leben aber nicht viel bei.

Leben genommen werden kann, liegt nicht darin, dass seine körperlichen Fähigkeiten künstlich gesteigert sind, sondern darin, dass man ihn beständig trainieren und lernen sieht. Andersherum: Der körperliche Verfall der *Gottes* Thor – der dennoch weiterhin übermenschliche Fähigkeiten hat – geht vielen Zuschauer:innen auf die eine oder andere Weise nahe, weil wir ihn an Vorstellungen gelingenden *menschlichen* Lebens messen: Seine durch ein psychisches Trauma verursachte Selbstvernachlässigung stellt kein Leistungsproblem dar, sondern ein Problem eines nicht gelingenden Lebens.

Diese Beispiele geben zunächst Hinweise darauf, dass es sich lohnt, eine wichtige Unterscheidung aufrechtzuerhalten: nämlich die Unterscheidung zwischen reiner Leistungsfähigkeit einerseits und einem gelingenden Leben inklusive dessen Perfektionsvorstellungen andererseits. Ein Bestandteil eines gelingenden menschlichen Lebens und menschlicher Perfektion liegt darin, um Erfolge und Fähigkeiten zu ringen. Technologische Intervention kann das Potential für Leistungen auf ein bisher unerreichbares Niveau heben, aber sie trägt damit nicht notwendigerweise dazu bei, dass das Leben der Person in höherem Maße gelingt. Um im Marvel-Universum zu bleiben: Captain America ist körperlich stärker als Hawkeye, aber daraus folgt nicht, dass sein Leben gelungener ist, geschweige denn, dass er ein höheres Maß an menschlicher Perfektion darstellt. Das Ergebnis biotechnischer Eingriffe, die die menschliche Leistung steigern, ohne dass die Person nach menschlichen Erfolgen oder Selbstentwicklung strebt, wäre lediglich das: Leistungssteigerung, aber eben kein Beitrag zu einem gelungenen menschlichen Leben.

Damit ist übrigens nicht gesagt, dass technologische Steigerung der eigenen Leistungsfähigkeit kein Bestandteil eines gelingenden Lebens sein kann. Es ist, wie oben beschrieben, die Pointe transhumanistischer Fiktion, dass Personen wählen, welche neuen Möglichkeiten sie erwerben, und sich danach darin üben, diese Möglichkeiten auszuschöpfen. Für diese Personen ist die Leistungssteigerung deshalb Teil des guten Lebens, weil sie es ihnen überhaupt erst erlaubt, ihren Möglichkeitsraum auszudehnen und ihn dann – eben durch Training und Übung – ausschreiten zu können. Die technologische Steigerung der eigenen Leistungsfähigkeit wird zu einem Bestandteil eines gelingenden Lebens aber nur aufgrund ihres instrumentellen Werts innerhalb einer individuellen Vorstellung eines gelingenden Lebens.

5 Fazit

Wie erwähnt, wünscht man sich in philosophischen Beiträgen generalisierbare Ergebnisse. Welche konkrete Form von Enhancement ist wertvoll oder schädlich, welche moralisch erlaubt, geboten oder verboten? Solche Ergebnisse können wir hier kaum bieten. Wir können es nicht, weil die von uns vorgeschlagene Methode andere Ergebnistypen liefert. Was wir hingegen hoffen, geboten zu haben, sind methodische Präzisierungen im Umgang mit fiktionalen Texten. Dies ist der Beobachtung entsprungen, dass innerhalb der Enhancement-Debatte verschiedene ethische Themen ausführlich diskutiert, die spezifischen Ziele von Enhancement-Eingriffen dafür aber wenig und nur oberflächlich thematisiert werden. Darauf aufbauend haben wir zwei Vorschläge für einen Umgang mit Science-Fiction-Literatur in der Enhancement-Debatte untersucht. Obwohl beide Vorschläge produktive Elemente enthalten, haben wir uns zunächst gegen den von Stoner entwickelten Gedanken gewandt, dass fiktionale Texte eine kasuistische Basis für eine partikularistische spekulative Ethik sind. Denn die Detailtiefe der Science-Fiction-Szenarien macht eine direkte Übertragung auf reale Fälle unmöglich. Auch dem Vorschlag von Roduit und Kollegen, dass uns Perfektionsvorstellungen direkt die Ziele zukünftiger menschlicher Entwicklung liefern, haben wir nicht zugestimmt.

Das Potential beider Ansätze erkennend haben wir darauf aufbauend vorgeschlagen, die Methodik aus Martha Nussbaums *capability approach* auf moderne Literatur über Posthumane und Übermenschen anzuwenden. Folgt man dieser Verwendungsweise, so wird deutlich, dass fiktionale Texte über posthumane und technologisch veränderte Personen Kontrastfolien für das Nachdenken über gelingendes menschliches Leben liefern. Diese an Nussbaum angelehnte Methode liefert uns zwar keine zeitübergreifenden Allaussagen über die Zulässigkeit konkreter Enhancement-Techniken. Sie liefert uns aber Regelmäßigkeiten in fiktionalen Darstellungen darüber, was unseren gegenwärtigen Vorstellungen von einem gelungenen menschlichen Leben entgegensteht.

Wir folgen damit einer in der Science-Fiction-Literatur gängigen Einschätzung, nämlich dass es in Science-Fiction nicht um die Zukunft, sondern eigentlich um die Gegenwart und unsere Vorstellungen von einem guten menschlichen Leben geht. Auch Darstellungen zeitlich mehr oder minder weit entfernter, technologisch veränderter Personen beschreiben jene zwar, handeln aber von uns und davon, was uns und unser Gedeihen von ihnen unterscheidet.

Literatur

Ach, Johann S.: Enhancement. In: Eike Bohlken/Christian Thies (Hrsg.): *Handbuch Anthropologie. Der Mensch zwischen Natur, Kultur und Technik*. Stuttgart/Weimar 2009, S. 107–114.

Asmiov, Isaac: *The Caves of Steel*. New York 1954.

Banks, Iain M.: *Consider Phlebas*. London 1987.

Bostrom, Nick: Transhumanist Values. In: *Review of Contemporary Philosophy* 4 (2005), S. 3–14, https://nickbostrom.com/ethics/values.pdf (5.12.18).

Bostrom, Nick: Why I Want to be a Posthuman When I Grow Up. In: Bert Gordijn/Ruth F. Chadwick (Hrsg.): *Medical enhancement and posthumanity*. Dordrecht 2008, S. 107–137.

Bostrom, Nick/Roache, Rebecca: Ethical issues in human enhancement. In: Jesper Ryberg/Thomas Petersen/Clark Wolf (Hrsg.): *New Waves in Applied Ethics*. London 2007, S. 120–152.

Buchanan, Allen: *Better than human. The promise and perils of enhancing ourselves*. New York 2011.

Coeckelbergh, Mark: „How I Learned to Love the Robot“: Capabilities, Information Technologies, and Elderly Care. In: Ilse Oosterlaken/Jeroen van den Hoven (Hrsg.): *The Capability Approach, Technology and Design*. Dordrecht 2012, S. 77–86.

De Cruz, Helen/De Smedt, Johan/Schwitzgebel, Eric: *Philosophy through Science Fiction Stories: Exploring the Boundaries of the Possible*. London 2021.

Gibson, William: *Neuromancer*. New York 1984.

Gibson, William: *Count Zero*. New York 1986.

Gibson, William: *Mona Lisa overdrive*. Toronto/New York 1988.

Guibilini, Alberto/Sanyal, Sagar: The Ethics of Human Enhancement. In: *Philosophy Compass* 10/4 (2015), S. 233–243.

Gunn, Eileen: Stable Strategies for Middle Management. In: Eileen Gunn (Hrsg.): *Stable Strategies and Others*. San Francisco 2004, S. 3–18.

Heilinger, Jan-Christoph: *Anthropologie und Ethik des Enhancements*. Berlin/New York 2010.

Heinrichs, Jan-Hendrik/Rüther, Markus/Stake, Mandy/Ihde, Julia: *Neuroenhancement*. Berlin 2022.

Jömann, Norbert/Kurbacher, Frauke A./Suhm, Christian: Universal Capabilities vs. Cultural Relativism: Nussbaums's Capabilities Approach under Discussion. In: Angela Kallhoff (Hrsg.): *Martha C. Nussbaum: Ethics and Political Philosophy. Lecture and Colloquium in Münster 2000*. Münster 2001, S. 65–71.

McEwan, Ian: *Machines like me*. London 2019.

Nussbaum, Martha C.: Nature, Function, and Capability: Aristotle on Political Distribution. In: Julia Annas (Hrsg.): *Oxford Studies in Ancient Philosophy*. Oxford 1988, S. 145–154.

Nussbaum, Martha C.: Human Functioning and Social Justice. In Defense of Aristotelian Essentialism. In: *Political Theory* 20/2 (1992), S. 202–246.

Nussbaum, Martha C.: Aristotle on Human Nature and the Foundations of Ethics. In: James Edward John Altham/Ross Harrison (Hrsg.): *World, Mind, and Ethics: Essays on the Ethical Philosophy of Bernard Williams*. Cambridge 1995, S. 86–131.

Nussbaum, Martha C.: Flawed Foundations: The Philosophical Critique of (a Particular Type of) Economics. In: *The Chicago Law Review* 64 (1997), S. 1197–1214.

Nussbaum, Martha C.. Political Animals: Luck, Love, and dignity. In: *Metaphilosophy* 29/4 (1998), S. 273–287.

Nussbaum, Martha C.: *Gerechtigkeit oder Das gute Leben*. Hrsg. von Herlinde Pauer-Studer. Frankfurt a. M. 1999.

Nussbaum, Martha C.: Aristotle, Politics, and Human Capabilities. A Response to Antony, Arneson, Charlesworth, and Mulgan. In: *Ethics* 111 (2000), S. 102–140.

Nussbaum, Martha C.. Perfectionist Liberalism and Political Liberalism. In: *Philosophy & Public Affairs* 39/1 (2011), S. 3–45.

Persson, Ingmar/Savulescu, Julian: *Unfit for the Future: The Need for Moral Enhancement*. Oxford 2012.

Rawls, John: *A Theory of Justice*. Cambridge, Mass. 1971.

Roduit, John A. R./Heilinger, Jan-Christoph/Baumann, Holger: Ideas of Perfection and the Ethics of Human Enhancement. In: *Bioethics* 29/9 (2015), S. 622–630.

Stoner, Ian: Stable Strategies for Personal Development. In: *Metaphilosophy* 51/1 (2020), S. 128–150.

Vallor, Shannon: *Technology and the virtues. A philosophical guide to a future worth wanting*. New York 2016.

Williams, Bernard: The Makropulos Case: Reflections on the Tedium of Immortality. In: John Martin Fischer (Hrsg.): *The Metaphysics of Death*. Stanford 1993, S. 73–92.

Lachen verboten? Zur moralischen Kritisierbarkeit von Komik und Amüsement

Fabian Finkendey und Tilmann Köppe

1 Einleitung

Im Kapitel „When Is It Wrong to Laugh?" seines Buches *The Rationality of Emotion* (1987) stellt Ronald de Sousa die These auf, dass unsere Amüsiertheit über moralisch problematische Komik genauso (moralisch) falsch ist wie die Komik, angesichts derer sie sich äußert. Solche Komik setzt für ihr Gelingen voraus, dass wir bestimmte Einstellungen haben – etwa sexistische oder rassistische Überzeugungen und damit verbundene wertende Einstellungen gegenüber anderen Menschen. Die Amüsiertheit über einschlägige Komik ist, so de Sousa, Ausdruck entsprechender Einstellungen, so dass gilt: „*Insofar as the attitudes endorsed in phthonic mirth are evil, so is the laughter itself.*"[1] De Sousas These wurde in der darauffolgenden Debatte (der ‚analytisch' geprägten philosophischen Ästhetik) meist als moralistische Extremposition präsentiert und zurückgewiesen. In diesem Beitrag möchten wir eine Variante der These vertreten und gegen Einwände verteidigen. Unsere These lautet:

---

[1] Vgl. de Sousa 1987, insbesondere 289–292 (das Zitat entstammt der Zusammenfassung ebd., 276). *Phthonic mirth* ist de Sousas Term für Amüsiertheit, die auf moralisch problematischen Einstellungen beruht.

F. Finkendey · T. Köppe (✉)
Seminar für Deutsche Philologie, Deutschland, Universität Göttingen, Göttingen, Deutschland
E-Mail: tilmann.koeppe@phil.uni-goettingen.de

F. Finkendey
E-Mail: fabian.finkendey@stud.uni-goettingen.de

© Der/die Autor(en), exklusiv lizenziert an Springer-Verlag GmbH, DE, ein Teil von Springer Nature 2026

B. Beck und E.-M. Konrad, *Imaginationen eines besseren Lebens?*,
Techno:Phil – Aktuelle Herausforderungen der Technikphilosophie 11,
https://doi.org/10.1007/978-3-662-72857-4_8

Wer moralisch problematische Komik in relevanter Hinsicht versteht und sich angesichts dieser Komik vorbehaltlos amüsiert, verhält sich moralisch falsch.

In Abschn. 2 erläutern wir unsere These (nachstehend bezeichnet als *moralistische These*), in Abschn. 3 verteidigen wir sie gegen Kritik.

2 Die ‚moralistische These': Erläuterung

Zur *Komik* zählen wir jene Gegenstände, deren Wahrnehmung in geeigneten Rezipientinnen und Rezipienten Amüsiertheit hervorruft[2] oder die zumindest mit dieser Intention geschaffen wurden. Beispiele hierfür sind v. a. Witze, aber auch Kurzgeschichten, Reden, Urlaubskarten, Videos, Liedtexte, Aufführungen u. v. m. können darunterfallen. Während Komik eine Eigenschaft ist, die solchen Gegenständen zukommt, bezeichnet ‚Humor' eine Eigenschaft der Komik-Rezipientinnen und -Rezipienten.

Moralisch problematisch ist Komik, wenn sie etwa rassistisch, sexistisch, homophob, menschenfeindlich o. ä. ist. Ein Witz ist natürlich nicht schon deshalb rassistisch, weil er Rassismus bloß thematisiert. Vielmehr muss es zu den Gelingensbedingungen des Witzes zählen, dass rassistische Einstellungen bei den Rezipientinnen und Rezipienten vorhanden sind: Witze (und andere Formen von Komik) setzen typischerweise Bedingungen voraus, die von Rezipientinnen und Rezipienten erfüllt werden müssen, damit sie gelingen (d. h., Amüsiertheit hervorrufen).[3] Zu den basalen Bedingungen zählt etwa, dass ein Witz sprachlich verstanden und als Witz erkannt wird. Hinzu treten spezifischere Bedingungen – v. a. müssen Überzeugungen und wertend-affektive Einstellungen bei den Rezipientinnen und Rezipienten vorhanden sein. Sofern Komik auch moralisch problematische Überzeugungen oder Einstellungen voraussetzt, die ihr Gelingen befördern,[4] handelt es sich um moralisch problematische Komik.

Dass das *Verstehen* der Komik zu den Bedingungen der *moralistischen These* gehört, leuchtet unmittelbar ein: Wer gar nicht die Sprache spricht, in der ein sexistischer Witz verfasst ist, aber sich trotzdem amüsiert (z. B. wegen der unbekannten Sprache), dem können keine sexistischen Einstellungen unterstellt

---

[2] Vgl. Levinson 2006, insbesondere 396. Genau genommen haben komische Gegenstände nur die *Disposition*, in geeigneten Rezipientinnen und Rezipienten Amüsiertheit hervorzurufen. Die Eignung kann ihr Wissen, ihre Einstellungen, ihre Stimmung u. v. m. betreffen (vgl. ebd., 390).

[3] Vgl. Cohen 1999, 12–24.

[4] Die moralisch problematischen Einstellungen müssen weder notwendig noch hinreichend für das Gelingen der Komik sein, damit diese moralisch problematisch ist. Es reicht aus, dass sie das Gelingen *befördern*, d. h. der Amüsiertheit zuträglich sind. Notwendige oder hinreichende Gelingensbedingungen anzunehmen, scheint hier wenig vielversprechend, da Amüsiertheit *graduell* ist: Es wäre stets zu fragen, für welchen Grad von Amüsiertheit die vorausgesetzten Einstellungen notwendig bzw. hinreichend sind (vgl. ebd., 21 f.).

werden. Die Frage ist, welche die *relevanten Hinsichten* sind, in denen der Witz verstanden werden muss: Falls es möglich sein sollte, einen Witz *vollständig* zu verstehen, dann wäre dies auf jeden Fall hinreichend für das in der *moralistischen These* vorausgesetzte Verstehen. Aber ein vollständiges Verstehen sollte hier nicht als notwendig angesehen werden, da unklar ist, wie oft es in der Praxis überhaupt vorkommt. Insbesondere bei Witzen kann es naheliegen, *essentielle* Aspekte von nebensächlichen Aspekten zu unterscheiden und nur erstere als relevant für das Verstehen anzusehen: Ein Witz mag so beschaffen sein, dass rassistische Überzeugungen notwendig sind für seinen komischen Effekt (und somit auch für das Verstehen), während z. B. ein Wortspiel den komischen Effekt lediglich befördern mag. Da aber in manchen Fällen unklar sein wird, welche Aspekte der Komik als essentiell anzusehen sind, schlagen wir hier einen anderen Weg ein: Moralisch problematische Komik wurde genau dann in relevanter Hinsicht verstanden, wenn mindestens *ein* moralisch problematischer Aspekt der Komik verstanden wurde. Das heißt konkret: Jemand hat einen sexistischen Witz, in dem Frauen diskriminiert werden, in relevanter Hinsicht verstanden, wenn er z. B. verstanden hat, dass es zu den Gelingensbedingungen des Witzes gehört, dass die Rezipienten Frauen als minderwertig ansehen – ob dies nun essentiell oder nebensächlich für das Gelingen des Witzes ist. Für das Verstehen ist dabei nicht notwendig, dass der betreffende Aspekt *als* moralisch problematisch erkannt wird: Ein Sexist wird verstehen, dass der Witz ein bestimmtes Frauenbild voraussetzt, ohne es für problematisch zu halten.

Um solch einen Witz bloß zu verstehen, muss man kein Sexist sein. Doch damit der Witz auch gelingt, muss er in Rezipientinnen und Rezipienten hervorrufen, was wir als *vorbehaltlose Amüsiertheit* bezeichnen möchten. Es ist wichtig zu betonen, dass hier nur der mentale Zustand der Amüsiertheit[5] in Rede steht und nicht etwa das Lachen als dessen typische körperliche Manifestation: Man kann lachen, ohne amüsiert zu sein – und andersherum. Noch wichtiger ist an dieser Stelle eine Erläuterung der Qualifikation ‚vorbehaltlos'. Sie ist als *terminus technicus* zu verstehen, als Übersetzung von Harry Frankfurts „wholeheartedness": Laut Frankfurt gehört es zu den konstitutiven Eigenschaften von Personen, dass sie *höherstufige Einstellungen* ausbilden können.[6] Höherstufig sind diese Einstellungen, weil sie mentale Zustände sind, die andere mentale Zustände zum Gegenstand haben. Die Amüsiertheit über einen Witz ist ein Zustand erster Stufe, der keinen anderen mentalen Zustand – sondern eben den Witz – zum Gegenstand hat. Nun kann sich eine Person aber fragen, wie sie zu ihrer Amüsiertheit steht, d. h., sie kann Einstellungen zweiter Stufe ausbilden, die ihre Amüsiertheit auf der ersten Stufe zum

[5] Zu einer genaueren Charakterisierung von Amüsiertheit vgl. Roberts 1988. Wichtig ist, dass Amüsiertheit ein *Affekt* ist, d. h. ein sich ereignender mentaler Zustand, der schwer zu kontrollieren ist und – sofern er nicht kontrolliert wird – motivationale oder physiologische Folgen hat (vgl. ebd., 270).

[6] Vgl. dazu grundlegend Frankfurt 1988.

Gegenstand haben: Sie kann sich mit ihrer Amüsiertheit identifizieren (Pro-Einstellung) oder sie ablehnen (Kontra-Einstellung). Außerdem kann es sein, dass sie ambivalent ist, also sich nicht zu einer Pro- oder Kontra-Einstellung ‚durchringen' kann. Wenn eine Person sich aber ohne Ambivalenz mit einem mentalen Zustand identifiziert, dann tut sie dies *vorbehaltlos*.[7]

Die Konsequenzen der *moralistischen These* sollen nun veranschaulicht werden anhand einer Typologie möglicher Reaktionen auf moralisch problematische Komik, wobei der folgende Witz als Beispiel dient:

Was ist x in Salzsäure? Ein gelöstes Problem.[8]

Mindestens die folgenden Reaktionen auf den Witz scheinen denkbar:

Typ ‚eindeutig problematisch' Ein Rezipient mit problematischen Einstellungen gegenüber ‚x', der den Witz versteht, wird amüsiert sein und sich mit seiner Amüsiertheit vorbehaltlos identifizieren: Er wird keinen Grund dafür sehen, seiner Reaktion ablehnend oder auch nur ambivalent gegenüberzustehen. Das Wortspiel mag seine Amüsiertheit dabei noch verstärken. Vielleicht ist er aber auch zu wenig mit der Wirkung von Salzsäure vertraut, um diesen Aspekt des Witzes zu würdigen. Dann hätte er den Witz zwar nicht vollständig verstanden, aber immer noch in relevanter Hinsicht – um nämlich von der vorausgesetzten moralisch problematischen Einstellung amüsiert zu werden.

Typ ‚reine Empörung' Eine andere Rezipientin hört den Witz, erkennt die vorausgesetzte Einstellung, und ist ausschließlich empört. Vielleicht denkt sie an historische Fälle von Gewalt gegen die in Rede stehende Person oder Gruppe, an die politischen Zustände ihrer Gegenwart oder sie macht sich ernsthafte Sorgen über ihre Beziehung zum Erzähler des Witzes. Jedenfalls ruft die Komik bei ihr gar nicht erst Amüsiertheit hervor, mit der sie sich identifizieren könnte.

Typ ‚abgelehnte/ambivalente Amüsiertheit' Bei manch einer Rezipientin mag es komplizierter sein: Sie hört den Witz und ist ebenfalls über die erkannte mora-

[7] Vgl. Frankfurt 1999. Mit ‚vorbehaltlos' ist nicht die *Intensität* oder ‚affektive Tönung' der Identifikation gemeint: Die Person kann ihre Amüsiertheit glühend befürworten oder gelassen akzeptieren. Entscheidend ist nur die Abwesenheit von Ambivalenz (vgl. ebd., 100). Alternative (aber nicht unbedingt bessere) Übersetzungen von ‚wholehearted' wären ‚aus ganzem Herzen' oder ‚aufrichtig'.

[8] Aus diesem Witz-Typ ließen sich unterschiedliche moralisch problematische Witze konstruieren, indem für ‚x' Bezeichnungen jeweils unterschiedlicher Personengruppen (z. B. gesellschaftlicher Minderheiten) oder Namen einzelner Mitglieder solcher Gruppen eingesetzt werden. Die in dem Witz vorausgesetzte problematische Einstellung ließe sich in etwa wie folgt charakterisieren: ‚x stellt ein Problem dar, das gelöst werden darf/sollte, indem x (mit tödlichen Folgen) in Salzsäure aufgelöst wird'. Zugleich verfügt der Witz über ein Wortspiel (‚ein Problem lösen' / ‚etwas in Salzsäure lösen'), das für die Komik mitverantwortlich sein dürfte. In der Debatte zu de Sousas *moralistischer These* werden Witze mit derselben Struktur diskutiert, z. B. von Goldstein 1995, 33.

lisch problematische Einstellung empört. Allerdings hat sie das Wortspiel mitgerissen. Ihre mentalen Zustände erster Stufe sind eine Mischung aus Empörung und Amüsiertheit. Entscheidend ist aber ihre höherstufige Einstellung, die sich auf die Amüsiertheit richtet: Sie blickt mit entschiedener Ablehnung auf die Amüsiertheit, denn sie findet, dass derartige Witze eine solch positive Reaktion überhaupt nicht verdienen – entsprechend schämt sie sich hierfür. Möglicherweise entstehen aber auch Ambivalenzen: Schließlich ist sie überzeugt, dass allein das Wortspiel für ihre Reaktion verantwortlich war, die sie zudem nicht willentlich kontrollieren kann. Sollte sie sich also wirklich hierfür schämen? Zumindest Zweifel bleiben aber bestehen: Sie kann sich mit ihrer Amüsiertheit nicht vorbehaltlos identifizieren.

Typ ‚Aussteiger' Ein Mitglied einer menschenfeindlichen Gruppierung hat sich nach Jahren glühender Anhängerschaft dazu entschieden, auszusteigen. Er hat mit Entsetzen erkannt, dass er zutiefst menschenfeindliche Einstellungen entwickelt hat, und durchschaut nun die Rhetorik und Blendung der letzten Jahre. Obwohl er seine Vergangenheit mittlerweile entschieden ablehnt, hat sie bei ihm affektive Spuren hinterlassen, die auch kurze Zeit nach dem Ausstieg nachwirken: Als er den Beispielwitz hört, reagiert er unwillkürlich mit Amüsiertheit aufgrund der vorausgesetzten moralisch problematischen Einstellung. Zugleich entsteht bei ihm auf zweiter Stufe eine heftige Ablehnung dieser Amüsiertheit, denn in ihr erkennt er die gefährliche Ideologie, von der er sich vollständig – auch affektiv – befreien möchte.

Typ ‚amoralische Ablehnung' Angenommen, der überzeugte Rezipient des ersten Typs (‚eindeutig problematisch') hört den Witz in einer Situation, in der er seine Amüsiertheit gerne verbergen möchte, z. B. in Gegenwart von Menschen, die seine problematischen Einstellungen nicht erkennen sollen. Er könnte nun einfach versuchen, seine Reaktion zu verbergen, indem er sein Lachen zurückhält. Vielleicht wünscht er sich aber auch, dass solche Witze gar nicht erst Amüsiertheit bei ihm auslösen, damit es ihm leichter fällt, unentdeckt zu bleiben. In diesem Fall lehnt er seine Amüsiertheit auf zweiter Stufe ab (oder ist zumindest ambivalent), allerdings aus amoralischen Gründen (z. B. aus Gründen der Klugheit).[9]

Typ ‚unreflektiert' Die Unreflektierte (in Anlehnung an Harry Frankfurts „wanton")[10] bildet überhaupt keine höherstufigen Einstellungen aus. Wie auch immer sie über die Welt denkt und affektiv auf sie reagiert – nie fragt sie sich, wie sie zu diesen Gedanken und Gefühlen stehen soll. Falls sie auf den Witz mit Amüsiertheit reagiert, bildet sie keine höherstufigen Einstellungen hierzu aus: Weder identifiziert sie sich mit ihnen, noch lehnt sie sie ab, noch ist sie ambivalent. Diese Optionen stellen sich ihr gar nicht erst.

---

[9] Mit ‚amoralischen Gründen' sind Gründe gemeint, die gänzlich *unabhängig* von moralischen Überlegungen sind. Es sind keine *un*moralischen Gründe gemeint.

[10] Vgl. Frankfurt 1988, 16 f.

Typ ‚sorgenfreier Komik-Liebhaber' Für den letzten Rezipienten-Typ geht nichts über einen guten Witz: Auf intelligente Weise amüsiert zu werden ist für diesen Komik-Liebhaber ein hohes Gut im Leben. Es ist ihm so wichtig, dass er auch im Fall moralisch problematischer Komik nicht darauf verzichten mag. Wenn er durch den Beispielwitz nicht in hohem Maße amüsiert wird, dann nur, weil Aufbau und Pointe nicht kunstvoll, clever oder komplex genug sind, um seinen Humor-Ansprüchen zu genügen. Die in dem Witz vorausgesetzte moralisch problematische Einstellung erkennt er zwar, doch sie ist nicht geeignet, seine Amüsiertheit zu stören – er identifiziert sich mit ihr vorbehaltlos. Auf die Frage, ob dies nicht moralisch problematisch sei, antwortet er (anderen und sich selbst): ‚Auch problematische Witze können unproblematische Aspekte haben' oder ‚Witze sind ohnehin nur Fiktionen' oder ‚Wenn überhaupt, ist der Witz nur in bestimmten Kontexten moralisch anstößig'. Wer das nicht einsehen will, erweist sich in seinen Augen als humorlos und verwehrt sich den Genuss vieler herausragender Witze. Das heißt für den Komik-Liebhaber aber nicht, dass er moralisch unsensibel sein muss: Womöglich achtet er penibel darauf, nicht in den falschen Situationen über die falschen Witze (oder die Witze der falschen Leute) zu lachen. Auf diese Weise möchte er vermeiden, jemanden zu kränken oder moralisch problematischen Einstellungen Vorschub zu leisten. Und trotzdem ist er fest überzeugt: Ein guter Witz bleibt ein guter Witz, auch wenn er moralisch problematisch ist. Sich die Amüsiertheit darüber zu verbieten, ist weder möglich noch wünschenswert.

Die genannten Typen wurden zwecks Veranschaulichung etwas ausgeschmückt, doch es lassen sich *strukturelle* Gemeinsamkeiten und Unterschiede feststellen: Beim ersten Typ (‚eindeutig problematisch') und letzten Typ (‚sorgenfreier Komik-Liebhaber') liegt vorbehaltlose Amüsiertheit vor, weshalb die *moralistische These* hier greift: Der These zufolge sind diese Reaktionen moralisch falsch.[11] Wie der ‚eindeutig problematische' Typ dazu steht, sei dahingestellt. Es ist jedoch anzunehmen, dass jedenfalls der ‚sorgenfreie Komik-Liebhaber' mit dieser Zuordnung unzufrieden sein dürfte und daher gegen die *moralistische These* protestiert. In der Charakterisierung des Typs wurde bereits angedeutet, welche Formen dieser Protest annehmen könnte. Die im Folgenden diskutierte Kritik an der *moralistischen These* lässt sich somit auch als eine Verteidigungsrede des ‚sorgenfreien Komik-Liebhabers' lesen: Er ist bemüht zu zeigen, dass seine vorbehaltlose (‚sorgenfreie') Amüsiertheit keineswegs moralisch falsch ist.

[11] Bei allen anderen Typen greift die These nicht, da die in ihr formulierten Bedingungen nicht erfüllt sind: Es liegt gar keine Amüsiertheit vor (‚reine Empörung') oder es werden keine höherstufigen Einstellungen ausgebildet (‚unreflektiert'). Oder aber die vorhandene Amüsiertheit wird ambivalent bis ablehnend betrachtet. Dabei können die Gründe für die Ablehnung auch amoralischer Art sein (‚amoralische Ablehnung'). Bei Ablehnung aus moralischen Gründen ließe sich noch unterscheiden, ob die Amüsiertheit auf das Wortspiel (‚abgelehnte/ambivalente Amüsiertheit') oder auf die vorausgesetzte moralisch problematische Einstellung (‚Aussteiger') des Beispielwitzes zurückzuführen ist.

3 Die Kritik der *moralistischen These* durch den ‚sorgenfreien Komik-Liebhaber'

3.1 Aspekt-Wahrnehmung

Ein typischer Einwand gegen die *moralistische These* ist, dass moralisch problematische Komik meist verschiedene *Aspekte* aufweist, die von den Rezipientinnen wahrgenommen werden. Ihre Amüsiertheit müsse daher nicht auf die moralisch problematischen Aspekte zurückzuführen sein, sondern könne z. B. auch auf Wortspiele, Inkongruenzen sowie die Cleverness oder Innovativität der Komik gerichtet sein.[12] Weiter oben wurde die Reaktion des Typs ‚abgelehnte/ambivalente Amüsiertheit' auf diese Weise charakterisiert. Der ‚sorgenfreie Komik-Liebhaber' könnte nun behaupten, dass sich seine Amüsiertheit eben nur auf moralisch unproblematische Aspekte richte.

Diese Verteidigungsstrategie überzeugt jedoch nur in Bezug auf moralisch problematische Komik mit einer anderen Struktur als der Beispielwitz: Es müsste sich dabei um Komik handeln, bei der die moralisch problematischen und die harmlosen Aspekte klar voneinander zu trennen sind (dies betrifft z. B. Pointen im Text bzw. Vortrag).[13] Der Beispielwitz ließe sich etwa folgendermaßen modifizieren:

> Wie löst man ein Problem am besten? In Salzsäure. Einfach x hineinlegen und fertig.

Dieser modifizierte Witz verfügt nun über zwei verschiedene Pointen:[14] Die erste Pointe beruht bloß auf einem harmlosen Wortspiel (‚ein Problem lösen' / ‚etwas in Salzsäure lösen'), während die zweite hierauf aufbaut und zudem eine moralisch problematische Einstellung (‚x ist ein Problem' etc.) voraussetzt. Im ersten Fall erscheint es moralisch unproblematisch, mit vorbehaltloser Amüsiertheit zu reagieren – im zweiten nicht. Damit liegt aber noch kein Gegenbeispiel zur *moralistischen These* vor: Der erste Teil des Witzes (bis zur ersten Pointe) stellt

---

[12] Vgl. Carroll 2014, 96 f.; Carroll 2001, 334; Goldstein 1995, 30; Smuts 2010, 338; Benatar 2014, 31; Morreall 1989, 99 f.

[13] Oft werden im Zuge des Aspekt-Wahrnehmungs-Einwands aber gerade solche Beispielwitze angeführt, in denen die problematischen und die (scheinbar?) harmlosen Aspekte eng miteinander verbunden sind: Es geht dort z. B. um die inkongruente Wahrnehmung von Vergewaltigung, bezeichnet als ‚freundlicher Angriff' (vgl. Carroll 2014, 97), oder um die Absurdität der Vorstellung, Messer in menschlichen Körpern zu ‚verstauen' (vgl. Goldstein 1995, 30).

[14] Man könnte bestreiten wollen, dass das *bloße* Wortspiel (‚ein Problem lösen' / ‚etwas in Salzsäure lösen') überhaupt eine Komik-Instanz darstellt, da es ohne den Folgesatz (‚Einfach x hineinlegen und fertig.') seinen inhaltlichen Bezug – und damit womöglich seine komische Wirkung – verliert (Was genau ist das zu lösende Problem?). Dies würde die Verteidigungsstrategie des ‚sorgenfreien Komik-Liebhabers' unterminieren, weil er das Wortspiel nun nicht mehr als Erklärung für seine vorbehaltlose Amüsiertheit anführen könnte. Wir ignorieren diesen Punkt hier jedoch *for the sake of argument.*

noch keine Instanz moralisch problematischer Komik dar und fällt damit aus dem Skopus der These heraus. Erst der Witz als ganzer (inklusive zweiter Pointe) ist moralisch problematisch und verbietet somit laut These eine vorbehaltlos amüsierte Reaktion. Die beiden verschiedenen Komik-Aspekte (harmloses Wortspiel einerseits, moralisch problematische Einstellung andererseits) sind hier mit zwei verschiedenen Pointen verknüpft und rufen daher auch zwei verschiedene Reaktionen hervor.

Der ursprüngliche Beispielwitz (s. Abschn. 2) ist hingegen derart strukturiert, dass beide für die Komik relevanten Aspekte (Wortspiel und Einstellung) in *einer* Pointe miteinander verbunden werden. Das heißt: Wenn eine Person beide Aspekte in relevanter Hinsicht versteht und auf sie reagiert, dann lässt sich hinsichtlich *dieser* Reaktion fragen, ob der Hinweis des ‚sorgenfreien Komik-Liebhabers' auf die Aspekt-Wahrnehmung seine vorbehaltlose Amüsiertheit rechtfertigen kann – entgegen der *moralistischen These*.

Vorbehaltlose Amüsiertheit scheint jedoch insofern eine unangemessene Reaktion auf den Beispielwitz zu sein, als sie impliziert, dass eine andere Reaktion ausbleibt, die gerade angemessen wäre: Empörung. Dass vorbehaltlose Amüsiertheit die Abwesenheit von Empörung impliziert, ließe sich prinzipiell auf zwei Weisen begründen: Zum einen könnte es sich bei Amüsiertheit und Empörung schlicht um mentale Zustände erster Stufe (Affekte) handeln, die *psychisch inkompatibel* sind. Sich über den Witz zu amüsieren, würde dann implizieren, nicht empört zu reagieren – und sich somit moralisch unangemessen zu verhalten.[15] Es scheint allerdings fraglich, ob Amüsiertheit und Empörung tatsächlich psychisch inkompatibel sind: Manch ein Rezipient mag z. B. als Reaktion auf den Beispielwitz eine *gemischte Reaktion* an sich feststellen.[16] Damit wäre die erste Begründung empirisch bzw. phänomenologisch unzutreffend – aber zugleich eine zweite Begründung naheliegend:

In der *moralistischen These* ist von *vorbehaltloser* Amüsiertheit die Rede – d. h. davon, dass die Amüsiertheit erster Stufe auf höherer Stufe vorbehaltlos befürwortet wird. Dies impliziert die Abwesenheit von Empörung allerdings schon *begrifflich*: *Vorbehaltlos* amüsiert zu sein, *heißt*, sich mit *bloßer* Amüsiertheit zu identifizieren. Es heißt gerade nicht, in Bezug auf die eigene Amüsiertheit ambivalent zu sein oder stattdessen z. B. eine Mischung aus Amüsiertheit und Empörung zu befürworten. Daraus folgt (begrifflich), dass der ‚sorgenfreie Komik-Liebhaber', der *ex hypothesi* mit vorbehaltloser Amüsiertheit auf den Beispielwitz reagiert, gerade die Empörung vermissen lässt, die hier angemessen wäre. Sein Hinweis auf moralisch unproblematische Komik-Aspekte (z. B. Wortspiele), die mit der Pointe verknüpft sind, kann zwar rechtfertigen, warum er amüsiert

[15] Vgl. zu dieser Idee auch de Sousa 1987, 283–287. De Sousa diskutiert dort die Inkompatibilität von ‚Amüsiertheit' und ‚Bitterkeit'.

[16] Vgl. ebd., 285.

reagiert – aber nicht, warum seine Empörung über die moralisch problematischen Komik-Aspekte ausbleibt. Dass er sich darüber hinaus mit seiner erststufigen Reaktion auf höherer Stufe (vorbehaltlos und ‚sorgenfrei') identifiziert, kann initiale moralische Zweifel an seinem Verhalten nur nähren.[17] Diesem Argument gegen den ‚sorgenfreien Komik-Liebhaber' liegt im Übrigen kein *question begging* zugrunde: Hier wird nicht als Prämisse vorausgesetzt, dass Empörung eine angemessene Reaktion auf moralisch problematische Komik ist. Vielmehr wird die moralische *common sense*-Annahme vorausgesetzt, dass Empörung *im Allgemeinen* eine angemessene Reaktion auf moralisch problematische Handlungen, Äußerungen etc. ist. Wir gehen davon aus, dass der ‚sorgenfreie Komik-Liebhaber' diese *common sense*-Annahme grundsätzlich teilt und lediglich behauptet, dass es sich im besonderen Fall moralisch problematischer Komik anders verhält. Somit trägt er die Beweislast, diese behauptete Besonderheit moralisch problematischer Komik auch zu begründen. Sein Hinweis auf die Aspekt-Wahrnehmung scheint dazu aus den o. g. Gründen nicht geeignet zu sein – es sind daher andere Einwände gefragt, um die *moralistische These* zu widerlegen.

3.2 Fiktionen, Konventionen und hypothetische Einstellungen

Komik ist oft fiktional. Viele Witze bereiten z. B. ihre Pointen vor, indem sie zur Vorstellung fiktiver Figuren und Ereignisse einladen. Dies verleitet Kritiker der moralistischen These zu weiteren Einwänden: Wenn Witze bloße Fiktionen sind, könne die Reaktion ihrer Rezipientinnen und Rezipienten gar nichts über deren tatsächliche Einstellungen verraten. Zumindest könne es sich dabei nur um Einstellungen gegenüber Fiktivem handeln.[18]

Zunächst ist eine begriffliche Klärung nötig: Komik ist genau dann *fiktional*, wenn es eine ihrer Funktionen ist, Rezipienten zu einem Vorstellungsspiel

[17] Man beachte, dass die *moralistische These* dem ‚sorgenfreien Komik-Liebhaber' einen beträchtlichen Spielraum lässt, sich trotz seiner Amüsiertheit nicht moralisch falsch zu verhalten: Zunächst könnte er ‚instinktiv' auf erster Stufe mit einer Mischung aus Amüsiertheit und Empörung reagieren. Doch auch ohne diese ‚instinktive' Empörung würde eine höherstufige Kontra-Einstellung (z. B. Scham, Sorge oder zumindest Ambivalenz angesichts seiner ausbleibenden Empörung) bezüglich seiner erststufigen Reaktion genügen, um die Konsequenz der *moralistischen These* zu vermeiden. Damit erlaubt die hier diskutierte Version der These weitaus mehr Spielraum als de Sousas ursprüngliche Fassung (s. unsere einleitende Bemerkung): Für de Sousa ist bereits die (bloße) Amüsiertheit angesichts moralisch problematischer Komik moralisch falsch; der *moralistischen These* zufolge gilt dies allein für im erläuterten Sinne *vorbehaltlose* Amüsiertheit.

[18] Vgl. Carroll 2014, 98 f.; Goldstein 1995, 37 f.; Morreall 1989, 105 f.

einzuladen.[19] Ein Witz ist somit auch dann fiktional, wenn er zu Vorstellungen über *reale* Personen und Ereignisse einlädt: Ein Witz über Mutter Theresa ist ein Witz über die reale Person, auf die dieser Name referiert – selbst wenn ihr in dem Witz frei erfundene Handlungen angedichtet werden. Die Rezipienten-Einstellungen können also auch im Falle fiktionaler Komik eine reale Person zum Gegenstand haben. Anders verhält es sich bei Witzen über *fiktive* (d. h., frei erfundene) Figuren: Diese können womöglich gar nicht erst zum Gegenstand von Einstellungen werden – schließlich gibt es sie nicht.[20]

Doch die Einstellungen, die in Witzen vorausgesetzt werden, müssen nicht konkrete Einzelpersonen (weder reale noch fiktive) zum Gegenstand haben. Gerade moralisch problematische Komik hat meist einen *generischen Charakter*: Die problematischen Einstellungen, die zu ihren Gelingensbedingungen zählen, zielen auf generelle Eigenschaften von Menschen – auf deren Nationalität, Hautfarbe, Religion, Geschlecht usw. Es sind Witze über ganze *Gruppen* von Menschen mit diesen Eigenschaften. Die Bezugnahme auf eine Gruppe kann im Witz unterschiedlich realisiert werden: Die Gruppe selbst kann genannt werden (‚Frauen') oder es wird ein Repräsentant genannt, der entweder real (‚Mutter Theresa') oder fiktiv (‚Mary Poppins') oder unspezifiziert (‚eine Frau') ist.[21] Wer moralisch problematische Einstellungen gegenüber der Gruppe hat, wird unabhängig davon zu vorbehaltloser Amüsiertheit geneigt sein. Die Fiktivität mancher Witz-Protagonisten ist somit kein überzeugender Einwand gegen die moralistische These.

An dieser Stelle liegt es nahe, auch solche Einwände zu diskutieren, die die Rolle von *Konventionen* in der Komik betonen. Demnach folgen viele generische Witze einer etablierten Konvention: Sie sind zwar wörtlich genommen Witze über eine bestimmte Gruppe von Menschen (in der Diskussion genannte Beispiele sind ‚Polen'- und ‚Blondinen'-Witze),[22] seien eigentlich aber anders zu verstehen – nämlich als Witze über *irgendjemanden* oder *irgendeinen Idioten* („moron jokes"[23]). Zumindest in der letztgenannten Variante handelt es sich um einen denkbar ungünstigen Einwand gegen die *moralistische These*: Wenn eine Konvention

---

[19] Wir folgen hier Kendall Walton, der Fiktionen (weitestgehend) mit *Repräsentationen* gleichsetzt, die er wiederum über ihre Funktion definiert, als „prop" in einem Vorstellungsspiel zu dienen (vgl. Walton 1990, 51–54 und 70–75).

[20] Auch in diesen Punkten folgen wir Walton, der einen *Anti-Realismus* mit Blick auf Fiktives vertritt (vgl. ebd., 130–137 sowie ausführlicher 385–430) und hieraus die Konsequenz zieht, dass Rezipientinnen und Rezipienten keine Einstellungen gegenüber Fiktivem haben können (vgl. ebd., 195–204). Die folgende Diskussion ist aber nicht an diese Positionen gebunden.

[21] Im letzten Fall ist nicht spezifiziert, ob Rezipientinnen und Rezipienten zur Vorstellung einer realen oder einer fiktiven Frau eingeladen werden. Viele Witze – insbesondere moralisch problematische – lassen ihre Protagonisten in dieser Hinsicht unspezifiziert. Dies ist ein starkes Indiz dafür, dass für die vorausgesetzten Einstellungen *unerheblich* ist, ob die Protagonisten eines Witzes fiktiv sind oder nicht.

[22] Vgl. Carroll 2014, 98 f.

[23] Ebd.

darin besteht, eine Gruppe von Menschen als synonym für Idioten zu verstehen, wirft das ein schlechtes Licht auf diese Konvention. Sofern es zu den Gelingensbedingungen eines Witzes zählt, diese Konvention zu akzeptieren, ist vorbehaltlose Amüsiertheit offensichtlich unangemessen. Außerdem kann man sich fragen, ob hier nicht einfach die eine Gruppe von Menschen durch eine andere ersetzt werde: Sind „moron jokes" nicht Witze über geistig beeinträchtigte Menschen?

Wenn der Konventionseinwand überzeugen kann, dann also höchstens in der erstgenannten Variante. Doch bei vielen generischen Witzen ist fraglich, ob sie ihre Komik (vollständig) bewahren, wenn man ihre Protagonisten durch ‚irgendjemand' ersetzt.[24] Dies wäre aber ein Hinweis darauf, dass sich die vorausgesetzten Einstellungen tatsächlich auf jene Gruppen von Menschen beziehen, denen die Protagonisten angehören. Und schließlich ist ganz grundsätzlich unklar, ob es die Konventionen gibt, von denen hier die Rede ist. Es müsste sich um Konventionen handeln, die unsere gewöhnlichen sprachlichen Konventionen blockieren: Wer im Rahmen eines Witzes ‚Blondine' sagt, referierte dann nicht mehr auf eine Frau mit blonden Haaren, obwohl unsere Sprache gewöhnlich so funktioniert. Das Bestehen einer solchen Konvention müsste erst einmal begründet werden.[25] Andernfalls erscheint der Konventionseinwand in beiden Varianten *ad hoc*.[26]

Angenommen, die Kritiker der *moralistischen These* akzeptierten die genannten Punkte: Dass moralisch problematische Witze sich oft auf Gruppen von Menschen beziehen und daher unerheblich ist, ob ihre Protagonisten fiktiv sind oder nicht; und dass die Bezugnahme auf diese Gruppen nicht durch Konventionen blockiert wird. Dann bestünde zumindest Einigkeit darüber, welchen *Gegenstand* die Einstellungen haben können, die von fiktionaler Komik vorausgesetzt werden. Doch

[24] Entsprechendes vermutet auch de Sousa 1987, 291.

[25] Institutionelle Fiktionstheorien versuchen dies für *Fiktionskonventionen* zu zeigen: Wenn ein Schriftsteller in seinem fiktionalen Roman ‚ich' schreibt, referiert er nicht (unbedingt) auf sich selbst, obwohl unsere Sprache gewöhnlich so funktioniert. Die sprachlichen Konventionen werden hier von Fiktionskonventionen blockiert (vgl. z. B. Searle 1975, insbesondere 326). Während es gute Gründe gibt, solch blockierende Fiktionskonventionen anzunehmen, erscheinen die in Rede stehenden Witz-Konventionen als weitaus weniger plausibel: Was spricht dafür anzunehmen, dass Witz-Protagonisten (z. B. ‚eine Blondine') *qua* Konvention nur für ‚irgendjemand' stehen?

[26] Ähnliches gilt für jene Einwände, die Komik als eine *spielerische Sphäre* ansehen, in der moralische Bedenken grundsätzlich ausgeblendet würden (vgl. Morreall 1989, 107). Ohne eine Begründung, die auch die vielen Beispiele berücksichtigt, in denen Komik *prima facie* moralischen Bewertungen zugänglich ist, erscheinen solche Einwände *ad hoc*. (Würde jemand, der im Sinne unserer oben vorgenommenen Typenunterscheidung mit Empörung oder Ambivalenz auf den Witz reagiert, unangemessen handeln, weil er oder sie die Konventionen der ‚spielerischen Sphäre' verletzt?) Und selbst wenn Komik eine amoralische Sphäre wäre, würde dies noch keinen Einwand gegen die *moralistische These* darstellen: Dass moralische Bedenken in der Komik-Sphäre ausgeblendet werden, hieße noch nicht, dass dort keine moralisch problematischen Einstellungen vorausgesetzt werden. Es hieße nur, dass das Problematische der Einstellungen dort *ignoriert* wird (oder werden soll?). Hier wird deutlich, dass eine solche Sphäre selbst als moralisch problematisch erscheinen kann.

die Kritiker könnten nun behaupten, dass in fiktionaler Komik keine tatsächlichen, sondern bloß *hypothetische Einstellungen* von Rezipientinnen und Rezipienten verlangt werden. Dieser Einwand kann zwei Formen annehmen:

Erstens könnte behauptet werden, dass zumindest im Fall mancher Witze *ausschließlich* hypothetische Einstellungen möglich sind. Beispiele hierfür wären etwa Witze, in denen die vorausgesetzten Einstellungen derart übertrieben scheinen, dass kaum Rezipientinnen und Rezipienten denkbar sind, die sie tatsächlich vertreten.[27] Ein weiteres Beispiel wären Witze, deren vorausgesetzte Einstellungen Menschen zum Gegenstand haben, die die Rezipientin gar nicht kennt bzw. kennen kann.[28] Ist in beiden Fällen nicht davon auszugehen, dass höchstens hypothetische Einstellungen verlangt werden? Nicht unbedingt: Es mag zwar Witze geben, die absurde Einstellungen voraussetzen. Oft sind aber lediglich die fiktionalen Ereignisse, zu deren Vorstellung der Witz einlädt, übertrieben. Die hyperbolische Darstellung weist dann in die ‚Richtung' der Einstellungen, an die sie appelliert.[29] Und selbstverständlich kann man tatsächliche Einstellungen gegenüber Menschen haben, die man nicht kennt. Selbst wenn man keinerlei empirische Überzeugungen über sie hat und daher z. B. neidhafte Einstellungen unplausibel erscheinen, kann eine Einstellung auch darin bestehen, dass einem ihr Schicksal schlicht egal ist. Außerdem sind die Rezipienten des Witzes zumindest im Besitz der Information, dass es sich um Menschen handelt. Dies allein sollte tatsächliche Einstellungen ihnen gegenüber möglich machen.

Zweitens könnte der Einwand die Form annehmen, dass es zumindest *auch* möglich sei, mittels hypothetischer Einstellungen von moralisch problematischer Komik vorbehaltlos amüsiert zu werden: Während ein Rassist über einen einschlägigen Witz aufgrund seiner tatsächlichen Einstellungen amüsiert ist, könnten andere Rezipienten sich auf hypothetischer Grundlage amüsieren. Hiermit wenden sich Kritiker der *moralistischen These* explizit gegen eine Prämisse von de Sousa.[30] Dass die Einstellungen ‚hypothetisch' sind, wird dabei auf zweierlei Weisen verstanden: Es ist entweder gemeint, dass Rezipienten sie bloß *kennen*,[31] oder dass sie sich *vorstellen*, sie zu teilen.[32]

Eine Einstellung zu kennen heißt hier zu wissen, dass andere sie teilen. Dafür ist Wissen über Tatsachen nötig, die über den Witz selbst hinausgehen. Dennoch

---

[27] Vgl. ebd., 105 f.

[28] Vgl. ebd., S. 106; Carroll 2014, 99; Goldstein 1995, 33 f.

[29] Vgl. Carroll 2001, 333.

[30] Vgl. de Sousa 1987, 290: „In contrast to the element of wit, the phthonic element in a joke requires endorsement. It does not allow of hypothetical laughter."

[31] Vgl. Smuts 2010, 340; Benatar 2014, 30.

[32] Vgl. Carroll 2014, 97 f.; Morreall 1989, 106 f. Wir interpretieren Morrealls Formulierungen „a fantastic idea being presented for playful enjoyment" (ebd., 106) und „[h]umor's playframe allows prejudicial ideas to be slipped into peoples's heads without being evaluated" (ebd.,107) als Formulierungen der These, dass Rezipientinnen und Rezipienten sich vorstellen, problematische Einstellungen zu teilen.

kann dieses ‚Weltwissen' höchst relevant sein für das Verständnis des Witzes: Wer z. B. die moralisch problematische Einstellung nicht kennt, die im ‚Salzsäure'-Beispielwitz vorausgesetzt wird, versteht diesen Aspekt des Witzes nicht und versteht daher auch nicht, worauf sich die Amüsiertheit des entsprechenden Rezipienten hier richtet.[33] Doch fraglich ist, ob die bloße Kenntnis moralisch problematischer Einstellungen hinreichend ist, um in einer Rezipientin auch Amüsiertheit hervorzurufen.[34]

Zunächst ist festzustellen, dass es sich bei dieser Version einer ‚hypothetischen Einstellung' um gar keine Einstellung handelt – noch nicht einmal um eine hypothetische: Einstellungen im hier relevanten Sinn müssen mindestens über eine *wertende Komponente* (pro oder kontra) verfügen, die typischerweise von einer entsprechenden affektiven Komponente begleitet wird.[35] Die bloße Kenntnis einer solchen Einstellung ist aber selbst keine Einstellung. Folglich müssten jene Aspekte von Komik misslingen, die eine wertend-affektive Einstellung der Rezipientin voraussetzen. Insbesondere moralisch problematische Aspekte fallen hierunter.[36] Hinzu kommt noch ein zweiter Punkt: Wenn die Rezipientin die vorausgesetzte Einstellung kennt und versteht, wäre eine negative Reaktion auf den Witz

---

[33] Dass die Kenntnis der vorausgesetzten Einstellungen wichtig für das *Verständnis* eines Witzes ist, bemerkt schon de Sousa: „Although we cannot come to find something funny by merely imagining that we share its phthonic assumptions, we intuitively know that sharing these assumptions is what would enable us to find it funny" (de Sousa 1987, 291).

[34] Vgl. ebd. Auch bei Kendall Walton findet sich eine entsprechende Überlegung. Walton schlägt ein Gedankenexperiment vor, demzufolge ein Ethnologe eine perfekte Kenntnis aller jener Umstände erlangen könne, die Mitglieder einer Population zum Lachen bringen – dennoch sei dies nicht hinreichend dafür, dass der Ethnologe die Amüsiertheit von Mitgliedern der Population teile. Was dem Ethnologen fehle, so Walton, sei die Fähigkeit, die Gegenstände der Amüsiertheit ‚mit den Augen' der amüsierten Person zu sehen (vgl. Walton 2015, insbesondere 196–199). Etwas in diesem Sinne ‚zu sehen' dürfte beinhalten, dass man bestimmte Überzeugungen und wertende Einstellungen hat.

[35] Zur affektiven Komponente zählen wir vor allem Emotionen und Wünsche: Eine negativ wertende Einstellung gegenüber einer Gruppe von Menschen kann etwa begleitet werden von Hass und dem Wunsch, dass Schaden für diese Gruppe entsteht. Doch auch subtilere Phänomene wie z. B. die Abwesenheit von Empathie oder Ignoranz gegenüber den Interessen anderer fallen darunter.

[36] Bei manchen Aspekten von Komik sind wertend-affektive Einstellungen der Rezipientinnen und Rezipienten notwendig, um Amüsiertheit hervorzurufen (vgl. Cohen 1999, 21–24). Ein problematisch eingestellter Rezipient wird auf den ‚Salzsäure'-Beispielwitz v. a. deshalb mit Amüsiertheit reagieren, weil er negative Einstellungen gegenüber ‚x' hat. Die im Witz vorausgesetzte Einstellung ist nicht bloß eine empirische Überzeugung, da die Charakterisierung einer Personengruppe als ‚Problem' eine negative Wertung beinhaltet. Können Rezipientinnen und Rezipienten mit Amüsiertheit *auf diesen Aspekt* reagieren, wenn sie die negativen Einstellungen nicht teilen, sondern sie nur kennen? Das erscheint fragwürdig. Denkbar wäre höchstens, dass die bloße Kenntnis der problematischen Einstellungen nur das *Verständnis* der Komik ermöglicht und die Amüsiertheit ihren Ursprung in anderen Aspekten der Komik hat (s. Fn. 33; vgl. auch Smuts 2010, 340). In diesem Fall ließe sich der hier diskutierte Einwand auf den Aspekt-Wahrnehmungs-Einwand reduzieren (s. o.).

(Empörung) oder zumindest eine Ablehnung der eigenen Amüsiertheit auf zweiter Stufe angemessen. Bei einer vorbehaltlos amüsierten Rezipientin, die die moralisch problematischen Einstellungen angeblich bloß kennt, ist also sowohl erläuterungsbedürftig, wie ihre Amüsiertheit zustande kommt, als auch, warum sie keine negativen Reaktionen zeigt.[37]

Somit scheint zunächst jene Version überzeugender zu sein, laut der mit ‚hypothetisch' gemeint ist, dass sich Rezipientinnen und Rezipienten vorstellen, die betreffenden Einstellungen selbst zu *teilen*: Anscheinend stehen hier wertend-affektive Einstellungen in Rede – wenn auch nur imaginierte.[38] De Sousa zufolge kann man anhand von Gedankenexperimenten einsehen, dass imaginierte wertend-affektive Einstellungen nicht hinreichend sind für Amüsiertheit.[39] Wir wollen hingegen die These vertreten, dass es schlicht *unrealistisch* ist, sich in einem relevanten Sinne vorzustellen, moralisch problematische Einstellungen zu teilen, ohne sie tatsächlich zu teilen. Diese These wird plausibel, wenn man sich klar macht, welche Vorstellungen relevant dafür sind, von einem Witz vorbehaltlos amüsiert zu werden: Zum einen sollte es sich dabei nicht nur um intellektuelle Erwägungen handeln („entertaining a thought"),[40] sondern um möglichst lebendige Vorstellungen aus erstpersonaler Perspektive und aus der Innensicht: Die Rezipientinnen und Rezipienten sollten sich nicht nur vorstellen, *dass* sie moralisch problematische Einstellungen teilen, sondern auch, *wie es ist*, dies *zu tun*.[41] Zum anderen darf nicht vergessen werden, dass hier nicht nur Affekte erster Stufe relevant sind, sondern auch höherstufige Einstellungen. Die Rezipientinnen und Rezipienten sollten also imaginieren, sich vorbehaltlos mit den problematischen (z. B. rassistischen) Einstellungen zu identifizieren. Und hierfür ist wohl nötig, sich vorzustellen, dass diese Einstellungen *unproblematisch* sind – wider besseres Wissen.[42] Sich in diesem anspruchsvollen Sinne *ad hoc* vorzustellen, moralisch problematische Einstel-

---

[37] Vgl. unsere Diskussion zur Aspekt-Wahrnehmung in Abschn. 3.1.

[38] Möglicherweise erleben die Rezipientinnen und Rezipienten bestimmte Aspekte der vorgestellten Einstellungen *tatsächlich*. Es könnte sein, dass kognitive und motivationale Aspekte im Skopus der Imagination bleiben, während phänomenale und physiologische Aspekte nicht nur vorgestellt werden, sondern auch tatsächlich bei den Rezipienten auftreten. Sie stellen sich z. B. vor, rassistischen Hass zu empfinden, und erleben dabei tatsächlich, wie sich dieser Hass anfühlt. Vgl. zu solchen *Quasi-Einstellungen* Walton 1990, 195–204 und 240–255.

[39] Vgl. de Sousa 1987, 291.

[40] Vgl. Walton 1990, 20; Walton 1994, 48.

[41] Vgl. Walton 1990, 28–35.

[42] Andernfalls würden sich Rezipienten bloß vorstellen, problematische Einstellungen zu haben. Können sie aber von einem rassistischen Witz *vorbehaltlos* amüsiert werden, ohne sich auch vorzustellen, dass die vorausgesetzten rassistischen Einstellungen *unproblematisch* sind? Vermutlich nicht: Sich vorbehaltlos mit den Einstellungen zu identifizieren, heißt auch, sie für unproblematisch zu halten. Wer sich vorstellt, vorbehaltlos rassistisch zu sein, muss sich daher auch vorstellen, dass Rassismus unproblematisch *ist*. Es ist fraglich, ob derartige Vorstellungen, die den eigenen moralischen Überzeugungen zuwiderlaufen, überhaupt möglich sind (vgl. Walton 1994, insbesondere 49 f.).

lungen zu teilen, dürfte äußerst schwierig – wenn nicht unmöglich – sein. Es wäre aber wohl notwendig, um auf problematische Komik vorbehaltlos mit Amüsiertheit zu reagieren.[43] Auch die zweite Version des Einwands ist daher stark erläuterungsbedürftig.

Am Ende dieses Teilabschnitts lässt sich festhalten, dass jene Einwände gegen die *moralistische These*, die auf die Fiktionalität (und ähnliche Eigenschaften) von Komik rekurrieren, nicht überzeugen können. Zwei Punkte wurden dabei ausgeklammert: Erstens wurde hier nicht geklärt, wie es überhaupt möglich ist, dass fiktionale Witze – verstanden als Vorstellungsspiele – tatsächliche Einstellungen ihrer Rezipienten voraussetzen. Dies fundiert zu klären, ist gemeinsame Aufgabe von Fiktions- und Komiktheorien. Für die hier verfolgte Diskussion soll der Hinweis genügen, dass Kritiker und Kritikerinnen der *moralistischen These* diese Prämisse gar nicht erst anfechten. Zweitens ging es hier stets um ‚fiktionale Komik' und nicht um ‚Komik in Fiktionen': Moralisch problematische Witze, die etwa von den fiktiven Figuren eines Romans erzählt werden, stellen einen komplexeren Fall dar, der hier nicht zur Diskussion stand.

3.3 *Kontextualismus*

Oft wird für einen *Kontextualismus* in Bezug auf Komik plädiert: Ob ein Witz moralisch problematisch sei, könne nie für einen abstrakten Text-Typ, sondern nur für dessen konkrete Instanzen in bestimmten Kontexten (d. h. Vortragssituationen mit konkreten Sprechern und Rezipienten, die bestimmte Intentionen haben) entschieden werden.[44] Der ‚sorgenfreie Komik-Liebhaber' könnte dieses Plädoyer zum Anlass nehmen, darauf zu verweisen, dass die *moralistische These* zu pauschal sei. Ein Witz, der in bestimmten Kontexten moralisch problematisch sei, müsse dies in anderen Kontexten durchaus nicht sein. Und zeige nicht beispielsweise die Tatsache, dass sexistische Witze, die sich gegen Frauen richten, auch von Frauen erzählt würden, dass es Instanzen einer vorbehaltlosen Amüsiertheit angesichts von Komik gebe, die dank der Person der Vortragenden vom Vorwurf der moralischen Problematik ausgenommen seien?

Das Plädoyer für den Kontextualismus erscheint uns allerdings als voreilig. Zunächst zur Frage, wann ein Fall moralisch problematischer Komik vorliegt: Hier gilt, dass auch für Witz-Typen Intentionen relevant sind – nämlich die ihrer Verfasserinnen. Wenn deren Intentionen darin bestehen, z. B. sexistische Einstellungen der Rezipientinnen des Witzes vorauszusetzen, handelt es sich um moralisch

[43] Hier könnte man sich zudem wiederum fragen, ob der (mutmaßlich erhebliche) erforderliche kognitiv-affektive Aufwand als psychischer Zustand kompatibel ist mit Amüsiertheit (vgl. unsere obigen Überlegungen zur Kompatibilität von Amüsiertheit und Empörung in Fn. 15).

[44] Vgl. Carroll 2014, 89 ff.; Gaut 1998, 53 f.; Benatar 2014, insbesondere 27–32.

problematische Komik.[45] In manchen Fällen mögen die Intentionen der Verfasserinnen von den Intentionen der Vortragenden ‚überschrieben' werden.[46] Dann wäre jedoch fraglich, ob überhaupt noch eine Instanz des vom Verfasser intendierten Witz-Typs vorliegt.[47] In jedem Fall können sich Vertreter der *moralistischen These* zu diesen Fragen *neutral* verhalten: Wenn der Kontextualismus wahr sein sollte, so erfüllen eben nur konkrete Komik-Instanzen die in der These genannte Bedingung ‚moralisch problematischer Komik'.

Skeptisch sind wir auch in Bezug auf die These, dass allein die *Person* des oder der Vortragenden die moralische Problematik eines einschlägigen Witzes entschärfen könne. Zählt zu den Gelingensbedingungen eines Witzes, dass moralisch problematische Einstellungen geteilt werden, dann ist (und bleibt) vorbehaltlose Amüsiertheit angesichts des Witzes moralisch falsch. Und dies wirft durchaus auch ein schlechtes Licht auf die amüsierte Person selbst. Zwar verurteilt die *moralistische These* konkrete (okkurrente) Zustände einer Person (ihre Amüsiertheit angesichts moralisch problematischer Komik), nicht deren charakterliche Dispositionen oder ihren Humor. Die vom Gelingen der Komik vorausgesetzten Überzeugungen und wertend-affektiven Einstellungen der amüsierten Person sind allerdings durchaus Kandidatinnen für (stabile) charakterliche Dispositionen. Insofern ist vorbehaltlose Amüsiertheit zumindest ein starkes *Indiz* für das Vorliegen solcher Dispositionen: Wenn eine Person erststufige Empörung sowie höherstufige Distanzierung in einem konkreten Fall vermissen lässt, ist davon auszugehen, dass sie sich in ähnlichen Fällen auch ähnlich verhalten wird. Eine Verhaltensänderung wäre erst erwartbar, wenn die Amüsiertheit nicht mehr vorbehaltlos ist, sondern etwa mit höherstufigen Ambivalenzen einhergeht. Schließlich bestimmen gerade unsere höherstufigen Einstellungen nicht nur, wer wir gegenwärtig sind, sondern auch, wer wir zukünftig sein wollen.[48] Wer sich angesichts moralisch problematischer Komik vorbehaltlos amüsiert, muss sich einen entsprechenden Vorwurf gefallen lassen.

---

[45] Natürlich müssen die Intentionen auch anhand des Witzes *erkennbar* sein. Andernfalls scheitern die Verfasserinnen und Verfasser darin, ihre Intentionen zu kommunizieren bzw. sie überhaupt zu haben. Dann würde der Witz die moralisch problematischen Einstellungen nicht voraussetzen.

[46] Für viele Witz-Typen ist dies allerdings schwer vorstellbar: Welcher Kontext sollte es ermöglichen, dass z. B. der ‚Salzsäure'-Beispielwitz nicht mehr die Einstellung voraussetzt, dass ‚x' ein durch Salzsäure ‚lösbares' Problem sind? Vielleicht denken Kontextualisten hier v. a. an *Meta-Witze*: Der ‚Salzsäure' -Witz wird nicht erzählt, sondern nur zitiert, oder es wird nur so getan, als werde er erzählt, um sich z. B. über Leute zu amüsieren, die solche Witze erzählen und komisch finden. In all diesen Fällen scheint aber nicht mehr der ‚Salzsäure'-Witz vorzuliegen, sondern eben ein Meta-Witz. vgl. hierzu schon de Sousa 1987, 291.

[47] Vgl. Levinson 2016, 10 f. Levinson schlägt vor, einen Witz-Typ nicht bloß als *Text* zu verstehen, sondern z. B. auch die für den Witz relevanten Intentionen zu berücksichtigen. Wird derselbe Text mit unterschiedlichen (relevanten) Intentionen vorgetragen, wird also jeweils ein anderer Witz-Typ instanziiert.

[48] Vgl. Frankfurt 1988, 12.

4 Schluss

Die vorangehende Diskussion hatte vor allem den Zweck, die *Beweislast* klarzustellen: Es sollte gezeigt werden, dass die *moralistische These* auf plausiblen Annahmen bezüglich Komik, Amüsiertheit, Rezipienten-Einstellungen und Moral beruht. Zugleich sollte deutlich werden, dass die Einwände ihrer Kritiker mindestens näherer Erläuterungen bedürfen, um überzeugen zu können. Solange dies nicht eingelöst wird, liegt die Beweislast bei den Kritikern der *moralistischen These*.

Am Ende unserer Ausführungen drängt sich schließlich die Frage auf, weshalb de Sousas These in der Debatte meist als moralistische Extremposition präsentiert und zurückgewiesen wird. Eine mögliche Ursache lohnt es sich hervorzuheben, weil sie das Wesen von Komik betrifft: Oft ist es für Rezipientinnen und Rezipienten schwierig festzustellen, worauf genau ein Witz abzielt. Das gilt insbesondere für die Einstellungen, die auf Seite der Rezipientinnen und Rezipienten vorausgesetzt werden – dies wird schließlich nicht explizit, sondern auf indirekte Weise (und auf Basis bestimmter Intentionen)[49] kommuniziert. Die vorausgesetzten Einstellungen sind jedoch entscheidend für die Frage, ob Komik moralisch problematisch ist. Insofern dürfte oft *Unsicherheit* darüber bestehen, ob vorbehaltlose Amüsiertheit eine angemessene Reaktion auf einen Witz ist. Vermutlich erweckt die *moralistische These* bei ihren Kritikern den Anschein, sie würde uns dazu auffordern, diese berechtigten Unsicherheiten einfach zu ignorieren. Tatsächlich legt die These aber eher folgende normative Konsequenz nahe: Als Komik-Rezipientinnen sollten wir uns stets bemühen, über unsere erststufigen affektiven Reaktionen zu reflektieren, und – im Zweifelsfall – Raum für Ambivalenzen lassen.[50]

Literatur

Benatar, David: Taking Humour (Ethics) Seriously, But Not Too Seriously. In: *Journal of Practical Ethics* 2 (2014), S. 24–43.

Carroll, Noël: On Jokes. In: Noël Carroll: *Beyond Aesthetics: Philosophical Essays*. New York 2001, S. 317–335.

Carroll, Noël: *Humour: A Very Short Introduction*. Oxford 2014.

Cohen, Ted: *Jokes. Philosophical Thoughts on Joking Matters*. Chicago/London 1999.

De Sousa, Ronald: *The Rationality of Emotion*. Cambridge/London 1987.

Frankfurt, Harry: Freedom of the Will and the Concept of a Person. In: Harry Frankfurt: *The Importance of What We Care About*. Cambridge 1988, S. 11–25.

---

[49] Hier sind wohl ‚Grice'sche Intentionen' anzunehmen: Die Verfasser bzw. Erzähler eines moralisch problematischen Witzes intendieren, dass Rezipienten den Witz mit entsprechenden Einstellungen rezipieren – und zwar aufgrund der Tatsache, dass sie die Intentionen der Verfasser bzw. Erzähler erkennen.

[50] Wir danken den Herausgeberinnen für viele wertvolle Hinweise zu einer früheren Version dieses Beitrags.

Frankfurt, Harry: The Faintest Passion. In: Harry Frankfurt: *Necessity, Volition, and Love*. Cambridge 1999, S. 95–107.
Gaut, Berys: Just Joking: The Ethics and Aesthetics of Humor. In: *Philosophy and Literature* 22 (1998), S. 51–68.
Goldstein, Laurence: Humor and Harm. In: *Sorites* 3 (1995), S. 27–42.
Levinson, Jerrold: The Concept of Humour. In: Jerrold Levinson: *Contemplating Art*. Oxford 2006, S. 389–399.
Levinson, Jerrold: Immoral Jokes. In: Jerrold Levinson: *Aesthetic Pursuits: Essays in Philosophy of Art*. Oxford 2016, S. 83–97.
Morreall, John: *The Philosophy of Laughter and Humor*. New York 1989.
Roberts, Robert C.: Is Amusement an Emotion? In: *American Philosophical Quarterly* 25 (1988), S. 269–274.
Searle, John: The Logical Status of Fictional Discourse. In: *New Literary History* 6 (1975), S. 319–332.
Smuts, Aaron: The Ethics of Humor: Can Your Sense of Humor be Wrong? In: *Ethical Theory and Moral Practice* 13 (2010), S. 333–347.
Walton, Kendall: *Mimesis as Make-Believe. On the Foundations of the Representational Arts*. Cambridge/London 1990.
Walton, Kendall: Morals in Fiction and Fictional Morality. In: *Proceedings of the Aristotelian Society*, Supplementary Volumes 68 (1994), S. 27–66.
Walton, Kendall: Understanding Humor and Understanding Music. In: Kendall Walton: *In Other Shoes. Music, Metaphor, Empathy, Existence*. Oxford 2015, S. 196–207.

Nachwuchssektion

Scham und Sprachfähigkeit. Epistemische Vereinzelung am Beispiel von Inès Bayards Roman *Scham*

Katharina Sternberg

1 Literatur als Ausweg aus epistemischen Vereinzelungserfahrungen

Es gibt bestimmte geistig-emotionale Zustände, die sich durch einen Mangel an Kommunizierbarkeit auszeichnen. Dies gilt insbesondere für das Phänomen der Scham. Scham ist begleitet von dem Drang nach Verschweigen und Verstecken.[1] Man kann also nicht nur nicht sprechen, sondern man will es auch nicht, was die kommunikative Hürde noch einmal verstärkt. Durch diesen Mangel an Ausdrucksfähigkeit verbleibt die Erfahrung allein im privaten Erleben. Je nachdem, wie tiefgreifend dieser ungeteilte Zustand eine Person in Beschlag nimmt, kann der Mangel an Mitteilbarkeit mehr oder weniger isolierend wirken.[2] Oft entsteht aber

[1] Vgl. Hilgers 2012, 9. In dem für die Schamforschung grundlegenden Werk *Die Maske der Scham* vertritt Léon Wurmser die These, dass Schamkonflikte immer ‚maskiert' werden – daher auch der Titel des Werkes (vgl. Wurmser 1990, 302).

[2] Der Psychologe Jens L. Tiedemann schreibt in seinem Werk *Die intersubjektive Natur der Scham* von der desintegrierenden Wirkung der Scham in Abgrenzung zur Schuld, die „in sich schon eine Form sozialer Integration dar[stelle]" (Tiedemann 2007, 16). Er erörtert zudem in Anlehnung an die Untersuchungen der Psychoanalytikerin Helen Block Lewis, dass „Scham im Vergleich zu Schuld eine weniger differenzierte, irrationalere, primitivere, wortlosere Reaktion darstellt" (ebd.), weshalb die „Wahrscheinlichkeit unangemessenen Stotterns" (ebd.) erhöht sei. Dieser Aspekt des Einflusses von Scham auf das Sprachvermögen ist nicht mit dem in diesem Aufsatz formulierten Problem der mangelnden Sprachfähigkeit gemeint, stellt jedoch eine interessante Erweiterung des Gedankens dar.

K. Sternberg (✉)
Bonn, Deutschland
E-Mail: katharina.sternberg@yahoo.de

© Der/die Autor(en), exklusiv lizenziert an Springer-Verlag GmbH, DE, ein Teil von Springer Nature 2026

B. Beck und E.-M. Konrad, *Imaginationen eines besseren Lebens?*,
Techno:Phil – Aktuelle Herausforderungen der Technikphilosophie 11,
https://doi.org/10.1007/978-3-662-72857-4_9

gerade erst im kommunikativen Austausch das Verstehen, das für die Aufarbeitung der Schamerfahrung nötig ist. Fehlt dieser, kann die Erfahrung eine epistemische Vereinzelung nach sich ziehen, also eine Vereinzelung durch die Unteilbarkeit der eigenen Erfahrungs- und Verstehenswirklichkeit. Diese epistemische Vereinzelung kann wiederum das Schamgefühl intensivieren, das sich ja gerade dadurch auszeichnet, dass man einen unangenehmen Bruch zwischen sich und der Gesellschaft auszumachen meint.[3]

Wie sich dieser Bruch konstituiert und ob und wie er überwunden werden kann, ist Gegenstand der folgenden Untersuchung. Inwiefern – so lautet die Untersuchungsfrage – kann insbesondere auch Literatur einen Ausweg aus solchen epistemischen Vereinzelungserfahrungen darstellen? Anhand des Romans *Scham* von Inès Bayard soll beispielhaft die ethische Bedeutung von Literatur hinsichtlich schambedingter Vereinzelungsmechanismen herausgestellt werden.

Im dem 2020 erschienenen und für den Prix Goncourt nominierten Roman (im französischen Original mit *Le maleur du bas* betitelt) geht es um das Vergewaltigungsopfer Marie, deren Schweigen über das Erlebnis sie immer tiefer in das Gefühl von Hilf- und Machtlosigkeit treibt. Insgesamt sind das Phänomen der Scham und das damit verbundene Schweigen der rote Faden, der sich durch den gesamten Roman zieht. Die Sprachlosigkeit ist verbunden mit einer radikalen Vereinzelung, aus der Marie als einzigen Ausweg den erweiterten Suizid sieht.

Der Roman soll mit dem 2007 erschienenen philosophischen Werk *Epistemic Injustice* von Miranda Fricker in Verbindung gebracht werden. Fricker untersucht hier unterschiedliche Formen von epistemischer Ungerechtigkeit und deren Grundlagen in gesellschaftlichen Machtstrukturen. Die Scham wird dabei als Symptom einer epistemischen Ungerechtigkeitserfahrung gedeutet. Die drei Größen – der Roman, das Phänomen der Scham und das Konzept der epistemischen Ungerechtigkeit – werden im Folgenden zueinander in ein Verhältnis gesetzt. Dabei bilden die theoretischen Auseinandersetzungen mit dem Phänomen der Scham und der Begriff der epistemischen Ungerechtigkeit den Untersuchungsrahmen für die im Roman geschilderten Erfahrungen der Protagonistin Marie. Es wird sich dabei zeigen, dass Marie fortlaufend Opfer epistemischer Ungerechtigkeit ist, was sie immer weiter in die schambehaftete Vereinzelung treibt. Zum Schluss wird untersucht, inwiefern Literatur einen Ausbruch dieser schambehafteten Vereinzelung ermöglichen kann.

2 Der Roman *Scham* von Inès Bayard

Im Roman *Scham* erfolgt zunächst eine Vorwegnahme des Endes: Die Protagonistin Marie und ihr Sohn Thomas sind bereits tot, Maries Mann Laurent hat nur knapp überlebt. Die Lesenden werden im weiteren Verlauf herausfinden, wie es zu

[3] Vgl. ebd., 17.

dieser Szene gekommen ist. Es folgt eine kurze Beschreibung von Maries Leben, ihrem sozialen Umfeld und ihrer Arbeit in der Bank. Als ihr Chef sie vergewaltigt, was bereits zu Beginn der Erzählung beschrieben wird, wird ihr Leben auf den Kopf gestellt.

Der Großteil des Romans beschreibt Maries Leben nach der Vergewaltigung, über die sie mit niemandem spricht. Sie ist schwanger und ist sich sicher, dass das Kind von ihrem Vergewaltiger ist. Ihr Ehemann Laurent, der sich ein Kind gewünscht hatte, bemerkt zunächst nichts von Maries desaströsem emotionalen Zustand. Auch nach der Geburt verbessert sich die Situation nicht: Marie kann zu ihrem Sohn Thomas keine liebevolle Beziehung aufbauen. Nach und nach wird es für Marie immer schwieriger, ihren Alltag zu meistern. Das Geheimnis, das sie mit sich trägt, lässt ihre äußere Fassade zunehmend bröckeln. Nur einmal trägt sie ihr Innenleben mithilfe eines Briefs nach außen, den sie zwar an Laurent adressiert, der ihr aber weitestgehend als Selbstzeugnis des Geschehens dient. Ihre Schwester entdeckt den Brief und stellt sie mit dem Vorwurf zur Rede, dass sie ihr Geheimnis Laurent schon längst hätte anvertrauen müssen. Marie erlebt diese Reaktion als harte Ablehnung ihrer Erfahrungswirklichkeit. Nach und nach erkennt Marie als einzigen Ausweg aus ihrer Situation den Mord an Laurent und Thomas, die für sie die Vergewaltigung jeden Tag neu spürbar werden lassen – Laurent durch seine körperlichen Annäherungen und Thomas durch seine bloße Existenz –, und den anschließenden Selbstmord. Nach dem durchgeführten erweiterten Suizid erfolgt eine unerwartete Wendung: Die Lesenden erfahren, dass Thomas' Vater nicht der Bankdirektor war, sondern Laurent.

3 Das Konzept der epistemischen Ungerechtigkeit nach Miranda Fricker

Der Roman *Scham* soll nun mit dem Konzept der epistemischen Ungerechtigkeit der britischen Philosophin Miranda Fricker verknüpft werden. Maries Geschichte dient als Beispiel einer schambesetzten, epistemischen Vereinzelungserfahrung. An Maries Erlebnis lassen sich damit Wirkungen und Mechanismen sozialer Macht aufzeigen, die in Frickers Werk *Epistemic Injustice. Power & the Ethics of Knowing* beleuchtet werden. Frickers Werk bewegt sich an der Schnittstelle von Ethik und Erkenntnistheorie. Dabei steht die Annahme im Hintergrund, dass die traditionelle Erkenntnistheorie die ethischen und politischen Aspekte unseres epistemischen Erlebens nur unzureichend berücksichtigt.[4] Frickers Ausgangspunkt ist das Konzept der sozialen Macht, unter der sie die sozial verankerte Fähigkeit versteht, die Handlungen anderer zu kontrollieren.[5] Eine Unterart der sozialen Macht ist die sogenannte Identitätsmacht. Die Idee ist hier, dass es bestimmte Vorstellungen von sozialen Identitäten gibt, die von denjenigen abhängen, die an der

---

[4] Vgl. Fricker 2007, 1 ff.

[5] Vgl. ebd., 13.

Machtausübung beteiligt sind.[6] Das bedeutet, dass die Vorstellung darüber, was z. B. Frau-Sein bedeutet, davon abhängt, was die Machtausübenden darunter verstehen. Das Phänomen der Identitätsmacht ist für Fricker deshalb interessant, weil es sich in der Art niederschlägt, wie Menschen miteinander in den diskursiven Austausch treten.

Fricker unterscheidet zwei Formen von epistemischer Ungerechtigkeit – die testimoniale Ungerechtigkeit und die hermeneutische Ungerechtigkeit. Testimoniale Ungerechtigkeit tritt dann auf, wenn bestimmte Vorurteile dazu führen, dass Sprecher:innen eine geringe Glaubwürdigkeit zugesprochen wird. Fricker schreibt dabei auch von einem identitätsbezogenen und vorurteilsbedingten Glaubwürdigkeitsdefizit.[7] Bei der testimonialen Ungerechtigkeit spielt Identitätsmacht eine bedeutende Rolle. Wenn mir aufgrund meines Frau-Seins eine geringere Glaubwürdigkeit als Männern zugesprochen wird – aufgrund der bestehenden Vorstellungen darüber, was Frau-Sein bedeutet –, unterliege ich einer testimonialen Ungerechtigkeit.

Hermeneutische Ungerechtigkeit hingegen tritt auf, wenn ein Mangel an konzeptuellen Ressourcen zur Beschreibung der eigenen sozialen Erfahrung besteht. Hermeneutische Ungerechtigkeit bedeutet, dass ein wesentlicher Bereich der eigenen Erfahrung aufgrund einer sogenannten hermeneutischen Marginalisierung dem kollektiven Verstehen entzogen bleibt.[8] Auch hier spielt die soziale Macht eine zentrale Rolle. Ungleiche soziale Machtverhältnisse können dazu führen, dass die hermeneutischen Ressourcen ungerecht verteilt werden.[9] Wenn beispielsweise eine Frau innerhalb einer patriarchalen Gesellschaft die Erfahrung von sexueller Übergriffigkeit macht, kann es passieren, dass es für ihre Erfahrung keinen interpretativen Rahmen gibt, den sie verwenden könnte, um diese Erfahrung einzuordnen – sowohl für sich selbst als auch für andere, denen sie davon erzählen könnte. Innerhalb einer patriarchalen Gesellschaft wird die Frau mit ihrer Erfahrungswirklichkeit also hermeneutisch marginalisiert.

Das Konzept der epistemischen Ungerechtigkeit wird im Folgenden auf den Roman *Scham* angewandt. Durch die Anwendung auf das im Roman beschriebene Beispiel von Marie wird das Konzept nicht nur anschaulicher, sondern auch um eine Dimension ergänzt, die die theoretische Auseinandersetzung nicht leisten kann: die Schilderung einer persönlichen Erfahrungsdimension. Die Erfahrungsbeschreibung im Roman soll dabei aber nicht bloß auf ihre Rolle als veranschaulichendes Beispiel reduziert werden. Sie ist zudem wesentlicher Bestandteil der vorliegenden Untersuchung, da anhand von Maries Erfahrung die Wirkkraft von Literatur im Zusammenhang von Vereinzelungserfahrungen herausgearbeitet werden kann.

---

[6] Vgl. ebd., 14–17.

[7] Vgl. ebd., 28. Im englischen Original wird dieser Sachverhalt als „identity-prejudicial credibility deficit“ beschrieben.

[8] Vgl. ebd., 155.

[9] Vgl. ebd., 153 ff.

4 Das Phänomen der Scham

Bevor im Anschluss nun Verbindungslinien zwischen dem Roman und Frickers Konzept der epistemischen Ungerechtigkeit gezogen werden, soll zunächst eine kurze Konzeptualisierung der Scham erfolgen. Das Phänomen der Scham ist Gegenstand verschiedener Forschungsgebiete, dem in den letzten Jahrzehnten zunehmend Bedeutung zukam.[10] Dabei erstreckt sich die wissenschaftliche Forschung unter anderem über die Disziplinen der Philosophie, der Psychologie, der Soziologie und auch der Literaturwissenschaft. Diese Disziplinen eint die größtenteils unumstrittene Einsicht, dass das Gefühl der Scham sowohl ein selbstbezügliches als auch ein soziales bzw. sozial vermitteltes Gefühl ist, das vor allem innerhalb von intersubjektiven Beziehungen aufkommt.[11] Insbesondere die Abgrenzung der Scham von dem damit leicht zu verwechselnden Gefühl der Schuld erscheint als ein wichtiger Baustein der Untersuchungen und ermöglicht ein genaueres Verständnis der Scham.[12] Zwar sind beide Gefühle – Scham und Schuld – zwischenmenschlich und signalisieren einen Bruch zwischen dem Ich und seiner Umwelt. Aber während sich Schuld auf eine Handlung und die Verantwortung bezieht, die jemand für diese Handlung trägt, ist Scham auf das Selbstbild einer Person und das Gefühl gerichtet, als Person nicht akzeptabel oder wertvoll zu sein.[13] Zudem ist das Gefühl der Scham elementar mit der Wahrnehmung einer Bloßstellung gegenüber Anderen verbunden. Die ‚Außen-Innen-Relation' ist konstitutiv für das Schamerleben. Ebenso ist der „enge Körperbezug"[14] in Schamerfahrungen wesentlich, was sich nicht zuletzt auch an den körperlichen Schamsymptomen wie beispielsweise dem unkontrollierbaren Erröten zeigt.[15] Scham impliziert, dass „ein bestimmter Aspekt des Selbst zum Vorschein gebracht wurde"[16]: Das eigene Ich steht im Zentrum der Aufmerksamkeit und sieht sich durch diese unfreiwillige Exposition – oder ‚Nacktheit' – entblößt und entwertet.

Es geht also im Wesentlichen bei der Schuld um eine Handlung und ihre Folgen, während es bei der Scham um die Person und ihr Selbstbild geht. Auch die Konsequenzen, die aus diesen beiden Gefühlen resultieren, sind unterschiedlich: Während Schuld zu Verantwortungsübernahme und Verhaltensverbesserung moti-

[10] Vgl. Römer 2017, 313.
[11] Vgl. ebd.
[12] Vgl. Tiedemann 2007, 17.
[13] Vgl. ebd.
[14] Blankenburg 1997, 49.
[15] Vgl. ebd.
[16] Tiedemann 2007, 17.

vieren kann, wird das Gefühl der Scham oft als lähmend erlebt und ist mit einem Verstecken-Wollen verbunden.[17]

Es lassen sich zudem zwei verschiedene Grundfunktionen der Scham ausmachen: eine persönlichkeitskonstitutive Form der Scham, die darin besteht, dass die Identität eines Subjekts durch die Scham gefestigt werden kann. Der Fokus in dieser Untersuchung liegt jedoch auf der destruktiven Funktion der Scham, die für die Interpretation des Romans aufschlussreich ist. Die destruktive Funktion der Scham

> tritt dann auf, wenn eine Kultur ihrem Mitglied keinen anderen Ausweg lässt als den Selbstmord oder die Ermordung des Scham-Zeugen, wenn (…) die Scham zu Schamabwehrreaktionen führt, die sich gegen den beschämenden und daher zu eliminierenden Störer richten.[18]

Diese zweite, destruktive Funktion der Scham „gefährdet und bedroht das Subjekt und vermag es im Grenzfall sogar zu zerstören“[19].

5 Der Roman *Scham* als Beispiel für eine epistemische, schambedingte Vereinzelung

Im Folgenden sollen nun die Verbindungslinien zwischen dem Konzept der epistemischen Ungerechtigkeit, dem Phänomen der Scham und Maries Erfahrungen, die im Roman *Scham* beschrieben sind, aufgezeigt werden. Der Roman dient dabei als konkretes Beispiel für schambedingte und epistemische Vereinzelung. Den Überlegungen liegt die Beobachtung zugrunde, dass Schamkonflikte, wie bereits erwähnt, immer auch von dem Drang nach Verbergen und Verstecken begleitet sind. Dabei ist dieser Drang nach Verstecken aus zwei Perspektiven heraus zu betrachten: Er entsteht im Subjekt zum einen aus Selbstschutz, zum anderen ist er jedoch auch durch soziale Machtstrukturen konstituiert, die dadurch weiter konsolidiert werden. Weiterhin führt das desintegrative und vereinzelnde Moment der Scham das Subjekt in eine Sprachunfähigkeit.

---

[17] Vgl. Wurmser 1990, 85. Wurmser unterscheidet drei Formen der Scham: die Schamangst, den Schamaffekt und das Schamgefühl. Was diese drei Schamformen voneinander unterscheidet, ist deren zeitliche Nähe zum Schamereignis. Während die Schamangst die generelle Angst vor der Bloßstellung und Erniedrigung beschreibt, ist der Schamaffekt direkt verbunden mit dem konkreten Ereignis, während das Schamgefühl eine Charakterhaltung ist, die sich als Reaktion nach dem Schamereignis einstellt. Die Untersuchungen des vorliegenden Beitrags konzentrieren sich auf das, was Wurmser den Schamaffekt oder auch die „depressive Verschämtheit“ (ebd., 73 ff.) nennt. Eine weitere Unterscheidung, die Wurmser vornimmt, ist diejenige zwischen dem Objekt- und dem Subjektpol der Scham. Der Objektpol beschreibt die Person, vor der man sich schämt, während der Subjektpol dasjenige kennzeichnet, dessen man sich schämt (vgl. ebd., 58).

[18] Römer 2017, 323. Vgl. ebd. auch zu den zwei Grundfunktionen der Scham.

[19] Ebd.

5.1 Verbindungslinien zwischen Bayards Roman Scham und Frickers Konzept der epistemischen Ungerechtigkeit

Die sozialen Machtverhältnisse im Roman sind klar sexistisch charakterisiert. Marie, die Opfer einer Vergewaltigung wird, steht vor einem doppelten Problem: Sie ist nicht nur qua ihrer Geschlechtsidentität in einer relativ machtlosen Position innerhalb ihres Umfeldes, sondern rückt durch die Erfahrung der Vergewaltigung weiter in die Machtlosigkeit. Zudem begegnet Marie einer testimonialen Ungerechtigkeit. Sie fürchtet, als Zeugin ihrer eigenen Erfahrung nicht ernst genommen oder abgelehnt zu werden. Diese Furcht sieht sie sowohl in den Kommentaren und Haltungen ihres Umfeldes bestätigt[20] als auch in der direkten Reaktion ihrer Schwester, die Gerechtigkeit für Laurent einfordert, statt Marie bei der Bewältigung ihrer Erfahrung zu unterstützen (vgl. 172).

Marie leidet weiterhin unter einer hermeneutischen Ungerechtigkeit: „[Niemand] kann ihren Albtraum verstehen […]. Es ist offensichtlich. Sie ist allein" (72). Hermeneutische Ungerechtigkeit tritt auf, wenn Erfahrungen innerhalb kollektiver Verstehensressourcen nicht hinlänglich repräsentiert und teilweise auch aktiv abgelehnt werden.[21] Auch im Roman *Scham* zeigt sich, dass die Erfahrung einer Vergewaltigung hermeneutisch marginalisiert erscheint. Dies wird beispielsweise daran ersichtlich, dass Maries Ehemann Laurent, der als Anwalt in einem Scheidungsprozess einen Vergewaltiger verteidigen soll, „das Wort ‚Vergewaltigung' nicht aus[spricht], nicht einmal das Wort ‚Übergriff'" (153). Er vermeidet – bewusst oder unbewusst – die Benennung einer solchen Erfahrung und leugnet damit in gewisser Weise auch die Realität dieser Erfahrungswirklichkeit. Auch Marie stößt auf mangelnde Resonanz, als sie von ihrer Erfahrung berichtet: „Marie denkt, dass es die richtige Entscheidung war, nach ihrer Vergewaltigung zu schweigen. Ihre Schwester hat sie nicht einmal nach der Identität ihres Vergewaltigers gefragt. Kein einziges Mal ist sie mit Roxane direkt auf den sexuellen Übergriff zu sprechen gekommen. Auch ihre Mutter hat keine Fragen gestellt" (200). Marie bekommt keinen Raum, über ihre Erfahrung zu sprechen. Aus diesem Grund bleibt Marie epistemisch vereinzelt.

Hermeneutische Ungerechtigkeit kann nach Fricker sowohl den Inhalt der Erfahrung als auch den Ausdruck derselben betreffen.[22] Auf der inhaltlichen Ebene

---

[20] Vgl. Bayard 2018, 42, 106, 200. Im Folgenden werden die Zitate aus dem Roman im Fließtext belegt.

[21] Vgl. hierzu auch Fricker 2007, 152 ff. Fricker spricht hier davon, dass die Fehlinterpretation von bestimmten Erfahrungen von den Machthabenden zum Teil gewollt ist, da eine adäquate Interpretation der Erfahrung möglicherweise zu einem Machtverlust dieser führen könnte. Sie führt dabei das Beispiel von sexuellen Übergriffen am Arbeitsplatz an, die als harmloses ‚Flirten' konzeptualisiert werden. Sich zu beschweren bedeute in diesem Interpretationsrahmen dann, einen fehlenden Sinn für Humor zu haben.

[22] Vgl. ebd., 60.

zeige sich, dass die Erfahrungen hermeneutisch marginalisierter Personen nur unzureichend konzeptualisiert und daher schlecht verstanden werden. In Bezug auf den Ausdruck zeige sich, dass auch dann, wenn der Inhalt der Erfahrung von den Zuhörerenden angemessen gedeutet wurde, die benachteiligten Personen aufgrund eines als unzureichend oder unangemessen beurteilten Ausdrucksstils nicht als glaubwürdig und rational angesehen werden. An dieser Stelle wird klar, dass testimoniale und hermeneutische Ungerechtigkeit auch gleichzeitig gegeben sein können. Das Problem des Ausdrucks zeigt sich beispielsweise dann, wenn Maries Brief – ihr einziges Zeugnis der Vergewaltigung – von ihrer Schwester Roxane wie folgt beschrieben wird: „Die Worte sind zu heftig, brutal, furchtbar, gewagt, schmutzig. Diese Sätze sind nichts als ein Haufen Müll, geschrieben von einer brünstigen Wilden" (166). Roxane spricht Marie also aufgrund ihres Ausdrucks ihre Glaubwürdigkeit ab.

Marie ist damit ein Beispiel für eine Person, die hermeneutische und testimoniale Ungerechtigkeit erfährt. Für Marie äußert sich diese Ungerechtigkeit insbesondere darin, dass sie sich nicht mitteilen kann. Dieser Mangel an Mitteilbarkeit ist ein zentrales Moment von Schamerfahrungen. Im Hintergrund steht dabei der Wunsch, sich in Schamsituationen verstecken zu wollen, aus Furcht, von den Anderen weiter beschämt und entwertet zu werden.

Der Zusammenhang zwischen Scham und epistemischer Ungerechtigkeit, die gleichermaßen in die epistemische und kommunikative Vereinzelung führen, soll nun im nächsten Unterkapitel beleuchtet werden.

5.2 Dimensionen der Scham im Roman

Das Phänomen der Scham kann – so eine These des Aufsatzes – als emotionales Symptom verstanden werden, das mit epistemischen Ungerechtigkeitserfahrungen einhergeht. Als Bindeglied zwischen Frickers Konzept und dem Roman erscheint das Phänomen der Verstummung, das auch den Schamaffekt begleitet. Im Folgenden sollen deshalb einige Elemente der Scham – der Zusammenhang mit sozialen Machtstrukturen, die vereinzelnde Wirkung und die Selbstbezüglichkeit der Scham – mit Beispielen aus dem Roman und mithilfe von Frickers Konzept der epistemischen Ungerechtigkeit näher beleuchtet werden. Dadurch wird das enge Beziehungsgeflecht zwischen Scham, Sprach(un)fähigkeit und epistemischer Vereinzelung erkennbar. Insbesondere die Charakterisierung der Scham als Ausdruck bestehender Machtverhältnisse ist hier von Interesse. Tatsächlich zeigen sich die anderen beiden Aspekte der Scham – die Vereinzelung und die Selbstbezüglichkeit – jeweils als Spielarten der zum Ausdruck kommenden Machtstrukturen, wie im Folgenden dargestellt wird.

5.2.1 Scham als Ausdruck bestehender Machtverhältnisse

Das Gefühl der Scham ist ein Ausdruck bestehender Machtverhältnisse zwischen Subjekten, die sich im affektiven Erleben niederschlagen.[23] Es zeigt sich, dass „Scham oft als Sanktionierung von Machtprozessen fungiert, durch die das Subjekt zu einer Anerkennung von Normen gebracht wird."[24] Frickers Konzept der sozialen Macht kann damit in Verbindung gebracht werden. Fricker definiert soziale Macht zunächst als die Fähigkeit, die wir als soziale Akteure haben, den Verlauf der Dinge in der sozialen Welt zu beeinflussen. Diese Macht kann sowohl aktiv als auch passiv ausgeübt werden. Zudem kann sie an bestimmte Akteur:innen gebunden sein oder rein strukturell funktionieren. Jede Operation von sozialer Macht dient der sozialen Kontrolle. Machtausübungen, insbesondere wenn sie strukturell wirken, sind immer darauf ausgerichtet, eine bestimmte soziale Ordnung zu schaffen oder zu erhalten.[25] Die soziale Macht funktioniert somit auch ohne konkrete Machtausübende, sie ist vielmehr der Struktur einer sozialen Ordnung inhärent. Diese Ordnung kann vom Subjekt so verinnerlicht sein, dass die soziale Macht in Form von Schamgefühlen operiert.

Auch im Roman spiegelt sich dieser Zusammenhang zwischen Scham und Macht, wenn es heißt: „[Marie] hat sich geschämt. Die Scham, die jede Frau von Anfang bis Ende ihres Lebens nicht loslässt. Immer ist es dieselbe. Die Scham vor dem Körper, der nicht perfekt, nicht rein ist, der von der allgemeinen Moral missbilligt wird" (77). Scham ist somit der stete Begleiter einer Frau. Denn die Frau schämt sich ihres vermeintlich defizitären Körpers in einer Gesellschaft, die eine bestimmte Vorstellung des weiblichen Körpers hat. Diese gesellschaftliche Vorstellung des weiblichen Körpers ist ein Resultat bestimmter sozialer und auch epistemischer Machtstrukturen.

Die Existenz sozialer Machtverhältnisse offenbart sich auch im Roman in Form einer Machtausübung in Bezug auf Geschlechtsidentität. Machtausübung durch Geschlechtsidentität – als eine Art der Identitätsmacht – zeigt sich z. B. dann, wenn ein Mann seine Identität als Mann (möglicherweise unbeabsichtigt) einsetzt, um das Handeln einer Frau zu beeinflussen.[26] Gleichzeitig passiert es dann, dass die Frau sich durch ihre Identität als Frau gegenüber dem Mann als machtlos erlebt. An mehreren Stellen lassen sich in der Erzählung Indizien für ein solches Machtgefälle aufgrund von Geschlechtsidentitäten feststellen, beispielsweise wenn es in Bezug auf Marie heißt: „An Laurents Seite weiß sie sich nur mit Sanftmut und Zurückhaltung zu behaupten, so wie schon vor zehn Jahren, wenn sie mit ihm und seinen Freunden zusammen waren" (23). Marie kann sich also nur in Form von klassisch weiblich gelesenen Eigenschaften wie ‚Sanftmut' oder ‚Zurückhaltung' in einem männlich dominierten Umfeld bewähren. Zudem behauptet

[23] Vgl. Geisenhanslüke 2019, 112.

[24] Römer 2017, 326.

[25] Vgl. Fricker 2007, 9–13.

[26] Vgl. ebd., 14.

Laurent an anderer Stelle, als es um Maries mögliche Schwangerschaft geht: „Ich weiß, wovon ich spreche, du bist schließlich meine Frau, ich kenne deinen Körper doch“ (57). Bei diesem zweiten Beispiel zeigt sich, dass Laurent Marie die Deutungshoheit über die Signale ihres eigenen Körpers abspricht, sie also in ihrem Recht verletzt, privilegierten epistemischen Zugang zu ihren eigenen Empfindungen (als Frau) zu beanspruchen.

Im Roman spiegeln sich folglich Machtstrukturen, die durch fest abgegrenzte Geschlechterrollen und damit eingehende Verhaltensregeln gekennzeichnet sind. Folgt man der Feststellung, dass „Scham […] Macht im Subjekt [verankert]“,[27] kann man festhalten, dass das Aufkommen eines Schamaffekts nicht nur Ausdruck von bestimmten Machtverhältnissen ist, sondern diese zudem konsolidiert, indem es das Subjekt schambedingt verstummen lässt.

5.2.2 Vereinzelnder Charakter der Scham

Eine zweite Eigenschaft der Scham ist die Vereinzelung. Schamgefühle isolieren von Anderen und führen oft zu Desintegration.[28] Der Impuls, sich zu verstecken, sich vor den Blicken der Anderen abzuschirmen, steht dabei nicht nur in Zusammenhang mit dem konkreten Inhalt der Scham, sondern auch mit der Sichtbarwerdung des Schamempfindens selbst gegenüber Anderen. Diese Sichtbarwerdung der eigenen Scham kann zu sogenannten „sekundären Schamgefühlen“[29] führen, weshalb eine solche vermieden wird. Eine Person, die sich schämt, versucht sich aufgrund ihres Schamgefühls und aus Angst vor weiteren Beschämungen vor den Anderen zu verbergen. Die Scham erzeugt dabei jedoch nicht nur eine Diskrepanz zwischen dem Ich und der Umwelt, sondern auch eine Diskrepanz zwischen realem und idealem Ich.[30] Es entsteht eine Spannung zwischen dem idealen Selbst und dem aktualen Selbst, das den eigenen Anforderungen oder denen der Gesellschaft oder des Gegenübers (vermeintlich) nicht gerecht wird. Das verinnerlichte Idealbild einer Person wird verletzt und entfacht die Scham. Diese Diskrepanz zwischen Ich und Ideal kann auch dann entstehen, wenn „intime Bereiche plötzlich und ohne eigene Kontrolle sichtbar werden.“[31]

Das Bewusstwerden der eigenen Defizite bzw. des Scheiterns am Ideal bildet die „kognitive Phase“[32] der Scham und ist mit einer negativen Selbstbewertung verbunden. In Bezug auf das Phänomen der Vereinzelung kann man dementsprechend festhalten, dass Schamerfahrungen mit einem Erleben von Diskrepanz – zwischen dem Ich und der Umwelt, aber auch zwischen dem Ich und dem Ideal

[27] Geisenhanslüke 2019, 112.
[28] Vgl. Tiedemann 2007, 18.
[29] Raub 1997, 38.
[30] Vgl. Hilgers 2012, 14.
[31] Ebd., 15.
[32] Tiedemann 2007, 27.

– verbunden sind, das in eine negative Selbstbewertung mündet. Die Diskrepanz wird dabei, wie bereits im vorangehenden Kapitel dargestellt wurde, durch bestimmte Machtstrukturen erzeugt. Die aus dem Diskrepanzerleben resultierende Vereinzelung erscheint also an dieser Stelle auch vom Subjekt selbst gesucht und intendiert, um sich den beschämenden Blicken der Anderen zu entziehen. Auch dieses Bedürfnis kann jedoch letztlich als Spiegel von sozialen Machtverhältnissen gedeutet werden, die sich im affektiven Erleben des Subjekts niederschlagen.

Auch Marie erscheint im Roman vereinzelt. Dies zeigt sich unter anderem daran, dass sie mit ihrer Erfahrungswirklichkeit unverstanden bleibt. Ihre Erfahrung wirkt damit desintegrierend. So heißt es in Bezug auf ihre eigene Erfahrung: „Marie ist im Dunkeln, in völliger Finsternis“ (48). Hier zeigt sich eine Schnittstelle zu Miranda Frickers Ansatz. Fricker spricht von einer hermeneutischen Lücke oder „darkness“, die dann eintritt, wenn die eigene Erfahrung im kollektiven Verstehen nicht hinreichend abgebildet wird.[33] Diese Vereinzelung geht mit einem Mangel an konzeptuellen Ressourcen einher, durch die die Erfahrung kommunikativ (mit-)teilbar werden könnte. Die Vereinzelung ist damit auch begleitet von einem Mangel an Kommunizierbarkeit. Auch hier offenbart sich eine Verbindung zwischen dem Konzept der hermeneutischen Ungerechtigkeit und Maries Geschichte. Ein Beispiel von hermeneutischer Ungerechtigkeit, das Fricker selbst nennt, ist eine Frau, die sexuell belästigt wird und ihre eigene Erfahrung nicht richtig nachvollziehen kann, da gesellschaftlich kein kritischer Begriff von sexueller Belästigung gegeben ist: Die Betroffene bleibt damit in einer hermeneutischen Dunkelheit gefangen, die von den Mächtigen auch aufrechterhalten wird.[34] Wenn beispielsweise Laurent behauptet, „zurzeit [werde] ja angeblich jeder vergewaltigt, man [zeige] schon auf Schuldige, bevor man überhaupt geprüft hat, ob sie es wirklich waren“ (42), so zeigt er damit an, dass Menschen, die Opfer von sexueller Belästigung oder gar Vergewaltigung wurden, einer gesonderten Glaubwürdigkeitsprüfung unterzogen werden müssen, da eine solche Behauptung oft falsch sei. Es zeigt sich hier nicht nur ein Fall von testimonialer Ungerechtigkeit gegenüber Opfern von sexuellen Übergriffen, sondern auch der Versuch, den Begriff der Vergewaltigung zu relativieren. Dass Betroffene von sexueller Gewalt bei einer solchen Aussage ihre Wahrnehmung in Bezug auf die eigene Erfahrung höchstwahrscheinlich anzweifeln und/oder Hemmungen haben, die eigene Erfahrung in einem solchen Kontext zu teilen, liegt auf der Hand. Marie, die in dieser Gesprächssituation dabei ist, „sagt nichts, dieser Einwand trifft sie wie ein Schlag ins Gesicht“ (42). Marie erlebt eine Dissonanz zwischen der eigenen Deutung ihrer Erfahrung und dem kollektiven (Un-)Verständnis, das sich in ihrem Umfeld widerspiegelt. Eine solche Dissonanz kann den Glauben an die eigene Fähigkeit, der Welt oder zumindest dem relevanten Bereich der Welt einen Sinn zu geben, erschüttern. Als Folge stellt sich dann möglicherweise der Verlust des epistemischen Selbstvertrauens

---

[33] Vgl. Fricker 2007, 149.

[34] Vgl. ebd., 149 f.

ein, also der Verlust des Vertrauens in die eigene Wahrnehmungs- und Interpretationsfähigkeit.[35]

5.2.3 Selbstbezüglichkeit der Scham

Eine dritte Eigenschaft der Scham ist die Selbstbezüglichkeit. Scham bezieht sich auf das Ganze der eigenen Person.[36] In einer Schamsituation erfährt sich das Subjekt als Ganzes abgelehnt bzw. minderwertig. Dies wurde bereits eingangs in der Unterscheidung zwischen Scham und Schuld deutlich. Auch die Unterscheidung zwischen der destruktiven und der persönlichkeitskonstitutiven Funktion der Scham wurde thematisiert. Gerade in Bezug auf die Selbstbezüglichkeit der Scham tritt auch die persönlichkeitskonstitutive Funktion deutlich zutage. Die Scham hat, so zeigt sich, auch eine selbstschützende Funktion. Sie dient als vorbeugender Schutz des inneren Kerns der Persönlichkeit, als Schutz vor Nacktheit (physisch oder emotional), den es vor den entwertenden Urteilen der Anderen zu bewahren gilt. Anders gesagt: „Scham [fungiert] als unentbehrliche Wächterin der Privatheit und der Innerlichkeit, eine Wächterin, die den Kern unserer Persönlichkeit schützt – unsere intensivsten Gefühle, unseren Sinn der Identität und Integrität und v. a. unsere sexuellen Wünsche, Erlebnisse und Körperteile."[37]

Auch damit zeigt sich, dass die bereits genannte Desintegration des Subjekts von seinem Umfeld vom Subjekt auch gewollt ist. Der Inhalt der Scham soll versteckt werden vor den Blicken der Anderen, da dessen Offenlegung die Scham nur weiter steigern oder sogar zu einer Vernichtung der Person führen würde. Auch Marie erlebt diese Angst und stellt fest: „Wenn alle von ihrer Vergewaltigung erfahren, wird sie nicht mehr ein normales Leben führen können. Verurteilt, verleumdet wegen ihres Schweigens, gedemütigt von ihrem Umfeld" (211). Was sich in Maries Ängsten spiegelt, ist die Sorge, aufgrund ihrer Erfahrungen nicht mehr als ‚normale' Person wahrgenommen zu werden. An dieser Stelle kann das Konzept des vorurteilsbedingten Glaubwürdigkeitsdefizits in Anschlag gebracht werden, das Fricker im Rahmen der testimonialen Ungerechtigkeit beleuchtet. Im Roman wird deutlich: Maries Schweigen resultiert aus der begründeten Sorge, dass die Anderen sich weigern, sie als vollwertiges epistemisches Subjekt anzuerkennen, oder anders formuliert als ein Subjekt, dessen Wahrnehmungen und Deutungen adäquat sind. Diese Sorge wird durch den Ausspruch des Bankdirektors nach der Vergewaltigung initiiert, der behauptet: „Es wird dir sowieso niemand glauben, also halt einfach den Mund, und alles bleibt beim Alten" (30). Marie befürchtet, dass sie, wenn sie von ihrer Erfahrung berichtet, nicht ernst genommen wird. Dabei ist die Angst vor einer Verurteilung eine Folge der sozialen Erfahrungswirklichkeit von Marie, die von hemmenden Machtstrukturen geprägt ist.

[35] Vgl. ebd., 163.

[36] Vgl. Tiedemann 2007, 21 (unter Verweis auf H. Lynd); Römer 2017, 317.

[37] Wurmser 1990, 74.

An diesem Punkt wird die enge Verzahnung von sozialer Macht und Scham deutlich. Soziale Machtstrukturen werden vom Subjekt verinnerlicht und beeinflussen dessen emotionales Erleben. In Schamsituationen äußert sich die soziale Macht, indem diese das betroffene Schamsubjekt zum Schweigen bringen. Davon profitieren die Machthabenden, da sie nicht zur Rechenschaft gezogen werden. Im Schamsubjekt zeigt sich die soziale Macht zudem in Form von verinnerlichten Normen und gesellschaftlich konstruierten Idealbildern, die aufrechterhalten werden sollen.

Die vorangehenden Überlegungen haben gezeigt, dass die Protagonistin Marie im Roman *Scham* aufgrund der bestehenden sozialen Machtverhältnisse eine marginalisierte Stellung innerhalb ihres Umfelds einnimmt, die durch die Vergewaltigung noch prekärer wird. Marie wird zum einen Opfer von testimonialer Ungerechtigkeit, insofern sie als Zeugin der eigenen Erfahrung nicht ernst genommen wird. Zum anderen leidet Marie auch unter einer hermeneutischen Ungerechtigkeit, da ihr die Ressourcen zum Verstehen ihrer eigenen Erfahrung verwehrt sind. Diese sind in den kollektiven Verstehensprozessen nicht repräsentiert. Das Phänomen der Scham kann deshalb als Symptom einer epistemischen Ungerechtigkeitserfahrung bezeichnet werden: In der Scham konkretisiert sich die epistemische Vereinzelung, die als Konsequenz von epistemischer Ungerechtigkeit auftritt. Anders gesagt: Die soziale Macht, die das Subjekt in die Vereinzelung zwingt, zeigt sich in dem Gefühl der Scham. Der Bruch mit verinnerlichten Normen und Idealen evoziert das Gefühl der Scham, das das Subjekt verstummen und vereinzeln lässt. Diese Reaktion dient dabei der Aufrechterhaltung der sozialen Machtverhältnisse. Das vereinzelte Subjekt ist machtlos. Soziale Macht wirkt in den Bereich gesellschaftlich geteilter Erwartungen und Bedeutungen hinein. Das Schamsubjekt verliert durch die Vereinzelung die Fähigkeit, an der Konstruktion dieser geteilten Bedeutungen teilzunehmen. Schamgefühle können auf diese Weise als Ausdruck von epistemischer Ungerechtigkeit bezeichnet werden. Am Beispiel von Maries Erfahrung lassen sich damit Wirkungen und Mechanismen sozialer Macht aufzeigen.

6 Literatur als Möglichkeit der Teilhabe

Es hat sich gezeigt, dass Schamerfahrungen – als ein Symptom epistemischer Ungerechtigkeit – in eine Sprachlosigkeit führen, die wiederum das Gefühl der Unzugehörigkeit verstärkt. Kommunikationsversuche scheitern aus Angst vor einer Steigerung des Schamempfindens. Diese Angst entsteht einerseits aufgrund eines Mangels an entsprechenden Interpretationsinstrumenten und einer fehlenden Repräsentation der eigenen Erfahrungswirklichkeit im kollektiven Verstehen. Andererseits entsteht die Angst aufgrund eines möglichen vorurteilsbedingten Glaubwürdigkeitsdefizits. Eine Überwindung der schambesetzten Vereinzelung kann durch eine Überwindung der kommunikativen Hürde gelingen. Fricker zeigt auf, dass durch den Prozess des Teilens, durch das Sprechen und den Austausch über zuvor kaum verstandene oder kaum artikulierte Erfahrungen Ressourcen entstehen, um diesen Erlebnissen soziale Bedeutung zu verleihen.[38] Mithilfe des dadurch gesteigerten Selbstvertrauens und erweiterter kommunikativer Fähigkeiten lässt sich dann ein Weg aus der Isolation und der epistemischen Unklarheit finden. Indem eine Person ihre Erfahrung in einem Kollektiv repräsentiert sieht, kann sie ihre Unsicherheit und Scham in Bezug auf diese Erfahrung überwinden und wird kommunikationsfähig in Bezug auf die eigene Erfahrungswirklichkeit.

Wie sich am Beispiel von Marie im Roman *Scham* zeigt, ist die Überwindung der kommunikativen Hürde jedoch kein leichtes Unterfangen. Die Ängste vor Ablehnung und Unverständnis sind groß. Marie spricht nicht über ihre Erfahrung. Zugleich sucht sie immer wieder nach Menschen, die ähnliche Erfahrungen gemacht haben – auf der Straße, im Internet, im Arbeitsumfeld. Sie hat das Bedürfnis, auf Personen mit ähnlichen Erfahrungen zu treffen. Das einzige, was Marie tut, um ihr privates Erleben nach außen zu tragen, ist, einen Brief zu schreiben. Sie schreibt *sich*, sie spannt ein Narrativ, um ihre Erfahrung handhabbar zu machen und einen ersten Schritt der Distanzierung davon vorzunehmen. Das Schreiben dient als Möglichkeit der Loslösung von belastenden und vereinnahmenden Erlebnissen. Ähnliches geschieht, wenn Marie in Internetforen nach Erfahrungsberichten sucht (vgl. 207). Erfahrungsberichte anderer können als hermeneutische Ressource für eigene Erlebnisse dienen und damit aus der Isolation führen.

An dieser Stelle knüpft nun die These an, dass Literatur solche narrativen Muster und hermeneutischen Ressourcen bereitstellen kann. Dies gilt insbesondere für die Seite der Lesenden. Gerade die literarische Beschreibung einer Schamsituation bindet die Lesenden an den Text, sie können sich empathisch in das Schamgefühl hineinversetzen, denn „Scham wird geteilt wie kaum ein anderer Affekt".[39] Insofern hat die Scham einen „stark ansteckenden Charakter".[40] Zwar bleibt die traumatische Schwere der individuellen Erfahrung, wie sie im Buch beschrieben wird, den Leser:innen eventuell verschlossen, das empathische Nachempfinden des Schamgefühls jedoch erzeugt Verbindung. Der gesamte Roman erscheint als Zeugnis bzw. Spiegel einer Schamerfahrung. Der Roman und generell literarische Erzählungen und Perspektiven eröffnen subjektive Gefühlswelten und bieten dadurch auch den Lesenden Konzepte der Erfahrungsbeschreibung an. Durch die damit gegebene Möglichkeit der Kanalisierung eigener Erfahrungen kann eine Loslösung aus der gefühlten Vereinzelung erfolgen, durch die das vereinzelte Subjekt seine Sprach- und somit Handlungsfähigkeit zurückgewinnen kann.

---

[38] Vgl. Fricker 2007, 148. Als Beispiel führt Fricker an dieser Stelle die Geschichte der Frauenbewegung und die Methode der „speak-outs" an: „If we look at the history of the women's movement, we see that the method of consciousness raising through 'speak-outs' and the sharing of scantly understood, barely articulate experiences was a direct response to the fact that so much of women's experience was obscure, even unspeakable for the isolated individual, whereas the process of sharing these half-formed understandings awakened hitherto dormant resources for social meaning that brought clarity, cognitive confidence, and increased communicative facility" (ebd.).

[39] Tiedemann 2007, 21. Tiedemann verweist auf und zitiert an dieser Stelle die Tübinger Anglistin Ingrid Hotz-Davies.

[40] Ebd.

Damit zeigt sich auch – um den Titel der dem vorliegenden Band vorausgegangenen Tagung *Philosophie dürfte man eigentlich nur dichten* aufzugreifen –, dass Literatur eine hermeneutische Ressource für Erfahrungen sein kann, die in einer philosophisch-theoretischen Auseinandersetzung nicht gänzlich eingefangen werden können, für die Erfahrungsverarbeitung aber notwendig sind. Literatur und Philosophie sind zwei unterschiedliche Weisen des Schreibens, die sich unterschiedlich zur Wirklichkeit verhalten und einen unterschiedlichen Bezug zur Welt haben.[41] Die Reflexion über das Phänomen der Scham erfolgte in dieser Untersuchung von zwei Seiten aus: zum einen aus einer theoretisch-philosophischen Perspektive, zum anderen aus einer subjektiven Erfahrungswirklichkeit heraus, die sich literarisch im Roman am Beispiel von Marie eröffnet. Literatur fängt die lebensweltliche Dimension der Auseinandersetzung mit Scham und der epistemischen Vereinzelungserfahrungen ein. Gerade in Bezug auf solche Erfahrungen braucht es die interpersonale Perspektive, um den vereinzelnden Charakter der Erfahrung nachzuvollziehen und um Identifikation und somit die Kanalisierung eigener Erfahrungen zu ermöglichen. Auch nicht betroffenen Personen öffnet Literatur neue Erfahrungshorizonte, die es diesen wiederum ermöglichen, Betroffene zu verstehen und ihnen den Raum zu geben, den sie benötigen, um ihre Erfahrung einzuordnen. Es lässt sich festhalten: „Literatur bringt zur Darstellung, was in anderer Form nicht gesagt werden [darf]“[42] und – dies ist der Kern der vorliegenden Untersuchung – was in anderer Form nicht gesagt werden *kann*. Literatur bietet narrative Muster an und erleichtert dadurch den Zugang zu Erfahrungswirklichkeiten, wodurch ein Weg von innen nach außen ermöglicht wird. Der kommunikative Raum, der sich dadurch eröffnet, erlaubt es, die verloren gegangene Teilhabe wiederherzustellen.

7 Fazit

Insgesamt lässt sich festhalten, dass die Rolle von Literatur im Falle von epistemischen Vereinzelungserfahrungen am Beispiel des Phänomens der Scham zum einen in ihrer therapeutischen Funktion besteht: Durch Literatur kann es gelingen, eigene Erfahrungen mithilfe von narrativen Mustern mitteilbar zu machen und somit einen Weg aus der epistemischen und kommunikativen Vereinzelung zu finden. Zudem wird es durch Literatur auch möglich, Erfahrungen anderer zu verstehen, diese einzuordnen und auf diese Weise Räume zu öffnen, die einer hermeneutischen Marginalisierung entgegenwirken. Zum anderen kann der Literatur noch eine weitere Rolle zukommen: „Scham, wie sie in der Literatur zur Sprache kommt, [eignet] sich auf besondere Weise zu einer kritischen Analyse der Macht“.[43] Wie gezeigt wurde, sind Scham und die damit einhergehende Verein-

---

[41] Vgl. Horn/Menke/Menke 2006, 11 f.

[42] Geisenhanslüke 2019, 18.

[43] Ebd.

zelung mit (sozialer) Macht verknüpft. Die Tatsache, dass Literatur einen Ausweg aus der Desintegration anbietet, lässt Literatur zu einem Gegenpol sozialer Machtstrukturen werden, wie sie sich im Roman *Scham* zeigen. Literatur erlaubt es somit – ebenso wie die Philosophie –, gesellschaftliche Missstände kritisch zu hinterfragen. Mit dieser Beobachtung soll jedoch die Eigenständigkeit der Literatur nicht infrage gestellt werden. Die machtkritische Dimension der Literatur liegt in der Möglichkeit der Erzählung subjektiver Gefühlswelten, die es den Leser:innen erlaubt, mittels Empathie eine Verbindung zum geschilderten Erleben herzustellen und dadurch eine hermeneutische Marginalisierung zu durchbrechen.

Eine These des Aufsatzes lautet, dass der Ausweg aus der epistemischen Vereinzelung und aus dem Bruch zwischen Ich und Umwelt durch Selbstmitteilung ermöglicht wird, die wiederum nur individuell erfolgen kann. Zentral in diesem Aufsatz ist dabei die Annahme, dass narrative Muster anzubieten, wie es in Form von Literatur geschieht, dabei den kommunikativen Zugang zu der eigenen Erfahrung erleichtert und somit einen Weg vom Innen in ein Außen ermöglicht, wodurch Reintegration hergestellt wird. Damit erscheint Literatur nicht bloß als therapeutisches Mittel gegen epistemische Vereinzelung, sondern auch als machtkritische Instanz, insofern die mit der Scham einhergehende und machtbedingte Desintegration durchbrochen werden kann.

Literatur

Bayard, Inès: *Scham.* Paris 2018.

Blankenburg, Wolfgang: Zur Differenzierung zwischen Scham und Schuld. In: Rolf Kühn/Michael Raub/Michael Titze (Hrsg.): *Scham – ein menschliches Gefühl: Kulturelle, psychologische und philosophische Perspektiven.* Wiesbaden 1997, S. 45–55.

Fricker, Miranda: *Epistemic Injustice. Power & the Ethics of Knowing.* New York 2007.

Geisenhanslüke, Achim: *Sprache der Infamie III. Literatur und Scham.* Paderborn 2019.

Hilgers, Micha: *Scham – Gesichter eines Affekts.* Göttingen ^{4}2012.

Horn, Eva/Menke, Bettine/Menke, Christoph (Hrsg.):*Literatur als Philosophie – Philosophie als Literatur.* Paderborn/München 2006.

Raub, Michael: Scham – ein obsoletes Gefühl? In: Rolf Kühn/Michael Raub/Michael Titze (Hrsg.): *Scham – ein menschliches Gefühl: Kulturelle, psychologische und philosophische Perspektiven.* Wiesbaden 1997, S. 27–43.

Römer, Inga: Scham – Phänomenologische Überlegungen zu einem sozialtheoretischen Begriff. In: *Gestalt Theory. A Multidisciplinary Journal* 39/2–3 (2017), S. 313–329.

Tiedemann, Jens L.: *Die intersubjektive Natur der Scham.* Berlin 2007.

Wurmser, Léon: *Die Maske der Scham. Die Psychoanalyse von Schamaffekten und Schamkonflikten.* Berlin/Heidelberg 1990.

Leidenschaftliche Lyrik. Tierethische Perspektiven in Mara-Daria Cojocarus *Minima Anthropophilia*

Felix Latendorf

1 Einleitung

> Empfindungsfähige Tiere sind um ihrer selbst willen zu schützen, insofern ihr Leben und ihr Wohlbefinden menschlichen Handlungsabsichten Grenzen auferlegen. Diesen Tieren dürfen ohne vernünftigen Grund keine Schmerzen, Leiden oder Schäden zugefügt werden.[1]

Dies ist der tierethische Minimalkonsens. Er ist in dem vom Bundesministerium für Justiz festgelegten Tierschutzgesetz (§ 1) inkludiert.[2] Dass diesem Konsens tagtäglich zuwider gehandelt wird, belegen eindrücklich die Praktiken der Nutztierhaltung und der Tierexperimente. Darin spiegelt sich eine kognitive Dissonanz der Menschen in profitorientierten Konsumgesellschaften: Einerseits werden Tiere als fühlende, denkende und auch leidende Lebewesen begriffen (bspw. Haustiere), andererseits werden sie als Ressourcen und Waren verstanden (bspw. Nutztiere). Thilo Hagendorff sieht insbesondere im Fall „der industriellen Tiervernichtung", wie Menschen „diverse irrationale Mechanismen der Verdrängung, Verzerrung und des Selbstbetrugs" lernen, „die sie dann in weiteren Feldern der Gesellschaft ebenfalls in Anschlag zu bringen vermögen."[3] Die angesprochenen

[1] Cojocaru 2021b, 8.
[2] Vgl. TierSchG, https://www.gesetze-im-internet.de/tierschg/BJNR012770972.html (10.2.2023).
[3] Hagendorff 2021, 15.

F. Latendorf (✉)
Alpen-Adria-Universität Klagenfurt, Institut für Germanistik, Klagenfurt am Wörthersee, Österreich
E-Mail: Felix.Latendorf@aau.at

© Der/die Autor(en), exklusiv lizenziert an Springer-Verlag GmbH, DE, ein Teil von Springer Nature 2026

B. Beck und E.-M. Konrad, *Imaginationen eines besseren Lebens?*,
Techno:Phil – Aktuelle Herausforderungen der Technikphilosophie 11,
https://doi.org/10.1007/978-3-662-72857-4_10

Verdrängungsmechanismen verweisen auf gesamtgesellschaftliche und globale Problematiken, die die Bedeutung des Umgangs mit Tieren herausstellen: Klimawandel, Bevölkerungswachstum, Trinkwasserversorgung, Pandemien.[4]

Es gibt mehrere Möglichkeiten, gegen diese kognitive Dissonanz vorzugehen. Mara-Daria Cojocaru hat sich dieser Aufgabe als Ethikerin verschrieben. Ihre Monografie *Menschen und andere Tiere* ist ihr „Plädoyer für eine leidenschaftliche [Tier]Ethik". Darüber hinaus ist Cojocaru Lyrikerin. Die Gedichte ihres vorletzten Bandes *Anstelle einer Unterwerfung*[5] hat Alexandru Bulucz als „tierethische Dichtung"[6] bezeichnet. Überdies erzählt der Band „Geschichten von der bedrohten Schöpfung und den Konflikten zwischen Menschen und Tieren, lyrische Fabeln und Parabeln von der gefährdeten Kreatur".[7] Er räumt Tieren „einen intrinsischen ethischen Wert ein und hinterfragt ein System, in dem nur der Mensch einen Eigenwert hat."[8]

Für den Zyklus *Minima Anthropophilia* aus ihrem Band *Buch der Bestimmungen*[9] hat Cojocaru 2021 den Deutschen Preis für Nature Writing gewonnen. In der Jury-Begründung heißt es:

> Mit Mara-Daria Cojocaru wird eine Dichterin ausgezeichnet, die sich der Auseinandersetzung mit Natur im urbanen Raum widmet. Ihre Beobachtungen und poetischen Interventionen gelten den Zonen der Überschneidung von menschlicher Überprägung und Durchsetzungskraft der Natur – wobei immer die Frage im Raum steht, was denn Natur im Auge des Menschen sein kann und wie sie ihre Benennung erfährt. Ihre besondere Beobachtungsgabe gilt dabei den Tieren: Vögeln, Füchsen, Hunden, Katzen; in anekdotischen Szenen, scheinbar dokumentarisch verortet in Zeit und Raum, begegnen sich Mensch und Tier, den Hintergrund bilden Zonen fragwürdiger Wildnis oder Verwilderung.[10]

Aus Cojocarus Auseinandersetzung mit der Ethik einerseits und der Lyrik andererseits leitet sich die Frage ab, ob ihre ethischen Überlegungen in ihre Lyrik eingehen. Im Folgenden soll in drei Schritten vorgegangen werden, um sich dieser Frage anzunähern. Zum ersten soll das Verhältnis zwischen Ethik und Lyrik genauer in den Blick genommen werden, indem vor allem Interferenzen zwischen Literatur und Tiertheorie/Tierethik sowie Lyrik und ethischer Erkenntnis beleuchtet werden (II). Zum zweiten wird Cojocarus Ethik in ihren Grundzügen vorgestellt (III) und zum dritten ihr Zyklus *Minima Anthropophilia* auf tierethische Perspektiven untersucht (IV). Ein abschließendes Fazit soll die Ergebnisse der Analyse mit der Ausgangsfrage zusammenführen (V).

---

[4] Vgl. Ladwig 2020, 5.

[5] Cojocaru 2016.

[6] Bulucz 2017.

[7] Braun 2018, 94.

[8] Müller 2020, 167.

[9] Cojocaru 2021b.

[10] https://www.umweltbundesamt.de/presse/pressemitteilungen/mara-daria-cojocaru-bernd-marcel-gonner-erhalten (10.2.2023).

2 Theoretischer Rahmen

Für die geisteswissenschaftliche Auseinandersetzung mit Tieren ist die Tiertheorie von Bedeutsamkeit. Während die Tierethik nach dem Umgang mit Tieren und die Tierphilosophie nach dem Unterschied zwischen Menschen und Tieren fragt, bedenkt die Tiertheorie „grundsätzlich die Voraussetzungen, die den wissenschaftlichen wie den praktischen, den fiktionalen wie den faktischen, den philosophischen wie den politischen Zugriffen auf Tiere zugrunde liegen.“[11] Insoweit sind tiertheoretische Fragestellungen tierethischen vorgelagert: „Anders als in tierethischen Argumentationen geht es hier nicht in erster Linie darum, was die Menschen mit den Tieren tun sollen, sondern zunächst einmal darum, was die Menschen tatsächlich mit den Tieren machen.“[12] Der wissenschaftlichen Untersuchung dieser tiertheoretischer Fragestellungen widmen sich die Animal Studies.[13]

Literaturwissenschaftliche Analysen im Sinne der Animal Studies untersuchen tierische Akteure in literarischen Texten nicht mehr nur auf ihre allegorische oder symbolische Bedeutung hin, sondern auch im Hinblick auf ihre realen Vorbilder. Roland Borgards erkennt in diesem doppelten Zugriff eine produktive Unschärfe, denn „[w]eder lassen sich literarische Tiere rein literaturimmanent verstehen, noch sind sie ausschließlich literaturimmanent von Interesse.“[14] Vielmehr „gewinnen die nicht-literarischen Tiere für die Interpretation literarischer Tiertexte und zugleich die literarischen Tiere für die Interpretation allgemeinkultureller Tierkonstellationen an Gewicht.“[15] Für eine Analyse, die diese Unschärfe ernst nimmt, schlägt Borgards die Verfahren des Kontextualisierens, Historisierens und des Poetisierens vor.

Zuvorderst ist dabei die Annahme leitend, ein literarisches Tier könne nur dann beurteilt werden, wenn der Kontext, in dem es stehe, ermittelt worden sei.[16] Jener Kontext werde von den historischen Gegebenheiten gesteuert und beschränkt, denn nur ein geschichtlich spezifisches Wissen könne Aufschlüsse über den exakten Kontext des jeweiligen literarischen Tieres liefern.[17] Mit dem Verfahren des Poetisierens wird schließlich auf den reflexiven Gehalt des literarischen Textes hingewiesen. Denn ein Text repräsentiere nicht nur ein spezifisches Wissen, er

[11] Borgards/Kling/Köhring 2015, 7.

[12] Ebd., 8.

[13] Diese verstehen sich „als ein Kreuzungspunkt aller Disziplinen, die sich überhaupt mit den Tieren auseinandersetzen. Neben der Zoologie stehen hier die Soziologie, die Philosophie, die Geographie, die Ökonomie sowie die Rechts-, Kultur-, Literatur-, Bild-, Film- und Theaterwissenschaft.“ (Borgards 2016a, 3).

[14] Borgards 2016b, 233.

[15] Ebd.

[16] Vgl. ebd., 228.

[17] Vgl. ebd., 229.

beobachte und reflektiere dieses auch – und somit biete sich die Möglichkeit, vom literarischen Text her den Kontext neu zu erschließen.[18]

Um explizit tierethische Perspektiven in literarischen Texten zu analysieren, bieten die Human-Animal Studies (als eine von drei Spielarten der Animal Studies) ein passendes Setting, indem sie nicht das Tier selbst als Analyseeinheit setzen, sondern die Beziehung zwischen Menschen und Tieren.[19] Diese Beziehungen gilt es, auf ihre historischen und kontextuellen Konstruktionen zu untersuchen, um vor allem die menschliche Rolle zu problematisieren. Denn „[w]enn es etwas zu ändern gilt, dann nicht die Tiere und auch nicht einfach den Menschen, sondern eben das Verhältnis, das die Menschen zu den Tieren einnehmen."[20] In diesem Streben liegt ein politischer Wille zur Veränderung der Verhältnisse, in welchem sich die Human-Animal Studies mit der Tierethik treffen. Denn Tierethik wird hier mit Friederike Schmitz als eine „angewandte Ethik" begriffen, die „vor dem Hintergrund von detailliertem Wissen darüber, wie Menschen gegenwärtig mit Tieren umgehen, betrieben wird".[21] Ihr theoretischer Diskurs umfasst weiterhin ein Nachdenken darüber, wie Menschen zur Besserstellung der Tiere beitragen sollten.[22] Auf Grundlage dessen könne dann ein „gesamtgesellschaftlicher Paradigmenwechsel"[23] erreicht werden, der wenigstens die Einhaltung des tierethischen Minimalkonsenses zum Ziel habe. Tierethik versteht sich im Sinne von Schmitz somit als eine Diagnose und – mit Jürgen Goldstein gesprochen – als eine Kur von der „rationalistischen Modernitätspathologie",[24] dass Tiere profitorientiert ausgebeutet werden.

Dass die Analyse der tierethischen Komponenten unter Berücksichtigung der dargestellten Verfahren jedoch zwangsläufig an eine Grenze stößt, erklärt sich aus der interdisziplinären Thematik, die das Verhältnis von Literatur und Philosophie – speziell von Lyrik und Ethik – fokussiert. Diese Untersuchung begreift dieses Verhältnis als eines, das „literarische Texte vermehrt unter dem Blickwinkel der in ihnen dargestellten ethischen Haltungen und Praktiken"[25] reflektiert. Philosophie und Literatur treten dabei nicht als voneinander abgegrenzte Felder auf, sondern sind Sarah Schmidt zufolge als Operationen zu verstehen, die „gemeinsam ein Problem oder Themenfeld bearbeiten"[26]. Insofern kommen hier in lyrischen Texten ethische Perspektiven zur Sprache.

---

[18] Vgl. ebd., 231.

[19] Vgl. Borgards 2015, 70.

[20] Ebd.

[21] Schmitz 2021, 15.

[22] Dass dies den Menschen obliegt, stellt Bernd Ladwig heraus: „Weil der Mensch aber nicht nur ein Tier, sondern ein Stellung nehmendes Tier ist, trägt er auch eine normative Verantwortung. Nur er kommt deshalb auch als Subjekt moralischen Urteilens und Handelns in Frage." (Ladwig 2020, 21 f.).

[23] Schmitz 2021, 71 f.

[24] Goldstein 2019, 25.

[25] Witt 2021, 220.

[26] Schmidt 2021, 25 f.

Es gilt daran anschließend zu fragen, inwiefern tierethische Perspektiven in Literatur, dezidiert in Lyrik, zu bestimmten Handlungen motivieren können. Richard Eldridge benennt eine grundlegende Schwierigkeit:

> Entweder sind die Situationen und Handlungsweisen, die wir in der Literatur dargestellt finden, so komplex und spezifisch, dass wir keine allgemeinen Einsichten davon ableiten können [...], oder die Situationen und Handlungsweisen sind eindeutig hinsichtlich ihrer evidenten moralischen Folgen, dafür sind sie jedoch auch trivial und banal.[27]

Das Changieren zwischen komplexen und eindeutigen Situationen führt entweder zu speziellen oder zu banalen Einsichten. Das Stichwort „Einsichten" verweist aber auf den entscheidenden Aspekt, dass Literatur und mithin Lyrik Erkenntnisse vermitteln kann. Diesem Thema hat sich 2019 ein Band der *Internationalen Zeitschrift für Kulturkomparatistik*[28] gewidmet.

Dieter Lamping unterscheidet in seinem darin enthaltenen Aufsatz drei Versuche, das Verhältnis von Lyrik und Erkenntnis zu bestimmen: 1. Dichtung regt Erkenntnis an; 2. Dichtung vermittelt Erkenntnis; 3. Dichtung gestaltet Erkenntnis.[29] Während beim ersten Versuch die reflektierende Urteilskraft der Rezipient:innen gefordert ist,[30] gerät beim zweiten die „gültige Erkenntnis"[31] der Dichter:in in den Mittelpunkt. Der dritte Versuch kommt nach Lamping „dem am nächsten [...], was man gemeinhin dichterische Erkenntnis nennt."[32] Als Beispiel führt er Erich Kästners Gedicht „Moral"[33] an, welches einen „moralphilosophischen Satz von höchster Allgemeinheit"[34] formuliert – und somit eine Erkenntnis, die aber zugleich poetischen Charakter besitzt, denn der Reim „bezieht die beiden sinntragenden Wörter [...] ‚Gutes' – ‚tut es'" aufeinander und „stellt dabei in ihrem Gleichklang eine Verbindung her, die der sprachlich formulierten entspricht: der zwischen Denken und Tun, zwischen moralischer Erkenntnis und moralischem Verhalten."[35] Hier ist das Verhalten, der ethische Impuls bereits aufgegriffen und die Möglichkeit, ethische Erkenntnis aus Lyrik zu gewinnen, bedacht. Lamping reflektiert jedoch: „Dichterische Erkenntnis ist [...] im Letzten nicht verbindlich."[36] Und: „Allerdings ist schwer zu entscheiden, ob zu den Erkenntnissen eine

---

27 Eldridge 2012, 76.

28 Müller/Reents (Hrsg.) 2019.

29 Vgl. Lamping 2019, 18.

30 Vgl. ebd., 19.

31 Ebd., 21.

32 Ebd., 22.

33 „Es gibt nichts Gutes / außer: Man tut es." (Kästner 1998, 277).

34 Lamping 2019, 22.

35 Ebd., 22 f.

36 Ebd., 28. Lamping differenziert hier zwischen nicht verbindlicher dichterischer und verbindlicher bspw. religiöser Erkenntnis. Dabei bezieht er sich auf Hannah Arendt: „‚Dichtung', hat Hannah Arendt behauptet, ‚ist nicht verpflichtend, ihre Erkenntnis hat nicht den Zwangscharakter [...], der in einem intakten religiösen Weltbild dem Mythos zukommt, dem sie dient.'" (ebd.).

[dichterische, F.L.] Form gesucht wurde oder die Form eine Erkenntnis zumindest befördert, wenn nicht hervorgebracht hat.“[37]

Ähnliche Reflexionen spielen für Rüdiger Zymner eine entscheidende Rolle, denn „Lyrik und Erkenntnis [...] scheinen jedenfalls eine komplizierte, von Indirektheit und Umwegigkeit gekennzeichnete Beziehung eingehen zu können, die aber gerade deshalb als überaus produktiv und im eigentlichen Sinne des Wortes kreativ zu bezeichnen ist.“[38]

Auf diese Weise biete Lyrik die Möglichkeit, „zu einer neuen und bei jedem neuen Sehen, Lesen und Verstehen immer wieder neuen, in aller Unschärfe aber wundersame[r] Weise doch auch genauen Weltauffassung“[39] zu gelangen. Damit ist erneut eine produktive Unschärfe benannt, eine Verbindungslinie von den Animal Studies zur Erkenntnismöglichkeit von Lyrik, der es bei einer literaturwissenschaftlichen Untersuchung von tierethischen Perspektiven zu folgen gilt – insbesondere weil literarische Tiertexte gegenwärtige Zustände in einer anschaulichen Form zusammenfassen und zukünftige Zustände zu entwerfen vermögen.[40] Die Gedichte Cojocarus sollen in diesem Sinne analysiert werden. Ihre Tierethik gibt dafür die spezifische Perspektive vor, weswegen sie nachfolgend dargestellt wird.

3 Cojocarus Tierethik: *Menschen und andere Tiere*

Cojocarus Monografie *Menschen und andere Tiere* vertritt eine leidenschaftliche Moralpragmatik. Was ist damit gemeint? Um dies zu erklären, ist vorab auf Cojocarus grundlegende Prämisse einzugehen, dass Menschen – wie ihr Buchtitel schon deutlich macht – auch Tiere sind. Daraus erklärt sie, dass „eine ganze Reihe der Begriffe, die sie [die Menschen] in Moral und Politik verwenden, aus ihrer tierlichen Natur erwachsen und emotional eingefärbt sind.“[41] Auf dieser Grundlage entfaltet Cojocaru ihre Ethik. Pragmatisch ist für sie ganz generell „ein Verständnis, das[] philosophische Ideen als Instrumente ansieht, die zur Lösung realer Probleme eingesetzt werden können.“[42] Sie beruft sich dabei und im Folgenden auf Charles S. Peirce,[43] John Dewey und Mary Midgley. Mit diesen dreien

[37] Ebd., 29.

[38] Zymner 2019, 76.

[39] Ebd.

[40] Vgl. Borgards 2016b, 239 f.

[41] Cojocaru 2021b, 65.

[42] Ebd., 35.

[43] Der philosophische Pragmatismus wurde von Peirce begründet und fordert als seine zentrale Maxime, dass „Vorstellungen aller Art im Hinblick auf ihre möglichen praktischen Wirkungen zu beurteilen“ sind. (Riemer 2008, 477).

differenziert sie ihre pragmatische Vorgehensweise weiter, indem sie den Zweifel an den Anfang des Nachdenkens über Moral und Politik setzt.[44]

Für Cojocaru sind Leidenschaften habitualisierte Formen von Emotionen.[45] Emotion wiederum ist für sie „eine sozial mitgeformte Erfahrung, die einen Verlauf hat, auf eine komplexe Weise zu Handlungen gehört und aufgrund der Normen, denen sie unterliegt, angemessen oder unangemessen sein kann."[46] An die in bestimmten Situationen unangemessenen Emotionen (bspw. die Wut) knüpft sie an, da diese auf Probleme mit etablierten Normen hindeuten. Diese Probleme will Cojocaru kritisch untersuchen und die etablierten Normen in Zweifel ziehen.

Damit verbinden sich Pragmatik und Leidenschaft nach Cojocaru im Zweifel. Eine moralische Schlussfolgerung kann ihr zufolge erst dann gezogen werden, wenn leidenschaftlich begründeter Zweifel das pragmatische Nachdenken anregt. Cojocarus Ziel ist es nun aber nicht, beim individuellen Nachdenken und Schlussfolgern zu verharren. Für sie gilt es vielmehr, „unbedingt die kollektive, politische Dimension mitzudenken, um Rahmenbedingungen zu schaffen, die Menschen langfristig dabei helfen, im Einklang zumindest mit den im Mininmalkonsens enthaltenen Überzeugungen leben zu können."[47] Auch hierfür seien Emotionen notwendig. Um in einen gesamtgesellschaftlichen „leidenschaftlichen Dissens"[48] – wie sie es nennt – zu treten, sind drei spezifische Emotionen grundlegend. Peirce folgend[49] nennt Cojocaru diese Aufgeschlossenheit, Selbstlosigkeit und Hoffnung.[50] ‚Aufgeschlossenheit' heißt in diesem Zusammenhang, für neue Ideen und die Emotionen anderer empfänglich zu sein. ‚Selbstlosigkeit' meint, Zweifel zu akzeptieren, auch wenn er den eigenen Interessen zuwiderläuft. Und ‚Hoffnung' versteht sich als intellektuelle Leidenschaft, um gut und nachhaltig zu denken,[51] nicht zynisch oder egoistisch. Erst wenn diese drei Emotionen gesellschaftlich kultiviert sind, lässt sich laut Cojocaru ein erfolgreiches moralpragmatisches Denken verwirklichen – und dies ist Voraussetzung für die Einhaltung des tierethischen Minimalkonsenses.

Cojocaru stellt anschließend noch Instrumente und Herangehensweisen vor, die einer erfolgreichen moralpragmatischen Anwendung zuträglich sind. Dies sind

[44] Vgl. Cojocaru 2021b, 71.

[45] Vgl. ebd., 70.

[46] Ebd.

[47] Ebd., 10.

[48] Ebd., 133.

[49] Cojocaru bezieht sich auf Peirces *Elements of Logic*, explizit auf den Paragraphen „Three Logical Sentiments": „It may seem strange that I should put forward three sentiments, namely, interest in an indefinite community, recognition of the possibility of this interest being made supreme, and hope in the unlimited continuance of intellectual activity." (Peirce 1932, 655).

[50] Vgl. Cojocaru 2021b, 114 f.

[51] „‚Nachhaltig' meint hier, dass die Lösungsvorschläge an die existierenden Gewohnheiten, zu denken, zu fühlen und zu handeln, anschließen" (ebd., 197).

beispielsweise die „pragmatische Maxime“[52], der „praktische Utopismus“[53] oder die „ethische Mehrsprachigkeit“[54]. Cojocarus Ansicht über die Literatur als moralpragmatisches Instrument fällt dagegen ernüchternd aus. Sie konstatiert, dass

> [f]ür sich genommen [...] utopische Bilder, Geschichten, Gedichte [...] fabelhafte Appelle von hohem Wert sein [können]. Für ihre erfolgreiche moralpragmatische Verwendung will ich aber daran erinnern, dass Philosophie [...] lebensnah und -dienlich sein sollte. Das kann sie nur, wenn sie sich in dem Raum bewegt, in dem sich unsere Vorstellungswelten überlappen. Der Rest ist vielleicht Kunst – und Kunst muss man Kunst sein lassen.[55]

4 Cojocarus lyrischer Zyklus: *Minima Anthropohilia*

Cojocaru trennt für sich demnach die Philosophie von der Literatur bezüglich ihrer moralpragmatischen Nützlichkeit ab. Die sich anschließenden Ausführungen widmen sich der Ausgangsfrage und überprüfen, ob in Cojocarus Lyrik dennoch Elemente ihrer Ethik enthalten sind. Im Zentrum der Untersuchung steht ein Zyklus ihres Gedichtbands *Buch der Bestimmungen*. Die Rezensionen des Bandes markieren für eine Analyse erste Anknüpfungspunkte. Cojocarus Gedichte seien eine „Einübung in Empathie“,[56] ihnen gehe es „um die Beobachtung von Tieren, wobei dieses Beobachten derart einfühlsam vonstattengehen kann, dass es mitunter zu einem Perspektivwechsel kommt“.[57] Des Weiteren träumen die Gedichte von „einer neuen Ordnung für Mensch und Tier“,[58] einer Ordnung, die auf den Umstand verweist, „dass Vernunft und Gefühl nicht so einfach voneinander zu trennen

---

[52] Mit ‚pragmatischer Maxime‘ meint Cojocaru Peirce folgend, „dass man sich über einen Begriff oder Gedanken Klarheit verschaffen kann, indem man alle Folgen bestimmt, von denen es denkbar ist, dass sie von praktischer Tragweite sind“ (ebd., 170).

[53] Cojocaru versteht Midgleys ‚praktischen Utopismus‘ als eine „Landkarte des Denkmöglichen in dilemmatisch erscheinenden Situationen“ (ebd., 171). Damit ist gemeint, gedanklich nicht bei einem Dilemma zu verweilen, sondern über das hinaus zu gehen, was bislang gedacht wurde – sprich ins Utopische: „Auf Zweifel und Widerstand aus der Praxis wird nämlich oft mit veränderten, praktischen Perspektiven reagiert“ (ebd., 172).

[54] Die ‚ethische Mehrsprachigkeit‘ leitet Cojocaru aus einer Analogie zu Sprachen wie Englisch oder Deutsch sowie Fachsprachen her, in denen bewusst gesprochen wird, um mit anderen, die der jeweiligen Sprache sowie dieser oder jener Fachsprache nicht mächtig sind, kommunizieren zu können. Im Bezug auf die Ethik heißt dies, dass „wenn ich ethische Begriffe verstehe und anwenden kann, selbst wenn es nicht die meinen sind, um mit anderen über Moral und Politik zu kommunizieren –, dann halte ich das für einen Gewinn“ (ebd., 184).

[55] Ebd., 168.

[56] Tröger 2021.

[57] Nischkauer.

[58] Hayer 2021.

sind."[59] Damit wird explizit die Prämisse, das Vernunft und Gefühl nicht zu trennen sind, aus Cojocarus leidenschaftlicher Ethik aufgegriffen.[60]

Der Band ist in acht Abschnitte unterteilt. Diese Aufteilung wird – so suggeriert es die Umschlaggestaltung – bedingt durch die acht Bedeutungen, die dem Wort ‚Bestimmung' zukommen: Ziel, Position, Berufung, Anordnung, wissenschaftliche Ermittlung, mit einer Stimme versehen, Verendungszweck, Festsetzung.[61] Der erste Zyklus des Bandes – um den es im Anschluss gehen wird – kann mit der ersten Bedeutung von Bestimmung in eine Korrelation gebracht werden, wenn der Plural der im Titel stehenden ‚Bestimmungen' als Lektüreanweisung verstanden wird. Insofern würde die Bedeutung ‚Ziel' für den ersten Abschnitt gelten.

Im Sinne von „jemanden an den Ort seiner Bestimmung bringen"[62] werden die Leser:innen in diesem ersten Zyklus in die Szenerie eingeführt, die als Bestandsaufnahme des gegenwärtigen Verhältnisses zwischen Menschen und Tieren im Großstadtraum gelesen werden kann.[63] Unter dem Titel *Minima Anthropophilia* widmen sich elf als Notizen überschriebene Gedichte dem ökologischen Phänomen der Anthropophilie: der Toleranz wilder Tier- oder Pflanzenarten gegenüber der menschlichen Anwesenheit. Überdies evoziert der Titel die Assoziation zu Theodor W. Adornos *Minima Moralia.*[64] In deren „Zueignung" heißt es: „Nur kraft des Gegensatzes zur Produktion, als von der Ordnung doch nicht ganz Erfaßte, können die Menschen eine menschenwürdigere herbeiführen."[65] Mit dem Gegensatz zur Produktion könnte Adorno reproduktive Aspekte meinen, deren Enteignung und Ausbeutung durch das kapitalistische Gesellschaftssystem Nancy Fraser als kannibalisch und selbstverschlingend bezeichnet.[66] Tiere gehören als Teil der aus Flora und Fauna bestehenden Natur zu diesen reproduktiven Aspekten. Die intertextuelle Anspielung des Titels lässt diesen Zusammenhang aufscheinen. Die Gedichte des Zyklus können dem folgend als Reflexionen über das Phänomen der Anthropophilie gelesen werden, welche wiederum der Ausgangspunkt sein können, um über eine neue Ordnung für Menschen und Tiere nachzudenken.

---

[59] Tröger 2021.

[60] Vgl. Cojocaru 2021b, 68.

[61] Vgl. Cojocaru 2021a, Umschlag Rückseite. Der Umstand, dass statt „Verwendungszweck" Verendungszweck auf dem Umschlag steht, kann als Andeutung verstanden werden. Nicht mehr nur wird auf die problematische Verwendung von Tieren hingewiesen, sondern weitreichender auf deren Verendung.

[62] https://www.dwds.de/wb/bestimmung (13.4.2023).

[63] Lempps, Schmidts und Thiemanns Lesart geht ein Stück weiter: „Was in Cojocarus Gedichten bestimmt wird, sind […] nicht die voneinander geschiedenen sowie über- und untergeordnete Arten, sondern individuell bedeutsame und zweckfreie Begegnungen zwischen Menschen und ‚andere[n] Tiere[n]'" (Lempp/Schmidt/Thiemann 2020, 36).

[64] Vgl. ebd., 32 f. u. a. für eine sprach- und machtkritische Deutung des Intertextes.

[65] Adorno [1951] 2019, 13 f.

[66] Vgl. Fraser 2023.

Das Zusammentreffen von Menschen und Tieren findet in den Gedichten der *Minima Anthropophilia* im urbanen Raum statt. Jedem Gedicht sind die lateinische Bezeichnung eines Tieres sowie eine detaillierte Ort- und Zeitbestimmung vorangestellt: bspw. „Notiz zu Corvus monedula / Breite: 48.22, Länge: 16.40 / 08.06.19–13:29 / Wien, Leopoldstadt“[67]. Diese Bestimmungen dienen als Ersatz für einen extra abgesetzten Titel und nehmen die Form eines „lyrische[n] Verhaltensbeobachtungsprotokoll[s]“ an, womit der „exakt bestimmende[] und hierarchisierende[] Blick der systematischen Biologie als Folie“[68] aufgerufen wird. Die protokollarische Form trifft nun auf poetische Texte. In diesen konstituiert sich ein lyrisches Subjekt, das im Stadtraum Menschen und Tiere sowohl beobachtet als auch mit ihnen interagiert. Es fungiert dadurch als Bindeglied, da es die einen sowie die anderen wahrzunehmen versteht und dies zur Sprache bringt. Die nachfolgenden Analysen beabsichtigen im Sinne der Human Animal Studies, das Verhältnis zwischen Menschen und Tieren in den Blick zu bekommen, indem die das Gedicht begleitenden Kontexte einbezogen und die verwendeten poetischen Strategien betrachtet werden.

Die Lokalisationen in den protokollarischen Bestimmungen – Wien, London, München – verweisen auf die Lebensorte der Autorin. Eine Engführung der Lyrikerin bzw. Ethikerin Cojocaru mit dem lyrischen Subjekt ist daher denkbar, wenn nicht sogar bewusst angelegt. Beispielsweise wird in dem Gedicht „Notiz zu Mus musculus“[69], der Hausmaus, eine Bahnszenerie in der Münchener Altstadt entworfen. Das lyrische Subjekt, in einer S-Bahn sitzend, sinniert über die auf die menschlichen Bedürfnisse hin angelegte Welt: „In meiner Erinnerung / Waren hier immer Mäuse / Heute in der neuen S-Bahn / Der Gedanke, wie relativ / Zu uns das alles bemessen ist / Vom Sitzkissen bis zum Abstand / Zwischen Menschen.“ Die Temporalisierung des poetischen Texts wird jedoch durch die Angabe des protokollierenden Titels konterkariert, da dort drei Daten verzeichnet sind: „14.07.19–14:44 / 15.07.19–18:50 / 16.07.19–16:47“. Die Alltäglichkeit des Befundes des lyrischen Subjekts wird hiermit markiert – das ‚Heute‘ verkommt zur Phrase, die keinem spezifischen Tag mehr zugeordnet werden kann.

Die Erkenntnis „Hier ist keine Maus / Zu Haus“ wird anschließend durch ein Detail zugespitzt: „Im Gepäck der Antrag / Zur Tötung von 25.636 / Ihrer farbigen Verwandten / Erstarrung.“ Hiermit wird einerseits auf die tierethische Praxis der realen Autorin Mara-Daria Cojocaru, die Mitglied einer Tierversuchskommission ist,[70] und andererseits auf die Praxis der experimentellen Tierversuche überhaupt verwiesen. Das Bundesministerium für Ernährung und Landwirtschaft verzeichnet

---

[67] Cojocaru 2021a, S. 9.

[68] Lempp/Schmidt/Thiemann 2020, 34.

[69] Hier und im Folgenden: Cojocaru 2021a, 15 f.

[70] Vgl. Cojocaru 2021b, 12–21.

für das Jahr 2019, in dem die Gedichte temporalisiert sind, über 1,4 Millionen Mäuse, die in Tierversuchen ‚verwendet' wurden.[71]

Außerdem kondensieren diese Verse den gegenwärtigen Zustand des Zusammenlebens von Menschen und Tieren. Nicht mehr in den Zügen und auf den Gleisen lassen sich die Mäuse finden, sondern in Laboren. Für Idealismus ist hier kein Platz mehr („Ich werfe den Rest Idealismus / Auf die Gleise"). Das lyrische Subjekt stellt im Anschluss die rhetorische Frage: „Wie will man Weltstadt sein / Im Herzen ohne Mäuse"? Cojocaru verwendet in ihrer Ethik die Begriffe der „Arena des bloßen Lebens" und der „Arena des guten Lebens". Während es in der ersten Arena nur um die Einhaltung des tierethischen Minimalkonsenses geht, können sich in der zweiten Arena die unterschiedlichsten Vorstellungen eines guten Lebens realisieren.[72] Mäuse, die in Zügen und auf Gleisen leben, würden demnach in der „Arena des bloßen Lebens" zu finden sein. Die Mäuse in Laboren wären von keiner der Arenen inkludiert.

Das Gedicht vollzieht daraufhin aber eine Wendung und konzipiert zumindest die Idee eines neuen, verbesserten Zusammenlebens von Menschen und Tieren: Im Gespräch mit einem „S-Bahn-Koordinator" erfährt das lyrische Subjekt von der Maus Peter, die „*Brezn mit den Händen*" fängt und „*Auf / zwei Beinen* […]*damit laufen*" kann. Überdies lebt Peter „ohne Angst unter den Passagieren". Er wird als „Menschenfreund" beschrieben. Die Maus Peter steht zum einen symbolisch für die Hoffnung auf eine verbesserte Mensch-Tier-Beziehung, die mehr verspricht als ein bloßes Leben. Zum anderen ist die Maus aber einfach nur eine Maus, die gelernt hat, mit Menschen zu leben – mit einem sogar geradezu freundschaftlich: dem Koordinator. Der letztgenannte Aspekt wird in dem Gedicht metapoetisch veranschaulicht. Denn nicht das lyrische Subjekt anthropomorphisiert die Maus, sondern der Koordinator. Die kursivierte Schriftart zeigt die wörtliche Rede an und wird dadurch dezidiert vom Sprechen des lyrischen Subjekts unterschieden. Das Gedicht reflektiert somit die Anthropomorphisierung als poetischen Akt der Stilisierung, in dem menschliche Eigenschaften und Verhaltensweisen auf Tiere übertragen werden.[73]

Überhaupt steht die Hoffnung pointiert am Ende der Gedichte des Zyklus. In der „Notiz zu Cydalima perspectalis",[74] dem Buchsbaumzünsler, werden erneut Autorin und lyrisches Subjekt enggeführt, indem auf ein biographisches Detail Bezug genommen wird: „Die [die Buchsbaumzünsler] gibt es hier seit 2008. Das war / Das Jahr, in dem ich auch zum ersten Mal nach London kam". Bei dem Buchsbaumzünsler handelt es sich um einen ostasiatischen Kleinschmetterling, der

[71] Vgl. https://www.bmel.de/DE/themen/tiere/tierschutz/versuchstierzahlen2019.html (13.4.2023).

[72] Vgl. Cojocaru 2021b, 206 f.

[73] Vgl. Lehnemann 1968, 7.

[74] Hier und im Folgenden: Cojocaru 2021a, 20.

2007 erstmals in Europa entdeckt wurde.[75] Durch diesen Gedichteinstieg wird weiterhin eine Gemeinsamkeit zwischen Mensch – lyrischem Subjekt – und Tier – Buchsbaumzünsler – suggeriert, wodurch die Folie des wissenschaftlichen Protokolls unterminiert wird.[76]

Nachfolgend denkt das lyrische Subjekt über die Vernichtung der Flora durch das Insekt, gleichzeitig aber auch über dessen Auslöschung nach. Dass der Buchsbaumzünsler als „Forstschädling" klassifiziert ist, legitimiert die Ausrottung des Tieres.[77] Dies wird in den Versen verbildlicht: „Liege grad: am Boden, im Sterben, oder Werden, oder / Wie nennt man das: Kahlfraß / In meinem immergrünen Herzen / Am Ende der unkontrollierten Studien / An mir durch verwirrte, gefühllose Hände / Nach acht Jahren, die Entlarvung". Dass die durch Chemikalien verursachte Vernichtung des „Schädlings" „völlig grausam, noch einmal eine / Ganz andere Nummer" ist und sich sogar auf die „honey bees" auswirkt, wird im Verlauf des Gedichts thematisiert. Der Einsatz von chemischen Mitteln, wie Thiacloprid, das ein „Insektenkiller" sowie „reproduktionstoxisch und möglicherweise krebserregend für Menschen"[78] ist, wurde erst in den vergangenen Jahren reduziert.[79]

Das lyrische Subjekt wird dann in der letzten Strophe als wahnhaft dargestellt. Es liest alles, „immer weiter", besessen vom Ausmaß der chemischen Vernichtung. In den letzten Versen erhält es dennoch eine hoffnungsvolle Perspektive, und zwar aus der biologischen Entwicklung des Buchsbaumzünslers: „Sie [die Buchsbaumzünslerin] empfiehlt, mit einem letzten Flattern, statt Psychose / Noch einmal den Versuch der / Metamorphose". Das zoologische Bild der Metamorphose wird übernommen, um eine Weiterentwicklung des lyrischen Subjekts – *pars pro toto* der Menschen – anzudeuten; eine Entwicklung, im Zuge derer nicht mehr nur von Schädlingen und deren Vernichtung zum Nutzen der Menschen, sondern von Tieren und deren Bedeutung in ökologischen Zusammenhängen gesprochen wird.

Poetisch wird hier sozusagen eine Hoffnung verwirklicht – eine Hoffnung, „im Gespräch zu bleiben", wie es Steffen Richter mit Bezug auf Roman Jakobson formuliert:

---

[75] Vgl. https://www.nabu.de/tiere-und-pflanzen/insekten-und-spinnen/schmetterlinge/nachtfalter/26468.html (14.4.2023).

[76] „Zunächst inszenieren die Gedichte wiederholt emphatische Momente des Wiedererkennens der menschlichen Sprecherin in den beobachteten Tieren – eine Art der Projektion und Anthropomorphisierung tierlichen Verhaltens, die für ein wissenschaftliches Beobachtungsprotokoll gänzlich unzulässig ist." (Lempp/Schmidt/Thiemann 2020, 35).

[77] Vgl. dazu u. a. die Webseite buchsbaumzuensler.net, deren Überblicksartikel zu dem Tier wie folgt beginnt: „Der Buchsbaumzünsler (lat. Cydalima perspectalis) ist ein Schädling, der Buchsbäume befällt und diese vollständig zerstören kann" (https://www.buchsbaumzuensler.net/, 14.4.2023).

[78] https://baden-wuerttemberg.nabu.de/news/2020/februar/27566.html (14.4.2023).

[79] Vgl. dazu: „Denn das anthropogen verursachte Insektensterben – durch die Insektizide, die zur Bekämpfung der rasch sich verbreitenden invasiven Art eingesetzt werden, sterben oftmals auch andere Insekten, etwa Bienen und Schmetterlinge – betrifft in letzter Konsequenz auch menschliches Überleben." (Lempp/Schmidt/Thiemann 2020, 35).

> Sprache könne weit mehr als nur (referentiell) auf die Welt weisen und gegebenenfalls (appellativ) dazu auffordern, weniger zu fliegen oder Fleisch zu essen. Sie kann (expressiv bzw. emotiv) eine Haltung des Sprechers zum Gesprochenen ausdrücken und (metasprachlich) das Sprechen über die Welt selbst reflektieren oder aber (poetisch) die Spezifik des Gesprochenen durch seine besondere Form herausstellen. Nicht zuletzt kann sie (phatisch) dafür sorgen, den sprachlichen Kontakt aufrechtzuerhalten, also im Gespräch zu bleiben.[80]

Mara-Daria Cojocarus Gedichte des Zyklus *Minima Anthropohilia* vermögen es emotiv, poetisch und phatisch zu sein. Darüber hinaus sind sie ironisch.

Die „Notiz zu Ardea cinera“,[81] dem Graureiher, zeigt dies abschließend eindrücklich. Das lyrische Subjekt befindet sich in dem Gedicht laut protokollarischer Bestimmung in „London, Hampstead (Mixed Pond)“ und schwimmt bei den „Fischverschlingerinnen“, den Graureihern. Währenddessen versucht es, „ein Argument zu finden / Warum Überleben unstrittig / Wertvoll sei“. Das Gedicht befindet sich damit in einem philosophischen Diskurs, der anschließend durch die poetische Form unterminiert wird. Denn die Suche nach einem Argument, warum Überleben unstrittig wertvoll ist, hat im Wesentlichen keinen Grund „[u]nter den Füßen“. Die Szenerie des Gedichts entzieht dem philosophischen Nachdenken die Prämisse. In der Bildwelt des Gedichts wird ‚Schwimmen‘ analog für ‚Nachdenken‘ verwendet.

Durch die Konjugation des Verbs ‚schwimmen‘ in den nächsten Strophen – „Ich schwimme / Du schwimmst / Er/sie/es schwimmt / Wir // Waren schon lange nicht mehr / Schwimmen // Ihr/sie / Im Nichtschwimmerbereich“ – wird erneut Cojocarus Tierethik impliziert, die dafür plädiert, dass Rahmenbedingungen geschaffen werden, die allen Menschen helfen, nach dem tierethischen Minimalkonsens leben zu können. Übersetzt in die Bildwelt des Gedichts bedeutet dies: Es braucht einen staatlich unterstützten Schwimmunterricht für alle, damit alle gemeinsam (wir/ihr/sie im Gedicht) über den Wert des Lebens jedes Lebewesens nachzudenken vermögen. Erst dies ist Grundlage, um miteinander in ein moralpragmatisches Gespräch zu kommen.

Im Anschluss wird dieser Erkenntnisprozess ironisch konterkariert. Auf die Feststellung, dass „Ihr/sie / Im Nichtschwimmerbereich“ sind, werden onomatopoetisch die Graureiher ins Geschehen geholt: „Ein Chrääken.“ Es ist, als würden die Graureiher die menschlichen Schwimmfähigkeiten mit ihrem Ruf kommentieren. Weitergehend beobachtet das lyrische Subjekt die „Aschenkinder“, wie sie den wechselnden Kleidungsstil des Menschen von Sommer zu Winter diskutieren. Daneben „wachen, ruhen, patrouillieren“ die Graureiher auch – gemeinschaftlich. Und ebenso gemeinschaftlich fliegen sie „just because they can“ und erheben sich über die „[l]achhaften Schwimmer“, die Menschen, wobei Erheben mehrdeutig zu lesen ist: einerseits als räumliche Absetzung durch das Überfliegen, andererseits als soziale Absetzung durch das gemeinschaftlich organisierte ‚Überleben‘.

---

[80] Richter 2022, 16 f.

[81] Hier und im Folgenden: Cojocaru 2021a, 13 f.

5 Fazit

Der Ausgangsfrage, ob sich in der Lyrik Cojocarus ihre eigenen tierethischen Überlegungen wiederfinden, wurde exemplarisch an ihrem mit dem Deutschen Nature Writing Preis prämierten Gedichtzyklus *Minima Anthropophilia* nachgegangen. Die Analyse hat dabei vor allem die deutlich erkennbare Engführung von Autorin und lyrischem Subjekt herausgestellte. Durch diese bewusste Setzung können die ethischen Überlegungen der Autorin Cojocaru den hermeneutischen Prozess der Gedichtinterpretation unterstützen. Es ließ sich zeigen, dass in den Gedichten tierethische Problemstellungen wie die experimentellen Tierversuche („Notiz zu Mus musculus") oder der Umgang mit sogenannten Schädlingen („Notiz zu Cydalima perspectalis") sowie ethische Fragestellungen, warum Überleben unstrittig wertvoll sei („Notiz zu Ardea cinera"), thematisiert werden.

Dabei wurden in unterschiedlichen poetischen Verfahren Kommunikationssituationen sowohl explizit durch die Darstellung eines Gesprächs („Notiz zu Mus musculus") als auch implizit durch das Nachdenken des lyrischen Subjekts („Notiz zu Cydalima perspectalis" und „Notiz zu Ardea cinera") entworfen. Diese Kommunikationssituationen können als Ausgangspunkt eines moralpragmatischen Gesprächs im Sinne Cojocarus gelesen werden, indem der Zweifel am bestehenden Mensch-Tier-Verhältnis ein Reden über die Besserung dieses Verhältnisses bewirkt. Vor allem bringen die Gedichte Hoffnung zum Ausdruck, die wiederum für Cojocarus Ethik eine der leitenden Emotionen ist, um in einen gesamtgesellschaftlichen „leidenschaftlichen Dissens"[82] treten zu können.

Der These, dass ihre Gedichte Bestandsaufnahmen des gegenwärtigen Mensch-Tier-Verhältnisses im urbanen Raum sind, kann gefolgt werden. Dass Cojocarus Gedichte keine „Appelle von hohem Wert"[83] sind, muss dennoch konstatiert werden. Denn ihre Gedichte formulieren nicht explizit moralische Erkenntnisse – sie regen solche nur an. Es ginge daher zu weit, zu sagen, Cojocarus Poeme gestalten Erkenntnis im Sinne Dieter Lampings. Trotzdem weisen sie eine Weltauffassung im Sinne Rüdiger Zymners auf, die sehr klar temporalisiert und lokalisiert ist und somit die Möglichkeit eines besseren Verstehens dieser (mitteleuropäischen) Welt bereithält.

Dies alles trägt dazu bei, dass auch der These, dass Cojocarus Gedichte Ausgangspunkt eines Nachdenkens über ein neues Mensch-Tier-Verhältnis sind, beigepflichtet werden kann. Ihre Lyrik ist unter dem Fokus ihrer tierethischen Überlegungen, als leidenschaftlich zu beschreiben – sowohl in ihren tierethischen Implikationen als auch in ihrer poetischen Explikation.

---

[82] Cojocaru 2021b, 133.

[83] Ebd., 168.

Literatur

Adorno, Theodor W.: *Minima Moralia. Reflexionen aus dem beschädigten Leben* [1951]. Frankfurt a. M. [12]2019.

„Bestimmung". In: Berlin-Brandenburgische Akademie der Wissenschaften (Hrsg.): *DWDS – Digitales Wörterbuch der deutschen Sprache*, https://www.dwds.de/wb/Bestimmung (13.4.2023).

Borgards, Roland/Kling, Alexander/Köhring, Esther: Einführung. In: Dies. (Hrsg.): *Texte zur Tiertheorie*. Stuttgart 2015, S. 7–21.

Borgards, Roland: Cultural Animal Studies. In: Gabriele Dürbeck/Urte Stobbe (Hrsg.): *Ecocriticism. Eine Einführung*. Köln/Weimar/Wien 2015, S. 68–80.

Borgards, Roland: Einleitung: Cultural Animal Studies. In: Roland Borgards (Hrsg.): *Tiere. Ein kulturwissenschaftliches Handbuch*. Stuttgart 2016a, S. 1–5.

Borgards, Roland: Tiere und Literatur. In: Roland Borgards (Hrsg.): *Tiere. Ein kulturwissenschaftliches Handbuch*. Stuttgart 2016b, S. 225–244.

Braun, Michael: Das Unerhörte ist alltäglich geworden. In: *poetin. literaturmagazin* 24 (2018), S. 93–94.

Bulucz, Alexandru: Vom Wert des Lebens. Tierschutz in Gedichtform. In: *Der Tagesspiegel* vom 21.1.2017.

Bundesministerium für Justiz: Tierschutzgesetz in der Fassung der Bekanntmachung vom 18. Mai 2006 (BGBl. I S. 1206, 1313), https://www.gesetze-im-internet.de/tierschg/BJNR012770972.html (10.2.2023).

Cojocaru, Mara-Daria: *Anstelle einer Unterwerfung. Gedichte*. Frankfurt a.M. 2016.

Cojocaru, Maria-Daria: *Buch der Bestimmungen. Gedichte*. Frankfurt a.M. 2021a.

Cojocaru, Mara-Daria: *Menschen und andere Tiere. Plädoyer für eine leidenschaftliche Ethik*. Darmstadt 2021b.

Countdown für Insektengift Thiacloprid. Bienengift darf noch 365 Tage verwendet werden. In: NABU. Baden-Württemberg, https://baden-wuerttemberg.nabu.de/news/2020/februar/27566.html (14.4.2023).

Der Buchsbaumzünsler – ein Überblick, https://www.buchsbaumzuensler.net/ (14.4.2023).

Eldridge, Richard: Aus Lyrik über Leben lernen. Literatur, Ethik und Emotion. In: Ottmar Ette (Hrsg.): *Wissensformen und Wissensnormen des ZusammenLebens. Literatur – Kultur – Geschichte – Medien*. Berlin/Boston 2012, S. 76–86.

Fraser, Nancy: *Der Allesfresser. Wie der Kapitalismus seine eigenen Grundlagen verschlingt*. Übers. von Andreas Wirthensohn. Berlin 2023.

Hagendorff, Thilo: *Was sich am Fleisch entscheidet. Über die politische Bedeutung von Tieren*. Marburg 2021.

Hayer, Björn: Mara-Daria Cojocaru: „Buch der Bestimmungen" – Vertiert euch! In: *Frankfurter Rundschau* vom 18.8.2021.

Goldstein, Jürgen: *Naturerscheinungen. Die Sprachlandschaften des Nature Writing*. Berlin 2019.

Kästner, Erich: Moral. In: Erich Kästner: *Zeitgenossen, haufenweise. Gedichte*. Hrsg. von Harald Hartung. München/Wien 1998, S. 277.

Ladwig, Bernd: *Politische Philosophie der Tierrechte*. Berlin [2]2020.

Lamping, Dieter: Gibt es dichterische Erkenntnis? In: *Internationale Zeitschrift für Kulturkomparatistik* 1 (2019), S. 15–31.

Lehnemann, Widar: Tierdichtung und Deutschunterricht. In: *Der Deutschunterricht* 20/6 (1968), S. 5–27.

Lempp, Felix/Schmidt, Antje/Thiemann, Jule: Poetische Taxonomien. Un/Geordnete Begegnungen zwischen Pflanzen, Menschen und Tieren in Lyrik und Prosa der Gegenwart. In: *Literatur für Leser:innen* 43/1 (2020), S. 17–37.

Müller, Alexandra: Requiem auf die Fliege. Fliegenpein und Fliegentod von der Aufklärung bis in die Gegenwart. In: Michael Dallapiazza/Annette Simonis (Hrsg.): *Tierwelten und Textwelten. Beiträge der Bologneser Tagung*. Bern 2020, S. 147–167.

Müller, Ralph/Reents, Friederike (Hrsg.): *Lyrik und Erkenntnis*. Bd. 1 (2019), *Internationale Zeitschrift für Kulturkomparatistik*.

Nischkauer, Astrid: Frag die Fledermaus. Sie sagt: Schau, https://signaturen-magazin.de/mara-daria-cojocaru--buch-der-bestimmungen.html (10.2.2023).

Peirce, Charles Sanders: *Collected Papers of Charles Sanders Peirce*. Bd. II: *Elements of Logic*. Hrsg. von Charles Hartshorne/Paul Weiss. Cambridge 1932.

Pressemitteilung des Umweltbundesamts: Deutschen Preis für Nature Writing an Mara-Daria Cojocaru und Bernd Marcel Gonner, https://www.umweltbundesamt.de/presse/pressemitteilungen/mara-daria-cojocaru-bernd-marcel-gonner-erhalten (10.2.2023).

Richter, Steffen: Umwelt. Probleme. In: *Dritte Natur. Technik – Kapital – Umwelt* 5 (2022), S. 7–19.

Riemer, Ines: Art. „Pragmatismus, Neopragmatismus". In: Peter Prechtl/Franz-Peter Burkhard (Hrsg.): *Metzler Lexikon Philosophie*. Stuttgart ^{3}2008, S. 477–478.

Riesenappetit und wenig Feinde. Der Buchsbaumzünsler (Cydalima perspectalis). In: NABU, https://www.nabu.de/tiere-und-pflanzen/insekten-und-spinnen/schmetterlinge/nachtfalter/26468.html (14.4.2023).

Schmidt, Sarah: Grenzräume – Grenzverhandlungen. Überlegungen zur Verhältnisbestimmung von Philosophie und Literatur. In: Andrea Allerkamp/Sarah Schmidt (Hrsg.): *Handbuch Literatur & Philosophie*. Berlin/Boston 2021, S. 24–38.

Schmitz, Friederike: Tierethik – eine Einführung. In: Friederike Schmitz (Hrsg.): *Tierethik. Grundlagentexte*. Berlin ^{4}2021, S. 13–73.

Tröger, Beate: Fahren, bis der Tank leer ist. In: *Der Freitag* vom 19.10.2021.

Verwendung von Versuchstieren im Jahr 2019. In: Bundesministerium für Ernährung und Landwirtschaft, https://www.bmel.de/DE/themen/tiere/tierschutz/versuchstierzahlen2019.html (13.4.2023).

Witt, Sophie: Literatur und Ethik. Einleitung. In: Andrea Allerkamp/Sarah Schmidt (Hrsg.): *Handbuch Literatur & Philosophie*. Berlin/Boston 2021, S. 218–220.

Zymner, Rüdiger: Lyrik und Erkenntnis. In: *Internationale Zeitschrift für Kulturkomparatistik* 1 (2019), S. 61–77.

Gleichgültige Allmacht. Das Konzept der MASTEN in Stanisław Lems *Altruizin*

Victoria Reiniger

1 Einleitung

Die Werke des polnischen Science-Fiction-Autors Stanisław Lem greifen nicht nur Themen der technologischen Entwicklung auf, sondern behandeln auch philosophische und religiöse Aspekte wie eine höhere Macht – oftmals in einer märchenhaften und humorvollen Weise. Ein Zusammenspiel zwischen technologischer Entwicklung und dem Göttlichen zeigt sich in der Erzählung *Altruizin. Der wahre Bericht darüber, wie der Eremit Bonhomius das universelle Glück im Kosmos schaffen wollte, und was dabei herauskam*, einem Teil der Geschichtensammlung *Kyberiade* aus dem Jahr 1965. Auf der Suche nach den höchstentwickelten Wesen und ihrer Weisheit begibt sich der geniale Konstrukteur und Roboter Klapauzius auf eine Reise in die entlegensten Ecken der Welt. Sein Gefährte, der Roboter Bonhomius, berichtet am Anfang der Erzählung über den Versuch, Gutes zu tun mit der Hilfe „der einzigen Wesen im ganzen Kosmos, die bereits die MAximale STufe der ENtwicklung erreicht haben.“[1] Diese Wesen, die sogenannten

[1] Lem [1965] 1992, 291. Bei der vorliegenden Übersetzung ins Deutsche von Jens Reuter aus dem Jahr 1992 ließen sich an für die Analyse wesentlichen Stellen Ungenauigkeiten feststellen. Deswegen werden sprachliche Unterschiede beim Vergleich des Originals mit der deutschen Übersetzung hervorgehoben und eigene Übersetzungsvorschläge zur besseren Kontextualisierung angeführt.

V. Reiniger (✉)
Berlin, Deutschland
E-Mail: victoria.reiniger@gmail.com

© Der/die Autor(en), exklusiv lizenziert an Springer-Verlag GmbH, DE, ein Teil von Springer Nature 2026

B. Beck und E.-M. Konrad, *Imaginationen eines besseren Lebens?*,
Techno:Phil – Aktuelle Herausforderungen der Technikphilosophie 11,
https://doi.org/10.1007/978-3-662-72857-4_11

MASTEN (pol. „Najwyższa Faza Rozwoju“, „NFR“, „Enefercy“), sollen aus der Sicht der beiden Roboter dank ihrer maximalen Entwicklung die Lösung für die Probleme der Welt bieten. Beachtenswert ist, dass sich im Laufe des Treffens mit ihnen herausstellt, dass diese Vorstellung von den MASTEN erheblich von deren tatsächlichem Wesen abweicht. Angesichts dieser Diskrepanz stellt sich die Frage, ob der ihnen in der Geschichte zugeschriebene Status einer maximalen Stufe der Entwicklung überhaupt gerechtfertigt erscheint.

Um diese Frage zu beantworten, werden die MASTEN zunächst hinsichtlich ihrer Anatomie und ihres Verhaltens analysiert. Dadurch soll die den MASTEN eigentümliche Eigenschaft der Gleichgültigkeit herausgearbeitet und ihr angeblicher Status der maximalen Stufe der Entwicklung hinterfragt werden. Die Analyse der körperlichen Verfasstheit und des Verhaltens der MASTEN dient dazu, den Aspekt der Gleichgültigkeit vor dem Hintergrund einer Definition der Groteske in einen Vergleich mit Klapauzius’ Vorstellungen über das Wesen und die Aufgabe allmächtiger Wesen zu setzen. Die Grundlage für diese Definition ist Maciej Dajnowskis Monographie *Groteska w twórczości Stanisława Lema* aus dem Jahr 2005, in der er Lems Werke hinsichtlich unterschiedlicher Eigenschaften der Groteske untersucht. Die Weigerung oder schiere Unfähigkeit der MASTEN, die in sie gesetzte Hoffnung zu erfüllen, das Leid auf der Welt zu verhindern und Gutes zu bewirken, legt darüber hinaus eine Auseinandersetzung mit dem Theodizee-Problem nahe, die sich an die von Gottfried Wilhelm Leibniz identifizierten Eigenschaften Gottes – Allwissenheit, Allgüte und Allmacht – anlehnt.[2] Die Anspielung auf die Göttlichkeit der MASTEN in Kombination mit Klapauzius’ fälschlicher Erwartung einer benevolenten Allmacht lässt den Status der MASTEN als höchste Entwicklungsstufe zweifelhaft erscheinen.

In der Forschung zu Lem, besonders zu *Altruizin*, tauchen die MASTEN häufig nur als Randbemerkung, kurzes Beispiel oder Ergänzung auf.[3] Im vorliegenden Beitrag sollen diese Figuren dagegen im Mittelpunkt stehen und schließlich mit Bezug auf das Konzept des sog. ‚unvollkommenen Gottes‘[4] analysiert werden. Dieser Begriff ist insofern wichtig, als er in unterschiedlichen Werken Lems wie *Aus den Erinnerungen Ijon Tichys* und *Solaris* auftaucht. Im Fall von *Solaris* verneint der Protagonist Kelvin die Frage, ob man an Gott glauben kann, und präsentiert

[2] Vgl. Leibniz 1996, 219.

[3] Vgl. Jarzębski 2005, 21; Wilson 1977, 551–552; Jurich 1998, 138; Stoff 2005, 301–303.

[4] Dieser Begriff stellt meinen Versuch der Übersetzung des polnischen Begriffs ‚bóg ułomny’ dar, den schon Kochanowski ausführlicher thematisiert hat. Er verbindet zwei Merkmale mit diesem Begriff: pol. ‚ułomność‘ (eine Art von Gebrochenheit im Sinne einer Körperbehinderung) und ‚niedoskonałość‘ (d. h. die Unvollkommenheit der menschlichen Natur). Vgl. Kochanowski 2020, 140 f.

„die interessante Konzeption eines ‚gebrechen-behafteten Gottes'"[5] (pol. „Boga ułomnego"). In der Forschung hat Dagmara Waszkiewicz diesen Ansatz der Unvollkommenheit aus religionsphilosophischer Sicht analysiert.[6]

Im Folgenden werden zunächst die Anatomie und das gleichgültige Verhalten der MASTEN im Rahmen von Dajnowskis Definition der Groteske analysiert (2). Anschließend wird ihr Verhalten mit Vorstellungen über Eigenschaften und Aufgaben einer höchsten Wesenheit konfrontiert und mit dem Theodizee-Problem in Zusammenhang gebracht (3). Schließlich bietet das Konzept des sog. ‚unvollkommenen Gottes' eine Aufklärung des Status der MASTEN (4). Ein Fazit resümiert die Ergebnisse der Untersuchung (5).

2 Groteske Aspekte der Anatomie und des Verhaltens der MASTEN

Nachdem Klapauzius auf dem würfelförmigen Planeten der MASTEN gelandet ist, bietet sich ihm ein seltsamer Anblick dieser Wesen, die auf dem Sandboden liegen und sich für den Besucher gar nicht interessieren.

> Verblüfft und fassungslos angesichts dieser nahezu ostentativen Gleichgültigkeit schaute ich mir die ganze Umgebung genauer an. […] Aus dem Sand ragten hier und da zerbrochene Räder, Plastikbecher, Papierfetzen und anderer Unrat hervor, wahllos verstreut dazwischen lagen die Eingeborenen in den unterschiedlichsten Posen, der eine auf dem Bauch, der andere auf dem Rücken, ein dritter wiederum streckte seine Beine kerzengerade empor, so als wollte er aus lauter Langeweile den Zenit anvisieren.[7]

Anders als es das Mysterium der MASTEN erwarten ließe, die nur anhand von alten versteckten Schriften aufzufinden waren und als die höchste Entwicklungsstufe bekannt sind, findet die erste Begegnung auf einer Art von sandiger Müllhalde statt, wo die Bewohner des Planeten in lustloser Stimmung herumliegen und auf Klapauzius' Kommunikationsversuche kaum reagieren. An dieser Stelle zeigt sich bereits eine Diskrepanz zwischen der Vorstellung des Besuchers Klapauzius

[5] Sulikowski 2005, 61. Die Übersetzung von Ulrike Jekutsch bezieht sich auf den Aspekt der Gebrochenheit bzw. Gebrechlichkeit beim polnischen Begriff ‚ułomny', wobei das Wort auch im Sinne einer unvollkommenen Charaktereigenschaft zu verstehen ist. Der herangezogene religionsphilosophische Ansatz bietet die Möglichkeit, den Fokus auf die Unvollkommenheit in dieser Doppeldeutigkeit zu richten.

[6] Vgl. Waszkiewicz, 2006, 161–174. Kochanowski hat weitere Bedeutungsvarianten dieses Konzepts herausgearbeitet (vgl. Kochanowski 2020, 139–151).

[7] Lem [1965] 1992, 294.

und der sich ihm darbietenden Wirklichkeit. Als bedeutsam erweist sich insbesondere die Gleichgültigkeit der MASTEN, die mit der Verwunderung und dem Schock von Klapauzius über ein derartiges Verhalten kontrastiert, das die (in der fiktiven Welt) geltende Idealvorstellung von höchsten Wesen verzerrt und somit das Groteske der Situation zur Geltung bringt. Hinsichtlich ihrer körperlichen Verfasstheit bemerkt Klapauzius, dass diese Wesen „weder Roboter noch Mensch, geschweige denn ein Proteinat sapiens der albuminoiden Spezies“[8] sind. Der groteske Eindruck kommt besonders im folgenden Beispiel der Anatomie eines der MASTEN zum Ausdruck:

> Letzterer lag ein paar Schritte weiter, mit dem Hals in den Sand gesteckt; im weit aufgerissenen Mund war die Zungenspitze sichtbar, die sich von Zahn zu Zahn tastete, wie um sie zu zählen. Die kupferne Stirn war mit weißer Bordüre besetzt, am linken Ohrläppchen schaukelte ein goldenes Ringlein, am rechten ein kleiner Holzgriff mit einem Schildchen in Druckbuchstaben: ZIEHEN! Ohne lange nachzudenken zog ich,[9] und aus dem Ohr des nackten Geschöpfs kam eine mit Zuckerguß überzogene Schnur hervor, an deren Ende eine Visitenkarte mit dem Aufdruck hing: NUN ZIEH SCHON WEITER! Ich zog also weiter, bis auch diese Schnur zu Ende war. Zum Vorschein kam ein winziger Papierschnipsel mit der Aufschrift: WIR SIND SCHRECKLICH NEUGIERIG, NICHT WAHR?[10]

In dieser Beschreibung lassen sich menschenähnliche Körperteile finden: Stirn, Zunge, Kopf, Ohren, Brust, Rücken. Der Körper besteht darüber hinaus jedoch aus unterschiedlichen Gegenständen wie dem Holzstöcklein, der Schnur oder dem Papierschnipsel sowie aus verschiedenen Materialien von der kupfernen Stirn bis zum Naschwerk.[11] Besonders auffällig ist die Ablösbarkeit der Körperteile, die auf die körperliche Desintegration der MASTEN hinweist. Klapauzius folgt der auf dem Schild angebrachten Aufforderung, an der Schnur zu ziehen, und wird nicht nur mit der klebrigen Substanz belohnt, sondern zudem mit einer Nachricht belehrt: „Ciekawe, co? To won!“[12] Der Körper des MASTEN löst sich teilweise auf, indem er durch Klapauzius’ Interaktion das Innere des Ohres, also die Schnur, verliert. Die körperliche Instabilität trägt zum seltsamen Bild der Wesen bei, die doch eigentlich die höchste Entwicklungsstufe darstellen sollen.

In seiner Analyse weist Dajnowski auf mehrere Methoden hin, zum Beispiel die Dekomposition der Gestalt, mithilfe derer Stanisław Lem in seinen Erzählungen den Eindruck der Groteske erzeugt. Unter ‚Groteske‘ versteht Dajnowski dabei eine Verdrehung bzw. Verformung eines Ideals, d. h. einer konventionellen Darstellung einer Gestalt, Situation oder der Situation übergeordneten Regel, die

[8] Ebd.

[9] Abweichend davon wäre mein Übersetzungsvorschlag: „Ich weiß nicht, warum ich an der Schnur zog“.

[10] Ebd., 297.

[11] Das der polnischen Leserschaft bekannte ‚cukier lodowaty‘, was hier als ‚Zuckerguss‘ übersetzt wurde, ähnelt allerdings mehr dem Kandiszucker, welcher mit seiner bronzenen Karamellfarbe an Ohrenschmalz erinnert.

[12] Wörtlicher übersetzt lautet diese Stelle: „Neugierig, was? Dann hau ab!“.

in der fiktiven Welt herrscht.[13] Die Funktion der Groteske liegt für ihn dabei in einer Kritik an geltenden künstlerischen Kanons oder allgemein akzeptierten philosophischen und kulturellen Weltmodellen[14] – im Falle der MASTEN insbesondere der Vorstellung göttlicher Allmacht. Zu den Methoden zur Erzeugung eines grotesken Eindrucks gehört für ihn insbesondere die Hybridisierung, die sich auf das Aussehen der Gestalten und ihre physischen Eigenschaften, Merkmale des Charakters und die Relation von Körper und Geist bezieht.[15] Charakteristisch für die hybride körperliche Natur der MASTEN ist die Verbindung von organischen und mechanischen Teilen. Dajnowski benennt die MASTEN zwar als Beispiel für die Groteske in Lems Werk und weist kurz auf den grotesken Eindruck hin, den ihre Gestalt erzeugt, er geht aber nicht genauer auf deren Beschreibung ein.[16] Ihm zufolge zeigt sich die von Klapauzius angenommene Omnipotenz der MASTEN unter anderem in ihrer beliebig wandelbaren Gestalt.[17] Ihre Anatomie stellt eine Collage verschiedenster Elemente dar – organisch und mechanisch – ohne ersichtliche Funktionalität.[18]

Dajnowski verbindet die Desintegration und Funktionslosigkeit der Gestalt der MASTEN in einem weiteren Schritt mit der Langeweile und Ziellosigkeit ihres Daseins. Zum einen zeigt sich das Aussehen der MASTEN als grotesk in Folge ihres Aufbaus, der unterschiedliche Komponenten offenbar funktionslos miteinander vermischt, zum anderen resultiert die Erzeugung des grotesken Eindrucks ebenfalls aus der Relation zwischen Körper und Geist bzw. dem Verhältnis zwischen der Anatomie und dem Verhalten der MASTEN. Bemerkenswert ist dabei die apathische Einstellung der Wesen, die sich ohne größere Empörung vom Besucher Klapauzius beobachten und sogar anfassen lassen. Auch der Akt des Schnurziehens erweist sich als ein offenbar schmerzloser Eingriff, der das Verhalten der MASTEN nicht weiter beeinflusst. Angesichts der fehlenden Reaktion auf das Anfassen ist neben Langeweile und Ziellosigkeit eine Gleichgültigkeit in ihrem Verhalten festzustellen. Die MASTEN sind gleichgültig gegenüber Klapauzius, sofern er ihre Ruhe nicht über Gebühr stört. Ihre Anatomie, die sich ohne merkliche Konsequenzen verändern lässt, verkörpert diese Einstellung.

Ein weiteres Beispiel für die indifferente Einstellung der MASTEN gegenüber äußeren Einflüssen stellt der Nasenbohrer dar, dessen Arm sich nach der Berührung durch Klapauzius ablöst. Der Angehörige der MASTEN zieht daraufhin einen anderen Arm aus dem Sand, „pustete ein, zwei Mal dagegen und befestigte ihn an seiner Schulter, wo er sogleich wieder anwuchs."[19] Zu beachten ist dabei ebenfalls

[13] Vgl. Dajnowski 2005, 34.
[14] Vgl. ebd., 35.
[15] Vgl. ebd., 116.
[16] Vgl. ebd.
[17] Vgl. ebd., 98.
[18] Vgl. ebd.
[19] Lem [1965] 1992, 294.

wieder eine Art von Gleichgültigkeit gegenüber dem eigenen Körper, welche eng mit der Instabilität und Austauschbarkeit der Körperteile verbunden ist. Der Körper der MASTEN lässt sich frei gestalten. Zum einen grenzt er sich sichtbar von der Umwelt ab, zum anderen können aus der Umgebung weitere Körperteile entnommen werden, somit kann eine beliebige Gestalt angenommen werden.

Bei seinem Versuch der Kontaktaufnahme geht Klapauzius von einem Vertreter der MASTEN zum anderen und versucht, jeden näher zu beobachten und mit ihm ins Gespräch zu kommen. Der bereits erwähnte Nasenbohrer reagiert jedoch gar nicht auf Klapauzius und ist stattdessen sehr „mit seinem eigenen Gesicht beschäftigt, das sich auf unerfindliche Weise vom Rest des Kopfes gelöst hatte, auf seinen Knien lag und leise seufzte, als er ihm hingebungsvoll in der Nase bohrte.“[20] Eine solche Gleichgültigkeit stellt für den neugierigen und wissenshungrigen Klapauzius nicht nur ein unverständliches Rätsel dar, sondern führt bei ihm auch zu großer Empörung. Denn die vemeintlich „[höchste] Zivilisation des Universums“ besteht offenkundig „aus einigen hundert Individuen – weder Menschen noch Roboter – die den ganzen Tag auf diamantenbesetzten Kissen und Decken in einer schmutzigen, abfallübersäten Wüste herumliegen und nichts anderes tun, als sich zu kratzen und in der Nase zu bohren.“[21]

Doch sogar die Apathie und Duldsamkeit der MASTEN ist begrenzt: Nachdem Klapauzius es schließlich zu bunt getrieben hat und wegen anhaltender Unruhestiftung recht abrupt und ohne Vorwarnung vom Planeten entfernt wurde, baut er eine Maschine mit unzähligen Datenbanken – das „Theotron“ (pol. „Bogotron“) –, die ihm einen erneuten Kontakt mit den MASTEN ermöglicht, um die sich aufdrängenden Fragen doch noch zu stellen. Klapauzius erkundigt sich sowohl nach dem apathischen Verhalten der MASTEN – „Aber weshalb befaßt ihr euch nicht wenigstens mit einer anregenden Tätigkeit, anstatt in diesem genialen Sand herumzuliegen und euch von Zeit zu Zeit zu kratzen?“[22] – als auch nach ihrer körperlichen Verfasstheit, die den MASTEN selbst jedoch nicht mehr als relevant erscheint. Ihre diesbezügliche Indifferenz kommt besonders in der folgenden Antwort zum Ausdruck:

> Manchmal bauen Menschen Roboter, und manchmal Roboter – Menschen; ob man nun mit Metall oder Protoplasma[23] denkt, ist letztlich gleichgültig. Ich kann beliebige Formen, Dimensionen und Gestalten annehmen, genauer gesagt, das tat ich früher einmal, denn heute gibt sich niemand von uns mehr mit solchen Kleinigkeiten ab.[24]

---

[20] Ebd., 297.

[21] Ebd.

[22] Ebd., 307.

[23] Im Original steht „kisiel“ – eine Art von essbarem Gel (z. B. aus Fruchtmus) mit einer Konsistenz, die warmer Gelatine ähnelt. Die Angabe eines Gerichts (statt wie in der Übersetzung eines biologischen Begriffs) verstärkt das Absurde in der körperlichen Verfassung der MASTEN zusätzlich.

[24] Ebd., 305.

Zusammenfassend lässt sich festhalten, dass sowohl der hybride und instabile Körperbau der MASTEN als auch deren gleichgültige Verhaltensweise, die nicht mit den in Klapauzius' Welt tradierten Vorstellungen einer höchstentwickelten Wesenheit in Einklang steht, zum grotesken Eindruck der MASTEN in Lems Geschichte beitragen.

3 Die Gleichgültigkeit der MASTEN und das Theodizee-Problem

In Bezug auf das Verhalten der MASTEN muss zunächst auf Klapauzius' Ansicht über die Haltung, die für ein höchstentwickeltes Wesen angemessen sein soll, eingegangen werden. Im vorangegangenen Abschnitt wurde bereits die groteske körperliche Zusammensetzung der MASTEN beleuchtet. Dieser Abschnitt konzentriert sich auf die Darlegung der Gleichgültigkeit im Verhalten einer angeblich höchstentwickelten Wesenheit mit unbegrenzter Macht.

Klapauzius misst das tatsächliche Verhalten der MASTEN an den in alten verborgenen Schriften tradierten mythischen Vorstellungen über ihre Fähigkeiten und ihr Potenzial, Gutes in der Welt zu vollbringen. Für ihn als wissbegierigen genialen Konstrukteur und gebildeten Roboter ist die Lethargie der MASTEN nicht nachvollziehbar. Der starke Kontrast zwischen Klapauzius' Vorstellung von einer angemessenen Beschäftigung für höchste Wesen – die nach Bonhomius' (pol. „Dobrycy") Ansicht zudem in einer guten Tätigkeit bestehen sollte – und dem unverfrorenen Nichtstun der MASTEN lässt Klapauzius folgenden Vorwurf gegen die MASTEN erheben: „Ihr aber zieht es vor, den ganzen Tag auf der faulen Haut zu liegen, in der Nase zu bohren und euch über rechtschaffene Reisende, die auf der Suche nach Weisheit sind, mit albernen Zuckergußbotschaften lustig zu machen!"[25] Klapauzius' und Bonhomius' Überzeugung zufolge sind die MASTEN, die als höchste Entwicklungsstufe gelten und dadurch „den Göttern gleichkomm[en]"[26] (pol. „równi bogom"), umso mehr dazu verpflichtet, ihre höchstentwickelten Fähigkeiten für gute Taten zu nutzen, d. h. „alles Leid, Unglück und Elend, das andere denkende und fühlende Wesen quält, auf der Stelle zu beseitigen."[27] Die ostentative Gleichgültigkeit der MASTEN steht in starkem Kontrast

---

[25] Ebd., 308.

[26] Ebd.

[27] Ebd. An dieser Stelle bietet sich die Möglichkeit, diese Vorstellungen und somit auch den Status der MASTEN im Hinblick auf religiöse Konnotationen zu hinterfragen. Das Besondere an der Natur der MASTEN liegt sowohl in ihrem Status als maximale Stufe der Entwicklung als auch in ihrer Allmacht verankert. Diese Verflechtung zeigt sich durch die mehrfach erwähnten Materialien und Maschinenteile mit religiöser Konnotation wie „Theotron" (pol. „Bogotron") und den Sand „Supertheotron" (pol. „Superbogotron"), wo sich in der Wurzel des Wortes

zur Vorstellung der beiden Roboter von einer angemessenen Verhaltensweise höchster Wesen.[28] Angesichts der faulenzenden, phlegmatischen Wesen, die keineswegs ein Engagement für das Wohl anderer in Erwägung ziehen, wird die Idee einer allmächtigen und gütigen göttlichen Wesenheit ad absurdum geführt.

Diese Konfrontation der tradierten Ansichten über eine für höchstentwickelte Wesen angemessene Einstellung und Handlungsmotivation mit dem tatsächlichen Verhalten der MASTEN kann als eine Anspielung auf das Theodizee-Problem gelesen werden. Nach Gottfried Wilhelm Leibniz handelt es sich bei der Theodizee um die Frage nach der Möglichkeit einer Rechtfertigung Gottes gegen die Anklage, dass Übel in der Welt herrschen und diese mit der Allwissenheit, Allgüte und Allmacht Gottes unvereinbar seien, was Leibniz in seiner Erklärung mit der menschlichen Freiheit und damit auch mit einer Einschränkung der Macht Gottes verknüpft.[29] Bernd Gräfrath setzt sich diesbezüglich mit dem Schriftsteller und Philosophen William Stapledon auseinander, der ähnlich wie Leibniz das Theodizee-Problem zu lösen versucht: „Die Existenz des Übels in der Welt wird so gerechtfertigt, dass es dem Schöpfer nicht in erster Linie um das Wohlbefinden der Geschöpfe, sondern um die Realisierung ästhetischer Werte geht."[30] Aufschlussreich ist diesbezüglich insbesondere Gräfraths Interpretation von Lem, mit der er Stapledons Ansicht weiter ausführt:

> Lem verbindet diese Diagnose [von Stapledon] allerdings mit einer Aufforderung an die Geschöpfe, sich nicht mit vorgegebenen Plänen zufrieden zu geben (wenn es sie denn überhaupt gibt): Autonome, selbstbewusste Menschen (und auch andere Vernunftwesen) können ihre eigenen Ziele setzen[.][31]

Die MASTEN sind sich ihrer eigenen Begrenztheit bewusst. Aus ihrer Perspektive liegt ihre Indifferenz in der Geschichte ihrer Urahnen begründet, deren Versuche zur Verbesserung der Welt und des Wohlergehens anderer Kreaturen in katastrophalen Konsequenzen mündeten. Aus dieser Einsicht über die Kontraproduktivität benevolenten Handels erscheint für sie ein Nichtstun und somit eine Gleichgültigkeit gegenüber anderen sinnvoll. Dieses Verhalten stellt das selbstbewusste Handeln anderer Lebewesen im Universum ins Zentrum. Deren Autonomie zusammen

---

(pol. -bog-, dt. theo-) der Begriff für ‚Gott' findet. Ähnliches gilt für Begriffe mit biblischen Anspielungen wie „Zentrales Schaltpult" (pol. „Pulpit Ostateczny"): Im Original ist die Anspielung auf das biblische Jüngste Gericht (pol. „Sąd Ostateczny"') noch deutlicher, der Neologismus ist in der Übersetzung jedoch weggefallen. Zusätzlich beziehen sich die MASTEN in ihrer Reaktion auf Klapauzius' Unverständnis gegenüber ihrer Lethargie – „Weil die Allmacht erst dann am allmächtigsten ist, wenn sie absolut nichts tut!" (ebd., 307) – mit dem Wort „Allmacht" (pol. „wszechmoc") auf sich selbst.

[28] Diese Vorstellung ähnelt ganz offensichtlich der christlichen Vorstellung der Allwissenheit, Allgüte und Allmacht Gottes, die zum Theodizee-Problem führt (vgl. Schneider 2018, 114).

[29] Vgl. Leibniz 1996, 17, und dazu erläuternd Schneider 2018, 12.

[30] Gräfrath 2013, 107.

[31] Ebd.

mit der Möglichkeit, eigene Ziele, sowohl gute als auch böse, zu verfolgen, vereitelt jeglichen Versuch der MASTEN, das Übel in der Welt zu beseitigen. Joachim Schneiders Interpretation von Leibniz zufolge wird „in dem Moment, in dem es [das Übel] sich in die Welt entäußert, […] die Freiheit des Willens der Menschen, das Übel zu begehen oder nicht, erst selbstverantwortlich wirksam."[32] In der Philosophie von Leibniz ist Schneider zufolge das Übel ein relevanter Aspekt des freien Willens des Menschen sowie auch der Unvollkommenheit, welche er der Schöpfung Gottes zuschreibt.[33] Die Annahme, dass die Menschen dann, wenn sie nicht endlich wären, auch vollkommen, also gottgleich sein müssten,[34] ähnelt der Einschätzung, die MASTEN würden „den Göttern gleichkomm[en]".[35]

Die maximale Stufe der Entwicklung, mysteriös und versteckt in den entlegensten Ecken der Welt, zeigt sich entgegen Klapauzius' idealistischen Erwartungen als faule, im Sand eigener Körperteile herumliegende Albernheit, die gleichgültig gegenüber anderen bleibt. Seine Forderungen an die MASTEN wirken nicht nur absurd angesichts der Infragestellung der Idee eines Gottes, der Allwissenheit, Allgüte und Allmacht verkörpert. Auch mit Rücksicht auf die Konsequenzen ihres Handelns, die im folgenden Abschnitt geschildert werden, lässt sich in Bezug auf den Status der MASTEN der Frage nach ihrer Unvollkommenheit nachgehen.

4 Die MASTEN als Darstellung des unvollkommenen Gottes

Einen Kern der Anspielung auf das Göttliche in Lems Werken arbeitet Dagmara Waszkiewicz mithilfe des Konzepts des unvollkommenen Gottes (pol. „bóg ułomny") heraus, was sich auch in Sulikowskis Übersetzung des Begriffs mit dem Ausdruck eines „gebrechen-behafteten Gottes"[36] widerspiegelt. Demzufolge ist Gott ein Wesen ohne die Attribute der Allmacht und des Allwissens, das zudem nicht in einer abgesonderten, transzendenten Sphäre residiert, sondern mit der Welt und der Materie verflochten ist. Somit ist Gott von der Welt wie auch durch die von ihm erschaffenen Wesen begrenzt und kann die eigenen Einschränkungen erkennen.[37] Die Unvollkommenheit folgt nach Waszkiewicz daraus, dass die Schöpfung Gottes außer Kontrolle gerät und von Gott unabhängig wird. Gott befindet sich in der Rolle eines schweigenden Beobachters und jeglicher Eingriff in

[32] Schneider 2018, 158.
[33] Vgl. ebd., 135.
[34] Vgl. ebd., 136.
[35] Lem [1965] 1992, 308.
[36] Sulikowski 2005, 61.
[37] Vgl. Kochanowski 2020, 146.

die eigene Schöpfung ist ausgeschlossen, da dies den logischen Fundamenten der Realität widersprechen würde.[38] Mit Bezug auf die Schöpfung lassen sich diese Fundamente auf die „Unvollkommenheit im Geschöpf"[39] nach Leibniz zurückführen. Dies bedeutet, dass das Geschöpf als Schöpfung Gottes beschränkt ist und Fehler begehen kann.[40] Die Möglichkeit bzw. Unabhängigkeit, Fehler zu begehen, zeigt sich als eine Basis dieser Realität. Wenn Gott in diese Realität eingreifen könnte und dadurch die Fehlerhaftigkeit des Geschöpfs aufheben würde, wäre die Schöpfung nicht mehr unabhängig. Die Unabhängigkeit des Geschöpfs bezeugt somit die Unvollkommenheit Gottes.

Ähnlich verhält es sich mit den MASTEN: Obwohl es sich bei diesen nicht um die Schöpfer der Welt, der Lebewesen und Kreaturen handelt, führte ihr einstiges Eingreifen doch stets zu unvorhersehbaren Konsequenzen, die nicht von den MASTEN kontrolliert werden konnten. Sie entscheiden sich deshalb fortan für das Nichtstun. Schon Jacek Kwosek hat darauf hingewiesen, dass eine Gesellschaft, die die maximale Stufe der Entwicklung erreicht hat, d. h. grenzenlose technologische Möglichkeiten und die Fähigkeit besitzt, alle Bedürfnisse zu stillen, zur Stagnation neigt.[41] Eine ähnliche Ansicht vertritt Dajnowski, demzufolge die höchste Entwicklungsstufe gleichzeitig die Stufe der unumkehrbaren Stagnation darstellt.[42] Ich möchte jedoch weniger auf den Aspekt der Stagnation abheben, als vielmehr für eine Unvollkommenheit argumentieren, welche sich in den Fähigkeiten der MASTEN wie auch in den Konsequenzen ihres Handels zeigt: Im Gespräch mit dem Konstrukteur Klapauzius geht ein Vertreter der MASTEN auf den Grund für ihr Nichtstun ein und erzählt von den 64.513 Versuchen, den Menschen Gutes zu tun. Eine dieser als gute Tat intendierten Handlungen, die von einem Ahnen der MASTEN ausgeführt wurde, war die Begradigung eines Buckels. Seiner Annahme zufolge hätte das Begradigen des Buckels, den er als Einschränkung betrachtete, zu einem besseren und angenehmeren Leben der Betroffenen führen sollen.[43] Bei den 300 Versuchen, Buckel zu begradigen, reflektierte dieser Ahn jedoch offenbar nicht über kontextbedingte Faktoren wie Religion oder Sitten. Ohne vorherigen Kontakt mit den Betroffenen führte seine Tat deshalb zu den folgenden fatalen Konsequenzen: 112 der Genesenen wurden in Öl gesotten, da ihre wundersame Heilung in ihrer Gesellschaft als ein Indiz dafür angesehen wurde, „daß

[38] Vgl. Waszkiewicz 2006, 161–174.

[39] Leibniz 1996, 241.

[40] Vgl. ebd.

[41] Vgl. Kwosek 2019, 56.

[42] Vgl. Dajnowski 2005, 97.

[43] In heutiger Terminologie (und unter Voraussetzung eines welfaristischen Ansatzes) würde man wohl davon sprechen, die Ahnen der Masten hätten versucht, den Betroffenen zur Verbesserung ihrer Lebensqualität ‚körperliches Enhancement' angedeihen zu lassen.

sie ihre Seele dem Teufel verkauft hatten.“[44] 30 wurden „zum Militär eingezogen und fielen in verschiedenen Schlachten unter verschiedenen Fahnen.“[45] 17 verfielen vor Freude dem Alkohol. Die restlichen Genesenen erfreuten sich des geheilten Körpers und ihres neuen Aussehens, starben aber rasch an „übermäßiger Anstrengung bei erotischen Aktivitäten.“[46] Unter allen aufgelisteten Instanzen des begradigten Buckels befand sich sogar ein Genesener, der sich der Intervention der MASTEN bewusst war und darum bat, ihm seinen Buckel zurückzugeben.

Bei diesen tragikomischen Versuchen kommt eine gewisse Begrenztheit der Fähigkeit der MASTEN zum Vorschein, kontextabhängige Gegebenheiten einschätzen und überwinden zu können. Diese Erkenntnis der eigenen Einschränkungen führt zum Beschluss der MASTEN, sich dem Nichtstun zu verschreiben. Aufgrund der desolaten Erfahrungen mit benevolenten Eingriffen in das Leben der Menschen nehmen sie, mit Waszkiewicz gesprochen, die Rolle des schweigenden Beobachters und eine Haltung der Gleichgültigkeit gegenüber anderen ein. Darüber hinaus zeugen die Konsequenzen eines misslungenen Eingreifens ins Leben anderer Lebewesen von deren Unabhängigkeit gegenüber den MASTEN. Diese Eigenschaft ähnelt zum einen der Freiheit des Willens, die Leibniz beim Theodizee-Problem anspricht, und zum anderen der nach Gräfraths Interpretation von Lem geforderten Autonomie der Geschöpfe. Der Besuch von Klapauzius bricht mit dem positiven Bild der höchsten Entwicklungsstufe sowie der Allmacht der MASTEN und enttarnt sie als ein sich im Sand herumwälzendes Volk mit außergewöhnlichen Fähigkeiten, das sich trotzdem den ganzen Tag der Lethargie hingibt.

Im Hinblick auf die Konzeption des unvollkommenen Gottes analysiert Kochanowski zwar eine andere Erzählung Lems, nämlich *Aus den Erinnerungen Ijon Tichys*,[47] ihre Überlegungen lassen sich aber auch auf die MASTEN übertragen. So versuchen auch diese, nachdem sie sich der Konsequenzen ihres eigenen Handelns bewusst geworden sind, durch ihr Nichtstun und ihr gleichgültiges Verhalten eine Grenze zur Außenwelt zu ziehen. Indem sie sich nicht mehr einmischen und sich auf ihren entlegenen Planeten zurückziehen, können sie sich nach wie vor als die Maximale Stufe der Entwicklung empfinden. Dies zeigt sich in ihrer Begründung, dass „die Allmacht erst dann am allmächtigsten ist, wenn sie absolut nichts tut!“[48]

---

[44] Lem [1965] 1992, 307.

[45] Ebd.

[46] Ebd., 313.

[47] Vgl. Kochanowski 2020, 141. In der Erzählung kreiert ein gewisser Prof. Corcoran Welten in Boxen und tritt in der Position eines Gottes auf. Kochanowski betont dabei eine Art der Grenzziehung, die der Etablierung der eigenen Göttlichkeit dienen soll, aber letztlich nur die Unvollkommenheit aufzeigt. Die sichtbare Präsenz des Professors vor anderen würde sofort die Wahrheit über ihn aufdecken, d. h. einen unvollkommenen Menschen zeigen.

[48] Lem [1965] 1992, 307.

Auch wenn Klapauzius keine Kreatur der MASTEN ist, entdeckt er im Rahmen seiner Exploration doch deren Unvollkommenheit, weshalb er ihre Haltung und ihren Status als MASTEN in Frage stellt, wodurch sich die MASTEN offenbar gestört, womöglich sogar bedroht fühlen. Des Weiteren sind die MASTEN aufgrund der Präsenz des Besuchers nicht mehr von Klapauzius' Welt entfernt und existieren nicht länger nur in Form einer Legende in überlieferten Schriften, sondern werden ein Teil dieser Welt. Sowohl der unglückselige Vorfahr wie auch die jetzigen MASTEN interagieren mit anderen Wesen in derselben Welt. Dadurch sind sie nicht mehr transzendent, d. h. sie befinden sich nicht mehr, wie Kochanowski pointiert anmerkt, in einer Sphäre, die von anderen Geschöpfen nicht mit ihrem Verstand zu begreifen ist.[49] Ganz im Sinne des Konzepts eines unvollkommenen Gottes sind die MASTEN sowohl an die Verhältnisse dieser Welt gebunden als auch durch diese eingegrenzt.

5 Fazit

Die wesentliche Gleichgültigkeit der MASTEN zeigt sich in der grotesken Darstellung ihrer Anatomie und ihres Verhaltens im Kontrast zu der in Klapauzius' und Bonhomius' Welt überlieferten Vorstellung von einer höchsten, allwissenden und allgütigen Macht. Durch diese Differenz zwischen Vorstellung und Wirklichkeit der MASTEN wird der ihnen zugeschriebene Status einer maximalen Stufe der Entwicklung bzw. Allmacht hinterfragt. Als grotesk erscheinen die MASTEN sowohl durch ihre hybride und fluide körperliche Verfasstheit als auch durch ihr für eine höchste Macht unangemessenes Verhalten. Zur Analyse der Anspielung auf die gottgleichen Eigenschaften der MASTEN wurde auf das christliche Bild Gottes in Anlehnung an die Philosophie und Theodizee von Leibniz zurückgegriffen. Die Eigenschaften Gottes – Allwissenheit, Allgüte und Allmacht – fehlen den MASTEN bzw. werden von ihnen aufgrund negativer Erfahrungen nicht länger instanziiert, sondern durch eine Gleichgültigkeit gegenüber sich selbst und anderen Wesen in der Welt ersetzt. Diese Zurückgezogenheit der MASTEN hebt zugleich die Autonomie, den freien Willen und die Unabhängigkeit anderer Lebensformen hervor. Dass diese nicht von den MASTEN und ihren Fähigkeiten abhängig sind und dass experimentelle Eingriffe in deren Leben außer Kontrolle geraten, zeugt von der Unvollkommenheit der MASTEN. Deren angeblicher Status als Maximale Stufe der Entwicklung lässt sich entsprechend mit dem Konzept des ‚unvollkommenen Gottes' begreifen. In dieser Lesart erweisen sich die MASTEN als nicht-transzendente Wesen, die in derselben Welt wie Klapauzius und Bonhomius auftreten und sich zudem ihrer eigenen begrenzten Fähigkeiten bewusst sind.

---

[49] Vgl. Kochanowski 2020, 146.

Literatur

Dajnowski, Maciej: *Groteska w twórczości Stanisława Lema*. Gdańsk 2005.

Gräfrath, Bernd: Von der phantastischen Philosophie zur geschichtsphilosophischen Phantastik. Stanisław Lem über Jorge Luis Borges und Olaf Stapledon. In: Sylwia Werner/Jurij Murašov (Hrsg.): *Science oder Fiction*? Leiden 2013, S. 97–112.

Jarzębski, Jerzy: Natürliches, Künstliches und ein Loch im Himmel. In: Michael Düring/Ulrike Jekutsch (Hrsg.): *Stanisław Lem – Mensch, Denker, Schriftsteller Beiträge einer deutsch-polnischen Konferenz im Jahr 2000 in Greifswald und Szczecin,* Wiesbaden 2005, S. 17–30.

Jurich, Marilyn: The Pseudo-Utopian Cosmographies of Stanislaw Lem. In: *Utopian Studies* 9/2 (1998), S. 122–48.

Kochanowski, Marcin: Koncepcja „boga ułomnego" i jej warianty w wybranych utworach Stanisława Lema. In: *Kultura i Wartości* 29 (2020), S. 139–151.

Kwosek, Jacek: Literatura jako narzędzie filozofii na wybranych przykładach twórczości Stanisława Lema. In: Agata Skala (Hrsg.): *Filozoficzne aspekty literatury. Studia i szkice.* Lublin 2019, S. 50–59.

Leibniz, Gottfried Wilhelm: *Philosophische Schriften.* Bd. 2.1: *Die Theodizee I.* Französisch und deutsch. Hrsg. und übers. von Herbert Herring. Frankfurt a.M. 1996.

Lem, Stanisław: *Kyberiade. Fabeln zum kybernetischen Zeitalter* [1965]. Frankfurt a.M./Leipzig 1992.

Schneider, Joachim Helmut: *Determination und menschliche Freiheit. Die Theodizeefrage der Stoa und bei Leibniz.* Tübingen 2018.

Stoff, Andrzej: Altruizyna Stanisława Lema, czyli o potrzebie miłości bliźniego. In: Andrzej Stoff/Dariusz Brzostek (Hrsg.): *Polska literatura fantastyczna. Interpretacje.* Toruń 2005, S. 297–313.

Sulikowski, Andrzej: Stanislaw Lem und das theologische Denken. In: Michael Düring/Ulrike Jekutsch (Hrsg.): *Stanisław Lem – Mensch, Denker, Schriftsteller Beiträge einer deutsch-polnischen Konferenz im Jahr 2000 in Greifswald und Szczecin,* Wiesbaden 2005, S. 53–63.

Waszkiewicz, Dagmara: Koncepcja „Boga ułomnego" w twórczości Stanisława Lema. In: *Przegląd Religioznawczy* 221/3 (2006), S. 161–174.

Wilson, Reuel K.: Stanisław Lem's Fiction and the Cosmic Absurd. In: *World Literature Today* 51/4 (1977), S. 549–553.

Mensch und/oder Roboter? Zu Andrew Martin in Isaac Asimovs *The Bicentennial Man*

Janina Marlen Knorr

1 Einleitung

1964 kritisiert Isaac Asimov das negative Bild von künstlichem Leben in der Science-Fiction-Literatur sowie den Nichteinbezug von weniger pessimistischen Blickwinkeln, die das Narrativ der Künstlichen Intelligenz, welche sich gegen die Menschheit richtet, erweitern und umschreiben könnten.[1] In seinen Geschichten zeichnet er deshalb bewusst ein Bild von humanoiden Robotern, das dem zuvor perspektivisch eingeschränkten Genre eine neue Dimension verleihen soll. Gorman Beauchamp beschreibt den Effekt der Lektüre von positiv konnotierten Robotergeschichten allerdings als Unbehagen bereitend und kommentiert: Asimovs „mechanical creations take on a life of their own, in excess of their programming and sometimes in direct violation of it."[2] Dieser direkte Verstoß mechanischer Kreationen gegen ihre Programmierung und das daraus entstehende Unbehagen manifestieren sich in Isaac Asimovs Kurzgeschichte *The Bicentennial Man* in dem Streben des KI-Roboters Andrew Martin, ein Mensch zu werden. Was sich harmlos anhören mag, hinterfragt das Verständnis der Begriffe ‚Mensch' und ‚Roboter' grundlegend und zweifelt deren Oppositionsverhältnis zum Ende der Geschichte offen an. Im Mittelpunkt steht die Frage nach der Menschlichkeit, was

[1] Vgl. Beauchamp 1980, 84.
[2] Ebd., 87.

J. M. Knorr (✉)
Berlin, Deutschland
E-Mail: janina.knorr@student.hu-berlin.de

© Der/die Autor(en), exklusiv lizenziert an Springer-Verlag GmbH, DE, ein Teil von Springer Nature 2026

B. Beck und E.-M. Konrad, *Imaginationen eines besseren Lebens?*,
Techno:Phil – Aktuelle Herausforderungen der Technikphilosophie 11,
https://doi.org/10.1007/978-3-662-72857-4_12

sie ausmacht, wo sie anfängt, wo sie aufhört und aufgrund welcher Kriterien sie einem Wesen zuzusprechen ist. Im Folgenden werde ich deshalb der Frage nachgehen, inwiefern Andrew als Mensch oder Roboter zu kategorisieren ist, und zu dem Ergebnis kommen, dass es eventuell einer differenzierteren Betrachtung aus einem anderen Blickwinkel bedarf.

Um ein Urteil darüber fällen zu können, ob die Hauptfigur Andrew aus Asimovs *The Bicentennial Man* als Mensch betrachtet werden kann, müssen zuerst Kriterien, welche das Menschsein ausmachen, bestimmt werden.[3] In dieser Arbeit werde ich mich auf vier Aspekte der Menschlichkeit konzentrieren, welche in Asimovs Text selbst angelegt sind und thematisiert werden: das (Selbst-)Bewusstsein, den biologischen Körper, (Liebes-)Beziehungen und die Moralität.

Zu Beginn werde ich einen Überblick über Andrews Versuch der Menschwerdung geben und das (Selbst-)Bewusstsein, aber auch einige andere Kriterien, welche die Bezeichnung als Mensch zulassen, nennen. Im folgenden Abschnitt werde ich die biologische Verfasstheit als Lebewesen als elementaren Bestandteil des Menschseins herausstellen – ein Kriterium, welches Andrew in seinen 200 Jahren Lebenszeit begleitet, ihn vor immer neue Probleme stellt und sich als finale Hürde herausstellt. Hierbei werde ich mich spezifisch auf den Körper als Organismus beziehen. Im nächsten Abschnitt werde ich Andrew mit Bezug auf menschliche Sozialität sowie seine Neigung, Beziehungen einzugehen, betrachten. Mit einem Seitenblick auf Chris Columbus' gleichnamige Verfilmung von Asimovs Kurzgeschichte werde ich die Bedeutung von Liebesbeziehungen für Menschen betonen und als kritisches Merkmal herausstellen. Als viertes und letztes Kriterium werde ich mich auf Moralität als Menschlichkeitsmerkmal konzentrieren und analysieren, wie diese in Asimovs Geschichte angelegt ist und durch Andrew Ausdruck findet.

2 (Selbst-)Bewusstsein als Menschlichkeitsmerkmal

Bereits zu Beginn der Geschichte nimmt die Erzählinstanz mit dem Pronomen „he“[4] auf Andrew Bezug. Genauso verweist auch Gerald Martin[5] mithilfe des männlichen Personalpronomens auf ihn und kennzeichnet Andrew somit als Subjekt, in

[3] Von einer eigenen Definition des Menschen wird an dieser Stelle abgesehen, da die Frage nach diesem, der Menschlichkeit und dem Menschsein sich von der Biologie über die Physik bis hin zur (philosophischen) Anthropologie erstreckt. Wegen der Breite der Konzepte existiert weder eine eindeutige noch eine allgemeingültige Definition, wie beispielsweise Max Scheler zum Ausdruck bringt: „Der Mensch ist ein so breites, buntes, mannigfaltiges Ding, daß die Definitionen alle ein wenig zu kurz geraten“ (Scheler 1915, 324). Aus diesem Grund werde ich mich im vorliegenden Beitrag auf bereits etablierte Kriterien verschiedener Philosoph:innen und Forscher:innen beziehen, welche den Menschen definieren sollen.

[4] Asimov 1990, 137.

[5] Gerald Martin ist der Familienvater der Martins und wird von Andrew mit „Sir“ angesprochen. Er kaufte Andrew ursprünglich, um ihn als Hilfe im Haushalt einzusetzen.

Abgrenzung zu einem Objekt bzw. Ding. Dass dies nicht selbstverständlich ist, fällt im Vergleich mit einer Szene mit zwei Männern auf, welche wiederholt mit „it“[6] auf Andrew Bezug nehmen.[7]

Die Vorstellung, Andrew sei ein Subjekt beziehungsweise eine Person, wird zusätzlich durch seine Namensgebung unterstützt und anhand seiner Entscheidung verdeutlicht, das Wissen um die ihm zugeordnete Seriennummer zu verdrängen: „He forgot the numbers. It had been a long time, of course, but if he had wanted to remember, he could not forget. He had not wanted to remember.“[8] Anstatt von dem unermesslichen Datenspeicher seiner technischen Konstruktion Gebrauch zu machen, selektiert Andrew die ihm zugänglichen Informationen, indem er sie nach persönlichem Ermessen bezüglich ihrer Relevanz abwägt und eigenständig löscht – ein Verhalten, in dem sich ein erhebliches Maß an Selbstständigkeit und Handlungsmacht zeigt.

Im Laufe seines Lebens beginnt Andrew sich durch das Schnitzen von Kunstwerken künstlerisch zu betätigen, den Wunsch nach geistiger Freiheit sowie Roboterrechten auszudrücken und diese einzufordern. Zudem schreibt er ein Buch über Roboter und die Frage, „how robots feel about what has happened since the first ones were allowed to work and live on earth“[9]. Zudem forscht er als „robobiologist“[10] über seinen eigenen „organic humanoid body“[11]. In diesen Beschäftigungen und Errungenschaften lässt sich nicht nur ein Bewusstsein der „eigenen, konkreten Empfindungen bzw. Befindlichkeiten und der sinnlichen Strebeakte“[12] erkennen. Andrews Begehren, zu einem Menschen zu werden, setzt voraus, dass er sich seiner selbst sowie seiner Differenz zu Menschen bewusst ist, was wiederum auf ein reflektiertes Selbstbewusstsein in Form von „reflexive[m] *Wissen um Dinge* (wie die eigene Wahrnehmung, den eigenen Leib, das eigene Erkennen und Wollen, die eigene Realität und Geschichte und vor allem die eigene Person) *als solche*“[13] hindeutet. Andrews Erkennen seiner selbst als ein Ich verweist auf eine Fähigkeit des Menschen, welche häufig als menschliches Alleinstellungsmerkmal angeführt wird und den Menschen vom Tier und der Technik unterscheiden soll.[14] Genauso ist Andrews oben genannte wissenschaftliche und auch

[6] Ebd., 148.

[7] Später in der Szene wechseln auch die beiden Männer zu dem männlichen Personalpronomen. Ob dies bewusst oder unbewusst passiert, wird offengelassen. Da in dieser Situation allerdings kein weiterer Kommentar folgt, ist anzunehmen, dass es sich um eine unbewusste sprachliche Adaption der Männer handelt.

[8] Asimov 1990, 137.

[9] Ebd., 150. Interessant ist dabei auch, dass Andrew die Arbeit vor das Leben setzt. Hier bezieht er sich demnach selbst auf den vorrangigen Zweck, der Robotern von Menschen zugesprochen wird.

[10] Ebd., 159.

[11] Ebd.

[12] Eraßme 2007, 296.

[13] Ebd., 298 (Hervorhebung im Original).

[14] Vgl. ebd., 301 f.

seine handwerkliche Kreativität, etwa beim Schnitzen, Ausdruck seines (Selbst-) Bewusstseins und seiner Menschenähnlichkeit, welche ihm in diesem Punkt zugestanden werden muss, denn auch „[d]ie Entfaltung des geistigen Lebens [...] in Form der Kultur“[15] ist Ausdruck und kennzeichnendes Merkmal der Menschen im Vergleich zu anderen Lebensformen.

3 Aussehen, Körper und die Biologie als Menschlichkeitsmerkmale

Wie bereits in der Einleitung erwähnt, stellt sein Körper Andrew vor die größten Herausforderungen auf dem Weg zur Menschwerdung. Er beginnt mit funktionellen Änderungen an seinem humanoiden Körper, worauf bald ästhetische ‚Operationen‘ folgen. „Repairs were expensive, and revisions were even more so. With the years, new models of robots were produced and Sir saw to it that Andrew had the advantage of every new device until he was a paragon of metallic excellence.“[16] Während die ersten Neuerungen am Körper von Andrew noch durch Gerald Martin initiiert und aufgrund von dessen Geheiß durchgeführt werden, ist es bald schon Andrew selbst, der Änderungen an seinem Äußeren vornimmt, um dieses an das Äußere von Menschen anzugleichen. Als ersten Schritt beginnt er Kleidung zu tragen, angefangen mit einer Hose.

> George said, ‚But why do you want trousers, Andrew? Your body is so beautifully functional it's a shame to cover it – especially when you needn't worry about either temperature control or modesty. And it doesn't cling properly, not on metal.‘
>
> Andrew said, ‚Are not human bodies beautifully functional, George? Yet, you cover yourselves.‘
>
> ‚For warmth, for cleanness, for protection, for decorativeness. None of that applies to you.‘
>
> Andrew said, ‚I feel bare without clothes. I feel different, George.‘[17]

Sich mit seiner Gegenfrage auf eine Ebene mit den Menschen stellend, bleibt Andrew George die Antwort auf dessen Frage zumindest teilweise schuldig. Er offenbart allerdings, dass er sich selbst als jemand anderen sieht, als sein Körper es suggeriert. Ohne (menschliche) Kleidung würde er sich entblößt fühlen, anders, nicht normal.

Bei U.S. Robots and Mechanical Men, Inc., der Firma, welche Andrew produziert hat, beauftragt dieser mithilfe des Familienanwalts Paul, welcher der vierten Generation der Martins nach Gerald Martin entstammt, den Austausch seines metallenen

[15] Ebd., 301.
[16] Asimov 1990, 141.
[17] Ebd., 146.

Körpers gegen einen mit der „outward experience of humans complete to the texture of the skin“[18]. Doch auch diese Umwandlung stellt Andrew nur teilweise und lediglich temporär zufrieden: „The face was stiff – too stiff – and the motions were too deliberate. They lacked the careless free flow of the human being, but perhaps that would come with time. At least he could wear clothes without the ridiculous anomaly of a metal face going along with it.“[19] Er beginnt, Systeme zu entwickeln und Modifikationen an seinem Körper zu planen, welche es ihm u. a. erlauben sollen, zu atmen, zu essen und einen Stoffwechsel zu haben.[20] Somit imitiert er nicht länger nur die äußere Erscheinung des menschlichen Körpers, sondern auch dessen Funktionen, bis hin zu dem Punkt, an dem er durch Veränderung seiner Gesichtszüge „a range of emotions“[21] zeigen kann und zusätzlich stolz von sich behaupten kann: „[I] can sip olive oil“[22].

Obwohl sein Aussehen und einige seiner Funktionen mit denen eines Menschen vergleichbar sind, besteht jedoch noch immer der Unterschied, dass Menschen ein organisches, aus Zellen bestehendes Gehirn und kein metallisches Positronengehirn besitzen.[23] Aus diesem Umstand zieht Andrew den Schluss, dass er seine Unsterblichkeit aufgeben muss, um endgültig als Mensch anerkannt zu werden, denn „[w]hat matters [to Andrew] is that brain cells die; *must* die“[24]. Asimov bietet seinem Publikum auf diese Weise die Sterblichkeit als essentielles Kriterium für Menschlichkeit an.

Was Andrew mit seiner Aussage über sterbende Zellen jedoch auch indirekt zum Ausdruck bringt, ist, dass diese sterbenden Zellen einst entstanden und wuchsen. Hier zeichnet sich somit ein weiterer Unterschied zum Menschsein ab: die biologische Konstitution, welche Sterblichkeit, aber auch Vitalität begründet.

> Biologische Phänomene sind solche Naturphänomene, die gegenüber den unbelebten ein gewisses, in mehreren Eigenschaften (Wachstum, Stoffwechsel, Fortpflanzung, Regenerationsfähigkeit, Reagibilität auf Reize) faßbares Plus an Vitalität besitzen, das in dieser Summierung – wenn auch nicht nach jedem einzelnen Summanden genommen – das Belebte kennzeichnet.[25]

„Your brain is man-made, the human brain is not. Your brain is constructed, theirs developed“[26], fasst die Kongressabgeordnete Li-Hsing zusammen und spricht damit einen Tatbestand aus, welcher sich generell auf Andrew beziehen lässt: Er

[18] Ebd., 158.
[19] Ebd., 159.
[20] Vgl. ebd., 161 ff.
[21] Ebd., 164.
[22] Ebd., 163.
[23] Vgl. ebd., 168.
[24] Ebd., 170 (Hervorhebung im Original).
[25] Plessner 1975, 91.
[26] Asimov 1990, 169.

ist „manufactured“[27], während der Mensch „von einer weniger hoch organisierten Form abstammt“[28] und sich, wie Charles Darwin mit seiner Theorie konstatierte, evolutionär weiterentwickelt. Andrew hat, im Gegensatz zu Menschen, seinen „Ursprung [in] einem separaten Schöpfungsakt“[29] und kann weder auf eine genealogische Vergangenheit zurückverweisen, noch diese in ähnlicher Weise modulieren wie sein äußeres Erscheinungsbild.

Ein vorübergehendes Fazit in puncto Menschlichkeit mit Bezug auf den Körper fällt somit zweischneidig aus: Andrews Körper ist zwar funktional und ästhetisch dem eines Menschen gleich, dennoch ist er erschaffen und nicht entwickelt.

4 Sozialität und (Liebes-)Beziehungen als Menschlichkeitsmerkmale

Soziokulturell gilt der Mensch als ein sozialabhängiges Wesen, welches komplexe soziale Bindungen eingeht.[30] „Der Mensch ist [...] aufgrund seiner frühen Geschichte gruppenorientiert“[31] – die Verstädterung sowie das Herausbilden von Kulturen und Subkulturen sind nur zwei Phänomene, welche dies bestätigen. Was Darwin als „soziale[...] Instinkte“[32] der Menschen und Tiere formuliert, zieht Achim Stephan als Grundlage für seine These heran, dass das Eingehen und die Erhaltung von Beziehungen den Menschen von anderen Arten unterscheiden:

> Menschen [sind] in einem wesentlichen Sinne emotionale Wesen. Zwar sind sie es nicht in dem Sinne, dass sie sich durch ihre Emotionalität von anderen Lebewesen grundsätzlich unterscheiden, aber in jenem, dass ohne ihre Emotionalität auch viele derjenigen Merkmale nicht zum Tragen kämen, die einmal für artbildende Unterschiede gehalten wurden – wie zum Beispiel die Fähigkeit, vernünftig zu handeln [...], oder die Fähigkeit, soziale Gemeinschaften aufzubauen und zu erhalten [...].[33]

Auch Helmuth Plessner argumentiert für „die Befriedigung [der Menschen] in einem Völkerbund“[34] und spricht von einer dem Menschen spezifischen „Leidenschaftsfähigkeit“[35] in der Verbindung mit seinen Artgenossen. Demnach unterscheidet sich der Mensch von anderen Lebewesen in seiner Tendenz, Bindungen einzugehen, welche von intensiven Gefühlen der Zuneigung und Sympathie begleitet werden (können).

---

[27] Ebd., 137.
[28] Darwin 2002, 265.
[29] Ebd., 263.
[30] Vgl. Plessner 1983, 373.
[31] Bojanovsky 1994, 54.
[32] Darwin 2002, 137.
[33] Stephan 2008, 229.
[34] Plessner 1983, 294 f.
[35] Ebd., 376 f.

> Was die *ontologische* Ebene betrifft, ist darauf zu verweisen, dass Personen Substanzen von besonderer Art sind, nämlich solche, für die die Relationen mit ihresgleichen keineswegs akzidentell sind. Es ist für sie vielmehr charakteristisch, dass sie ohne solche Relationen (Beziehungen) nicht zu ihrer wesensgemäßen Lebensform kommen. […] Zu denken ist […] vor allem an den ‚Zweck', der in sich sozialer Natur ist: das Zusammen- und Miteinandersein selbst; seiner Verfolgung entspricht eine Palette eigentümlicher Bedürfnisse wie das nach Anerkennung, nach Zuwendung, nach emotionalem und geistigem Austausch.[36]

Für Andrew stehen in *The Bicentennial Man* freundschaftliche Beziehungen und Gefühle der Verbundenheit und Familienzugehörigkeit im Vordergrund. Dies wird in seiner Entscheidung, die Martins finanziell zu unterstützen, sowie in seiner engen Bindung zu Little Miss ersichtlich, welcher er in jungen Jahren Geschenke macht und an ihrem Sterbebett die Hand hält: Little Miss „died with her hand holding his, while her son and his wife and children remained at a respectful distance from both."[37] Der Mensch ist kein „Einzelwesen […] [, sondern] ein Gemeinschaftswesen"[38], schreibt Peter Pogany-Wnendt. Die eben angeführten Beispiele bestätigen, dass Andrew dem Menschlichkeitsmerkmal eines Wesens, welches die Gemeinschaft sucht und in ihr lebt, entspricht.

In seiner Kurzgeschichte verweist Asimov jedoch auch wiederholt auf die menschliche Neigung, romantische Partnerschaften einzugehen, wie zu Beginn des vierten Kapitels, als es heißt: „Miss was dating boys and wasn't about the house much"[39]. Romantische Beziehungen sowie die Gründung von Familien ziehen sich subtil, aber beständig durch den Text und verweisen auf Andrew als Alleinstehenden. „Little Miss was married and lived not far away. She said she did not want to leave Andrew and when her child, Little Sir, was born, she let Andrew hold the bottle to feed him"[40]. „As a senior partner of Feingold and Martin, George plotted strategy but left the actual work to his junior partners, with much of it a matter for his son, Paul, who was also a member of the firm"[41]. Die Informationen über die Familiengründung sind an beiden Stellen wie beiläufig in den Text eingeflochten, verweisen jedoch wiederholt und eindeutig darauf, dass Andrew trotz seines sich wandelnden Äußeren und seines Gemeinschaftssinnes in dem Punkt der Familiengründung den Martins und somit der Menschheit nachsteht.[42]

---

[36] Haeffner 2005, 95 f.

[37] Asimov 1990, 152.

[38] Pogany-Wnendt 2019, 25 f.

[39] Asimov 1990, 139. Miss ist die ältere von zwei Töchtern von Gerald Martin, welche von Andrew mit diesem Titel angesprochen wird.

[40] Ebd., 141. Als „Little Miss" bezeichnet Andrew die jüngere Tochter von Gerald Martin, Amanda Laura.

[41] Ebd., 151. George Martin ist der Sohn von Little Miss, Paul dessen Sohn und somit der Enkel von Little Miss.

[42] Dieses Urteil wird auf Grundlage des Textes gefällt, welcher das Leben in einer Partnerschaft und mit Kindern anhand der Familie Martin als Norm präsentiert. Aromantik und Asexualität werden aus diesem Grund in dieser Arbeit nicht zur Analyse herangezogen.

Wie Irving H. Buchen in seinem Artikel zur Verfilmung von Asimovs Kurzgeschichte bemerkt, wird der Wunsch nach Zugehörigkeit und Bindung erst im Film um den Faktor der romantisch motivierten Partnerschaft ergänzt:[43] Während Andrew zu Beginn noch versucht, in einem weiblichen Modell seiner Generation von Robotern eine Seelenverwandte zu sehen, geht er später eine Beziehung mit Little Miss' Enkelin Portia ein. Durch diese Inkorporation von Romantik und Sexualität lenkt Regisseur Chris Columbus die Aufmerksamkeit auf den oben beschriebenen partnerschaftlichen Kontext.

> Der Mensch wird mit einem *natürlichen Bedürfnis, seinesgleichen zu lieben*, geboren, das sich bei der Geburt in seinem Bestreben, sich an seine Bezugsperson zu binden, und später in der hilfsbereiten Haltung den Mitmenschen gegenüber, als notwendige Voraussetzung für die Bildung von Gemeinschaften, offenbart. Liebe ist ein *Grundantrieb* des Menschen. Sie ist die Kraft, die eine Haltung der Kooperation, der Rücksichtnahme und des Respekts vor dem anderen hervorbringt, die wir *Menschlichkeit* nennen. [...] *Indem der Mensch sich als Liebender erfährt, erfährt er sich als einen Wert an sich.*[44]

Wie zu Beginn dieses Kapitels aufgezeigt, definieren verschiedene Philosoph:innen den Menschen als Gemeinschaftswesen, um ihn von anderen Lebewesen zu unterscheiden. Asimovs Text und Chris Columbus' gleichnamige Verfilmung erweitern diese Auffassung um die Faktoren der romantischen Partnerschaft(ssuche) und des Wunsches nach Familiengründung, die als typisch menschliches Bedürfnis dargestellt werden. Da Andrew bei Asimov jedoch weder ein Interesse an noch ein Bedürfnis nach romantischen Beziehungen oder Familiengründung äußert, obwohl ihm dies durch die Familie Martin stetig vorgelebt wird, ist ihm in dem Punkt der (Liebes-)Beziehungen die Menschlichkeit abzusprechen. Da er sich jedoch in die Familie Martin integriert, ihr zur Seite steht und neue Bekanntschaften knüpft, ist ihm im Sinne des Menschen als Gemeinschaftswesen Menschlichkeit zuzusprechen.

5 Moralität als Menschlichkeitsmerkmal

Wie in Abschnitt 2 beschrieben, verfügt der Mensch über ein (Selbst-)Bewusstsein, wie mit der Fähigkeit zu reflektieren belegt wurde. Diese Reflexionsfähigkeit ermöglicht es ihm, sein Handeln sowie das Handeln anderer bewertend zu kategorisieren, was unter Beeinflussung von sozialen, kulturellen und ggf. auch ideologischen oder religiösen Perspektiven geschieht.[45] Dem Menschen wird eine „Sonderstellung"[46] eingeräumt, welche „ethische Fragen aufwirft, bezüglich

[43] Vgl. Buchen 2013, 21 f.

[44] Pogany-Wnendt 2019, 25 f. (Hervorhebung im Original).

[45] Vgl. Pieper 2015, 51.

[46] Kressig/Lindenau 2015, 11.

seines Selbstentwurfes, aber auch im Umgang miteinander, ‚was er, als freihandelndes Wesen, aus sich selber macht, oder machen kann und soll'"[47]. Der Mensch befindet sich folglich in einem ethischen Diskurs, weshalb ich die Moralität als viertes Menschlichkeitsmerkmal identifizieren und die Frage untersuchen möchte, ob Andrew diese zugesprochen werden kann.

Folgt man dem Ansatz, welchen auch Susan Leigh Anderson in ihrem Essay „Asimov's ‚Three Laws of Robotics' and Machine Metaethics"[48] vertritt, nämlich dass die Moralität die Menschen menschlich macht, und untersucht man Asimovs Andrew auf moralisches Denken und Handeln, wird ersichtlich: Die der Kurzgeschichte vorangestellten ‚Three Laws of Robotics'[49], welche jedem Roboter einprogrammiert sind, verhindern, dass Andrew einen Menschen böswillig verletzten, töten oder durch unterlassene Hilfeleistung zu Tode kommen lassen könnte. „He can't help it. It's built in"[50], bestätigt Little Miss. So verhält es sich zumindest zu Beginn der Geschichte. Doch auch abseits der Robotergesetze agiert Andrew selbstbestimmt loyal und großmütig, indem er nach Erlangung seiner Freiheit noch immer zur Familie Martin hält und sie mit den Erlösen aus seiner Kunst finanziell unterstützt.[51] Und auch der Menschheit leistet Andrew durch seine Arbeit an Prothesen ungebeten große Dienste – auch wenn diese zumindest teilweise durch egoistische Motive der Eigenvermenschlichung angetrieben wird.[52] Weiterhin ist festzuhalten, dass sich Andrew der moralischen Werte und Konventionen seiner menschlichen Umgebung – dass man zum Beispiel nicht lügen soll – sowie Zuwiderhandlungen bewusst ist, wie mit dem folgenden Beispiel klar werden wird. Im Laufe der Jahre entwickelt Andrew sein eigenes moralisches Wertesystem, in dessen Rahmen er sein eigenes Wohl und Vorankommen (teilweise) über gesellschaftliche Werte stellt und diese dadurch bewusst verletzt: Als es um seine körperliche Umwandlung hin zu einem menschlicheren Aussehen geht, welcher die Firma, die Andrew einst konstruierte, nicht vorbehaltlos zustimmen will, droht Paul dem Vorsitzenden und fordert Zustimmung von Andrew. „Andrew hesitated a full minute. It amounted to the approval of lying, of blackmail, of the badgering and humiliation of a human being. But no physical harm, he told himself, no physical harm. He managed at last to come out with a rather faint ‚Yes.'"[53] Schon der Plan, wie dieses Treffen zu organisieren sei, gründete auf Andrews Anstiftung zum Lügen.

> ‚I'm no more popular with them then you are, Andrew.'
> ‚But perhaps you can hint that by seeing me they may head off a campaign by Feingold and Martin to strengthen the rights of robots further.'
> ‚Wouldn't that be a lie, Andrew?'

[47] Ebd.

[48] Anderson 2008

[49] Asimov 1990, 135.

[50] Ebd., 142.

[51] Vgl. ebd., 144, 151.

[52] Vgl. ebd., 162, 165.

[53] Ebd., 158.

> ‚Yes, Paul, and I can't tell one. That is why you must call.'
> ‚Ah, you can't lie, but you can urge me to tell a lie, is that it? You're getting more human all the time, Andrew.'[54]

Und auch als es um weitere Operationen an seinem Körper geht, schreckt Andrew nicht davor zurück, eine Drohung auszusprechen. Mit der Rechtfertigung der Gewohnheit und der Redensart ‚der Zweck heiligt die Mittel' vereinbart er diese Tat mit seinem Gewissen: „Andrew felt scarcely any First Law inhibition to the stern conditions he was setting a human being. He was learning to reason that what seemed like cruelty might, in the long run, be kindness."[55] Während Andrew demnach als moralisch reflektiert eingestuft werden kann, muss die Kategorisierung als streng moralisch handelnd entfallen. Dies bedeutet allerdings nicht, dass Andrew nach dem Merkmal der Moralität als unmenschlich eingestuft werden müsste – im Gegenteil: Der „*Mensch ist das zum Guten wie zum Bösen fähige Wesen.* Der Mensch ist prinzipiell fähig, moralisch zu handeln, was keineswegs heißt, dass er es immer tut."[56] Auch nach Paul Richard Blum kann Andrews unmoralisches Verhalten in speziellen Situationen, welche das Erreichen seiner Ziele maßgeblich beeinflussen, als (menschliche) Schwäche ausgelegt werden. Arnold Gehlens Gedanken vom Menschen als Mängelwesen aufgreifend,[57] definiert Blum „unpredictability" und „weakness[es]"[58] als den Menschen und folglich das Menschsein ausmachend. „Andrew (a robot in a capitalist system) has to become imperfect and make mistakes so as to become a human being."[59]

6 Fazit

Andrews Wandlung zu einem menschenähnlichen Wesen vollzieht sich somit sowohl äußerlich als auch innerlich. In der stetigen Transformation seines Erscheinungsbildes, etwa durch die Ausstattung der Physis mit menschlichem Gewebe, manifestiert sich die äußere Wandlung. Seine innerliche Wandlung geht dagegen weniger nach außen hin sichtbar voran, sondern äußert sich beispielsweise in Andrews wachsendem Widerstand gegen die ‚Three Laws of Robotics'. Dies hat zur Folge, dass sich das gewohnte Bild des Menschen, welcher dem Roboter Befehle erteilt, umkehrt, als Andrew in einer späteren Episode der Geschichte Menschen instruiert und ihnen Befehle gibt. Während einer Operation an seinen

---

[54] Ebd., 154.
[55] Ebd., 162 f.
[56] Heilinger/Müller 2008, 195 (Hervorhebung im Original).
[57] Vgl. Gehlen 2016, 16.
[58] Blum 2016, 18.
[59] Allué 2003, 25.

„positronic pathways“[60], seinem Positronengehirn, wird er von einem chirurgischen Roboter mit einem Menschen verwechselt, während ein menschlicher Anwalt Andrew *„de facto“*[61] zu einem Menschen erklärt. Das Bild, das sich sowohl andere Roboter als auch Menschen von Andrew machen, ist demnach das eines Menschen. Sie sehen, behandeln, akzeptieren und respektieren ihn als Menschen, und trotzdem kann Andrew sich selbst nicht als vollwertig menschlich akzeptieren. Es ist die Sterblichkeit, welche er, nach all seinen Operationen und Anpassungen, als finales Merkmal des Menschseins identifiziert.

In meinem Beitrag habe ich vier Kriterien, welche das Menschsein ausmachen, betrachtet und mich kritisch damit auseinandergesetzt, inwiefern Andrew diese erfüllt. Aufgrund der Breite an Definitionen für den Menschen entschied ich mich für Eigenschaften, welche von der Kurzgeschichte *The Bicentennial Man* selbst akzentuiert werden: das (Selbst-)Bewusstsein, den (biologischen) Körper, die Sozialität und ihren Ausdruck in Liebesbeziehungen sowie die Moralität.

Ich habe gezeigt, dass Andrew aufgrund seiner Fähigkeit der Selbstwahrnehmung sowie der Reflexion und Kontextualisierung seiner Umgebung über ein Selbstbewusstsein verfügt, welches nach Rolf Eraßme auch Menschen auszeichnet. Während Andrews Körper im Erscheinungsbild dem eines Menschen am Ende gleicht und ihm funktional ähnelt, kann er dennoch nicht als Lebewesen im organischen Sinne durchgehen. Wie Li-Hsing es mit den Worten „those differences [of the natural organism and the manufactured body] are a steel wall a mile high and a mile thick“[62] einschätzt, ist es Andrew unmöglich, dieses Kriterium zu adaptieren oder funktional umzusetzen. Mit Blick auf die Menschen, welche sich während der 200 Jahre Lebenszeit von Andrew immer mehr roboterisieren,[63] dabei aber noch immer als Menschen gelten – „we have established the fact that no number of artifacts in the human body causes it to cease being a human body“[64] –, stellt sich die Frage, ob damit auch der Umkehrschluss impliziert ist, dass menschliches Gewebe in einem Roboter diesen niemals zu einem Nicht-Roboter oder gar Menschen macht. Wie die Antwort auf diese Frage auch lauten mag, sie vermag es nicht, die Tatsache zu ändern, dass Andrew kein biologisches Wesen ist. Weder entstammt er einer Reihe von Vorfahren, noch zeigt er Interesse an romantischen Partnerschaften oder Beziehungen, welche über emotionale Verbundenheit hinaus gehen. Diese Verbundenheit ist jedoch auch das, was ihn, genauso wie Menschen, als Gemeinschaftswesen definiert. Das dritte Menschheitskriterium ist somit erfüllt. Über die Sozialität hinausgehende Faktoren wie romantische Partnerschaft,

[60] Asimov 1990, 139.

[61] Ebd., 165.

[62] Ebd., 169.

[63] Vgl. ebd., 164. Lebenserhaltende Organe, wie die Leber oder Nieren, werden mit Prothesen ersetzt, und verlängern somit menschliche Lebensdauer und -qualität signifikant.

[64] Ebd., 168.

Reproduktion und Familiengründung, die der Text und vor allem der Film als menschentypisch darstellen, schließen Andrew dagegen von einer verbreiteten menschlichen Praxis aus. Das Attribut der Moralität betreffend, kann Andrew dagegen volle Menschlichkeit zugesprochen werden: nicht nur in dem Sinne, dass er moralische Wertesysteme begreift und sein eigenes ausbildet, sondern auch in der Hinsicht, dass er in seinem Fehlverhalten menschliche Schwäche beweist.

Asimov überlässt es seinem Publikum, selbst eine Antwort auf die Frage zu finden, ob Andrew die Wandlung zum Menschen gelingt. Mit meiner Analyse habe ich die Schwierigkeiten, die mit derartigen Überlegungen verbunden sind, aufgezeigt und festgestellt, dass eine Einstufung Andrews als Mensch aufgrund der genannten Kriterien ausgeschlossen ist, dass die simple Bezeichnung als ‚Roboter' sich jedoch als genauso unzulänglich erweist. „Im Transhumanismus ist der Posthumane ein weiterentwickelter Mensch. Der Posthumane im Posthumanismus hingegen repräsentiert eine neue nicht-dualistische Konzeption des Menschen."[65] Wie in diesem Zitat angedeutet, sollte über eine Beurteilung Andrews außerhalb des Dualismus von Mensch und Roboter nachgedacht werden. Andere Begriffe wie beispielsweise ‚Person'[66] oder ‚Subjekt', welche eine eigenständige Persönlichkeit bezeichnen, könnten herangezogen werden, um Andrew zu beschreiben.

Literatur

Allué, Sonia Baelo: Blurring Posthuman Identities: The New Version of Humanity Offered by Bicentennial Man. In: *Odisea. Revista de estudios ingleses* 4 (2003), S. 17–30.

Anderson, Susan Leigh: Asimov's "three laws of robotics" and machine metaethics. In: *AI & Society* 22 (2008), S. 477–493.

Asimov, Isaac: The Bicentennial Man. In: Isaac Asimov: *The Bicentennial Man and Other Stories*. London 1990, S. 135–172.

Beauchamp, Gorman: The Frankenstein Complex and Asimov's Robots. In: *Mosaic* 13/3–4 (1980), S. 83–94.

Blum, Paul Richard: Robots, Slaves, and the Paradox of the Human Condition in Isaac Asimov's Robot Stories. In: *Roczniki Kulturoznawcze* 7/3 (2016), S. 5–24.

Bojanovsky, Jörg J.: *Ökologie und soziokulturelle Evolution. Zur Entwicklung unserer Gesellschaft*. Stuttgart 1994.

Buchen, Irving H.: Asimov's Embarrassing Robot: A Futurist Fable. In: *The Futurist* 47/2 (2013), S. 18–22.

Darwin, Charles: *Die Abstammung des Menschen. Mit einer Einführung von Christian Vogel*. Stuttgart ^{5}2002.

Dennett, Daniel: Conditions of Personhood. In: Michael F. Goodman (Hrsg.): *What Is a Person? Contemporary Issues in Biomedicine, Ethics, and Society*. Clifton, New Jersey 1988, S. 145–168.

Eraßme, Rolf: *Der Mensch und die „Künstliche Intelligenz". Philosophische Argumente für den Unterschied zwischen Mensch und Maschine*. Saarbrücken 2007.

[65] Sorgner 2018, 71.

[66] Vgl. Dennett 1988, 145–167. Dennett definiert eine Person u. a. anhand ihrer Intentionalität, Sprachfähigkeit und ihres Selbstbewusstseins.

Gehlen, Arnold: Der Mensch. Seine Natur und seine Stellung in der Welt. Frankfurt a. M. 2016.
Haeffner, Gerd: *Philosophische Anthropologie* [1982]. Stuttgart ^{4}2005.
Heilinger, Jan-Christoph/Müller, Oliver: Zehn Thesen zur „Natur des Menschen“. Grundriss zu einer Anthropologie. In: Detlev Ganten/Volker Gerhardt/Jan-Christoph Heilinger/Julian Nida-Rümelin (Hrsg.): *Was ist der Mensch?* Berlin/New York 2008, S. 190–196.
Kressig, Marcel Meier/Lindenau, Mathias: Einleitung. In: Marcel Meier Kressig/Mathias Lindenau (Hrsg.): *Was ist der Mensch? Vier ethische Betrachtungen.* Bielefeld 2015, S. 7–14.
Pieper, Annemarie: Riskante Freiheit – Der Hang zum Bösen und seine Folgen. In: Marcel Meier Kressig/Mathias Lindenau (Hrsg.): *Was ist der Mensch? Vier ethische Betrachtungen.* Bielefeld 2015, S. 51–70.
Plessner, Helmuth: *Die Stufen des Organischen und der Mensch. Einleitung in die philosophische Anthropologie.* Berlin/New York ^{3}1975.
Plessner, Helmuth: Conditio Humana. In: Helmuth Plessner: *Gesammelte Schriften.* Bd. 8. Frankfurt a. M. 1983.
Pogany-Wnendt, Peter: *Der Wert der Menschlichkeit. Psychologische Perspektiven für eine Humanisierung der Gesellschaft.* Gießen 2019.
Scheler, Max: Zur Idee des Menschen. In: Max Scheler: *Abhandlungen und Aufsätze.* Bd. 1. Leipzig 1915, S. 317–367.
Sorgner, Stefan Lorenz: *Schöner neuer Mensch.* Berlin 2018.
Stephan, Achim: Der Mensch – ein animal emotionale. In: Detlev Ganten/Volker Gerhardt/Jan-Christoph Heilinger/Julian Nida-Rümelin (Hrsg.): *Was ist der Mensch?* Berlin 2008, S. 227–229.

FSC
www.fsc.org
MIX
Papier | Fördert gute Waldnutzung
FSC® C083411

Kolibri 360 GmbH
Ferdinand-Jühlke-Straße 7
99095 Erfurt, Deutschland
produktsicherheit@kolibri360.de